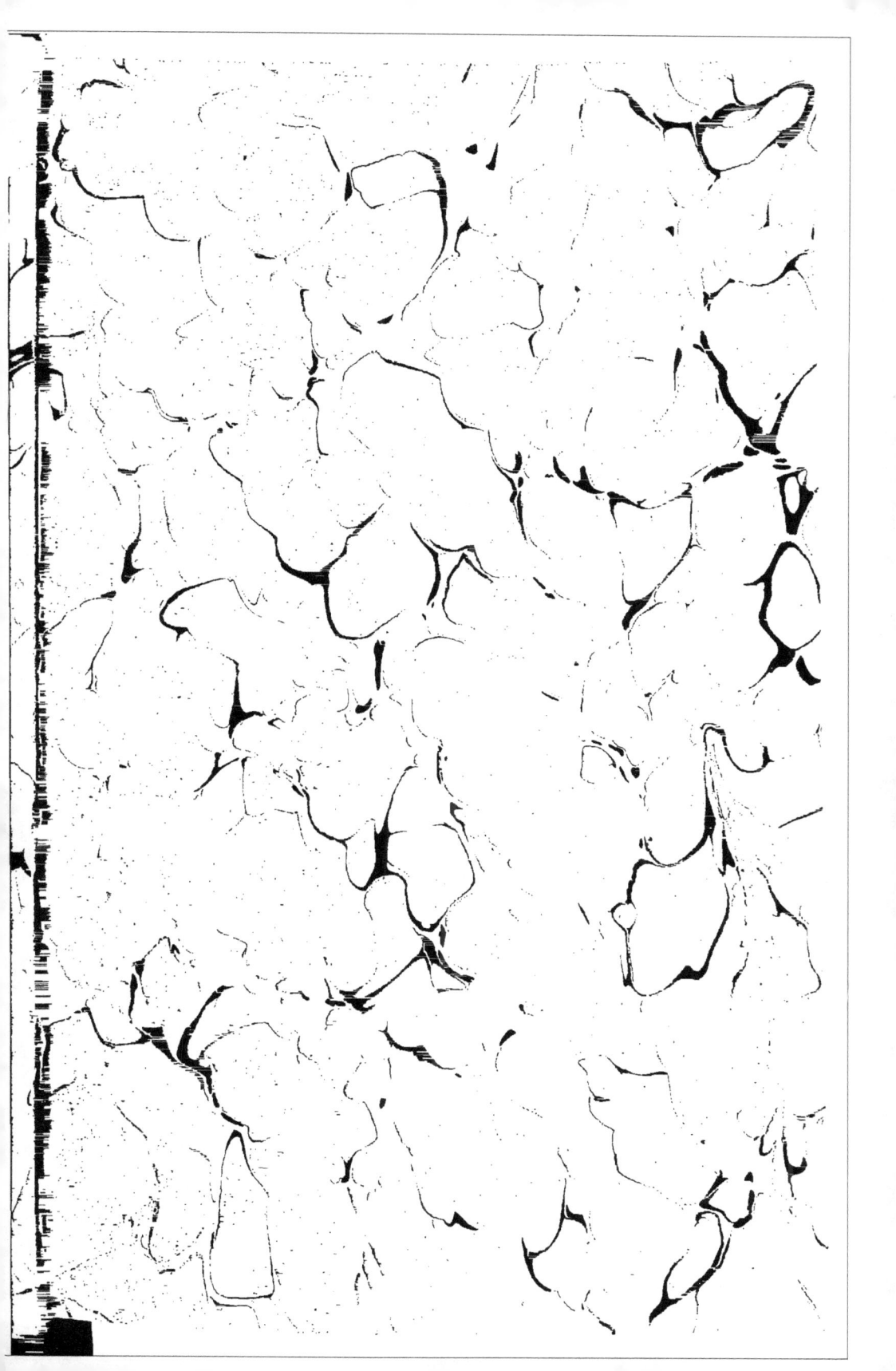

HISTOIRE

DES

SCIENCES NATURELLES.

———

TROISIÈME PARTIE.

COMPRENANT LA PREMIÈRE MOITIÉ DU 18e SIÈCLE.

PARIS. — IMPRIMERIE DE TERRUOLO,
rue Madame, 30.

HISTOIRE

DES

SCIENCES NATURELLES,

DEPUIS LEUR ORIGINE JUSQU'A NOS JOURS,

CHEZ TOUS LES PEUPLES CONNUS,

PROFESSÉE AU COLLÉGE DE FRANCE,

PAR GEORGES CUVIER,

COMPLÉTÉE, RÉDIGÉE, ANNOTÉE ET PUBLIÉE

PAR M. MAGDELEINE DE SAINT-AGY.

TROISIÈME PARTIE,

COMPRENANT LA PREMIÈRE MOITIÉ DU 18e SIÈCLE.

Tome Troisième.

A PARIS,

CHEZ FORTIN, MASSON ET CIE, LIBRAIRES,

RUE ET PLACE DE L'ÉCOLE-DE-MÉDECINE, N° 1.

1841

COURS

DE L'HISTOIRE

DES SCIENCES NATURELLES.

TROISIÈME PARTIE.

PREMIÈRE LEÇON.

MESSIEURS,

JE consacrerai mon cours de cette année à l'histoire des sciences naturelles pendant le XVIIIe siècle.

Le nombre des ouvrages et des observations y a été si considérable que la seule énumération de leurs auteurs exigerait peut-être autant de temps que celle des écrits et des philosophes qui avaient jeté les bases des sciences dans les siècles précédens.

Néanmoins l'étonnement produit par cette fécondité diminue lorsqu'on se représente les moyens et les facilités résultant des écrits immédiatement antérieurs.

Les personnes qui ont suivi mon cours l'année dernière, ont vu les sciences naître dans l'Inde et dans l'Egypte; elles les ont vues prendre un développement

I

plus rapide dans la Grèce où elles étaient affranchies
des liens de la caste sacerdotale; elles les ont vues ensuite
dégénérer à Rome sous le despotisme des empereurs,
disparaître, pour ainsi dire, tout à fait après l'invasion
des peuples barbares; mais renaître peu à peu, et comme
de leurs cendres, par l'effet de quelques grandes découvertes et des événemens importans qui s'accumu-
lèrent pendant le XIVᵉ et le XVᵉ siècles.

Nous avons mis au premier rang de ces découvertes
celles qui appartiennent au moyen âge, comme, par
exemple, l'alcool, le verre blanc, le papier, sans lesquels l'histoire naturelle n'existerait pas, ou du moins
serait fort limitée.

D'autres découvertes eurent une influence plus
immédiate, plus active sur la société, et la modifiè-
rent prodigieusement : ce sont celles de l'artillerie, de
l'imprimerie, de la boussole, de la gravure.

Les événemens politiques et les découvertes géogra-
phiques qui accompagnèrent ou suivirent ces immortelles conquêtes de l'esprit humain, sont la prise de
Constantinople, qui procura à l'Occident tout ce que
l'empire de Byzance renfermait de savans et d'ouvrages
précieux; la découverte du cap de Bonne-Espérance,
qui rétablit avec l'Orient une communication que les
conquêtes des Arabes, des Tartares et des Turcs avaient
détruite; celle de l'Amérique, qui, en faisant connaître
des productions différentes des nôtres, révéla de nouvelles lois à l'histoire naturelle; enfin la réformation
qui, établissant la diversité des religions, donna par
cela même la liberté de penser, dont les hommes
étaient privés depuis long-temps par l'accord du pouvoir

politique et de l'autorité religieuse qui ne souffraient pas que l'esprit s'élevât au-delà de certaines limites posées par une philosophie subordonnée aux doctrines théologiques.

Tous ces faits culminans de l'histoire ont précédé le commencement du XVIᵉ siècle ; mais ce n'est que pendant ce siècle que leur influence s'est exercée dans toute son extension.

Nous avons remarqué tous les efforts qui furent accomplis dans le même temps pour rassembler les débris épars des sciences anciennes. Nous avons vu que, bien que ces recherches fussent le caractère principal du XVIᵉ siècle, l'observation et le calcul n'avaient pas laissé d'y faire des progrès, d'étendre la masse des connaissances qu'on avait recueillies de l'antiquité.

Mais c'est surtout pendant le XVIIᵉ siècle que la méthode d'observation et le calcul appliqués aux sciences produisirent de grandes découvertes, entr'autres celles qui ont réformé la physique.

Descartes donna sa théorie des verres courbes, et fit l'application de l'algèbre à la géométrie.

Le microscope fut découvert et révéla toute une génération et des structures organiques qu'autrement nos sens auraient toujours été impuissans à nous faire connaître.

Galilée construisit un télescope ; il inventa le baromètre et le thermomètre, instrumens d'une grande utilité pour l'histoire naturelle.

Le pendule, la loi des forces centrifuges, due à Huygens, la découverte de la course des planètes faite par Képler, la gravitation constatée par Newton, datent aussi du XVIIe siècle.

La chimie, dans ce même siècle, s'enrichit de l'appareil pneumato-chimique qui a produit d'importantes découvertes.

Ainsi il faut se garder, comme on le fait communément, de considérer le XVIIe siècle comme moins scientifique que le XVIIIe siècle. Sous le rapport de la grandeur des découvertes et de l'importance des travaux, il est peut-être supérieur à tous les siècles précédens, que, d'ailleurs, il égale par ses productions littéraires.

Ce siècle avait donné une telle impulsion aux recherches scientifiques qu'elles furent immédiatement protégées par les princes et leurs ministres. Ainsi, nous voyons Henri IV fonder le jardin botanique de Montpellier (1) ; Louis XIII, celui de Paris ; Louis XIV, excité par le zèle de Colbert, porter cet encouragement plus loin en fondant l'Académie des Sciences, l'Observatoire, le Cabinet d'histoire naturelle et la Ménagerie. C'est à ce prince et à son grand ministre que la France est redevable, comme vous le voyez, des moyens par lesquels elle a concouru, au XVIIIe siècle, aux progrès des sciences.

A la même époque, quelques princes de l'Europe, faisaient, chacun dans les limites de sa puissance et de ses richesses, des efforts semblables.

─────────────

(1) On peut se souvenir que ce jardin fut fondé en 1597 ; mais cette époque est si rapprochée du XVIIe siècle, qu'on peut bien considérer le jardin de Montpellier comme un établissement du XVIIe siècle.

(*Note du Rédacteur.*)

Charles II encourageait la Société royale de Londres, et on fonda sous son règne l'Observatoire de Greenwich, dont les travaux ont enrichi l'astronomie.

Les Médicis continuaient la protection que leurs prédécesseurs avaient donnée aux sciences pendant le XVIᵉ siècle.

Mais l'Allemagne, ravagée durant trente ans par une affreuse guerre de religion, ne fit faire aucun progrès aux sciences. Il y était même résulté de cette guerre une diversité dans les idées, corrélative à celle des sentimens religieux, qui faisait considérer les sciences comme nuisibles, et empêcha les princes les plus puissans de leur accorder la protection qu'elles recevaient partout. Mais les universités qui s'étaient établies dans plusieurs principautés du nord de l'Allemagne, continuèrent leurs travaux et produisirent des hommes illustres.

En Suède, Christine avait appelé, à défaut de richesses nationales, divers savans de l'Europe; elle les avait établis à sa cour, les encourageait en participant à leurs travaux, et était ainsi parvenue à former une société savante dans son royaume, malgré sa petitesse et son éloignement du centre des travaux scientifiques.

En Hollande, le commerce était des plus florissans : sur la fin du XVIIᵉ siècle, cette nation s'était emparée des possessions portugaises dans les Deux-Indes, et y avait établi, outre des ports et des comptoirs, divers points d'observation. Plusieurs naturalistes se placèrent dans ces établissemens, et le résultat de leurs travaux fut publié en Hollande avec un grand luxe, car ce pays était celui où la gravure florissait alors avec le plus d'éclat.

L'Espagne fut réduite par le despotisme de Charles V, par la tyrannie de Philippe II, et l'influence stupéfiante de l'inquisition, à un état inférieur à celui des autres pays. Les sciences, sous Ferdinand V, n'avaient, en en quelque sorte, jeté quelques lueurs que pour éclairer leurs funérailles.

Dans le nord, la Pologne était livrée à des factions qui devaient nécessairement lui faire négliger les sciences.

La Russie n'était pas encore assez civilisée. Ce ne fut qu'au XVIIIᵉ siècle que les sciences y pénétrèrent. A l'imitation de Louis XIV qui, par la grandeur de son gouvernement, par sa magnificence et les établissemens qu'il avait créés, était devenu, malgré les malheurs des dernières années de son règne, un objet d'admiration et un modèle pour les autres princes, Pierre Iᵉʳ, au commencement du XVIIIᵉ siècle, chercha à former une Société de savans dans son empire. Il ne pouvait pas y employer de nationaux, puisqu'ils manquaient de l'instruction nécessaire ; il appela des savans étrangers, principalement des Allemands, et il les chargea d'explorer les diverses parties de son vaste empire, qui étaient encore tellement ignorées que le gouvernement lui-même n'en avait que des notions fort confuses.

Frédéric Iᵉʳ qui, d'électeur de Brandebourg, se fit roi de Prusse, voulut aussi, par vanité, avoir des savans. En 1713, il appela près de lui Leibnitz pour créer l'académie de Berlin (1), et il concourut ainsi aux progrès des sciences.

_____

(1) J'ai lu un historien qui fait honneur à la femme de Frédéric Iᵉʳ,

M ais sonsuccesseur eut pour elles un mépris bizarre ; sous son règne, elles furent négligées et tournées en ridicule. Ce ne fut qu'en 1740, sous Frédéric II, qu'elles furent encouragées comme dans les autres pays et qu'elles acquirent une nouvelle splendeur.

La Saxe était trop faible pour pouvoir procurer de grands progrès aux sciences ; toutefois, les électeurs de ce pays employèrent, dans le XVIIIe siècle, la plus grande partie de leurs revenus à créer des collections d'histoire naturelle qui ne leur ont pas été inutiles.

En Suède, les sciences étaient protégées par le gouvernement comme un moyen de féconder les ressources du pays ; elles étaient liées aux diverses branches de l'industrie, particulièrement à la métallurgie. Le roi Adolphe-Frédéric voulut aussi les encourager d'une manière spéciale. C'est sous son règne, qui dura 40 ans, que parurent Linnée, Tessin et autres savans contemporains. Au milieu du XVIIIe siècle, la Suède fut au nombre des pays qui jetèrent un grand éclat, et elle rendit d'importans services à la science.

Le Danemarck se piqua aussi d'émulation, sous le règne de Frédéric V. On y fit des ouvrages d'histoire naturelle relatifs à la Suède et au Danemarck. Des voyages scientifiques furent entrepris par ordre du Roi. L'Arabie fut l'un des pays que ce prince envoya explorer par des savans qui nous ont laissé des ouvrages

---

Sophie-Charlotte de Hanovre, de la fondation de l'Académie de Berlin. Ce serait elle qui aurait appelé plusieurs savans, entr'autres Leibnitz, qu'elle embarrassait souvent par ses questions sans fin, et qui lui dit un jour : *Il n'y a pas moyen de vous contenter ; vous voulez savoir le pourquoi du pourquoi.* (*Note du Rédacteur.*)

utiles, entr'autres celui de Forskal sur les animaux et
les plantes de la mer Rouge.

En France, l'exemple de Louis XIV avait donné un
élan trop puissant pour qu'on ne portât pas plus loin
les recherches scientifiques. Le duc d'Orléans, alors
régent, était grand partisan des sciences. Pendant toute
sa régence, les savans furent fort en honneur, et jouirent d'avantages de toutes espèces, principalement
Homberg qui avait partagé ses travaux scientifiques
comme je vous l'ai dit dans la 13e leçon de la deuxième
partie de ce cours. Fontenelle et Réaumur jouirent
également de la protection du duc d'Orléans.

Louis XV, plus adonné à ses plaisirs qu'aux sciences,
passa lui-même une partie de son temps à des amuse-
mens scientifiques. Il eut un goût particulier pour la
botanique, qu'il encouragea de toutes manières. Il fit
entretenir un riche jardin où il plaça des hommes ins-
truits, et il correspondait avec Linnée et autres botanistes contemporains; de sorte que la botanique qui,
au temps de Tournefort avait été fort cultivée, le fut
encore davantage à la fin du règne de Louis XV, car ce
fut surtout vers la fin de son règne que ce prince prit
goût à cette science.

Mais tous les princes que je viens de citer ont été
surpassés dans la protection qu'ils ont donnée aux
sciences par Georges III, roi d'Angleterre. Ce prince,
qui avait des goûts extrêmement simples, et menait
une vie retirée, s'occupait principalement de la botanique pour laquelle il avait la plus grande passion. Son
jardin était un des plus beaux et des plus riches qui
existât en Europe. Ce fut lui qui fit entreprendre ces

célèbres voyages du XVIIIe siècle, particulièrement
ceux dirigés par le capitaine Cook, dont des naturalistes,
comme Bancks et Solander, firent partie volontairement,
et d'autres, comme Forster, par exemple, d'après la
désignation du gouvernement. Ces hommes doivent
être placés au premier rang parmi ceux qui ont le plus
enrichi la géographie et l'histoire naturelle ; car, quoique leur découverte soit moins considérable que celle
de l'Amérique au XV_e siècle, elle offrit cependant un
intérêt aussi puissant, puisqu'ils rapportèrent des
productions de la Nouvelle-Hollande et des îles de
la mer du Sud, dont les analogues n'avaient jamais été
vues ailleurs, et qu'ils ouvrirent ainsi une nouvelle carrière aux sciences naturelles.

Le goût de George III se propagea en Angleterre
parmi les hommes riches ; et si les jardins et les collections qui en résultèrent prouvaient plutôt la magnificence de leurs propriétaires que leurs connaissances
réelles, ces établissemens n'en furent pas moins utiles
aux hommes qui n'auraient pas pu se procurer autrement les objets de sciences qu'ils renfermaient.

Le goût des jardins ne fut pas limité à l'Angleterre ;
il passa de ce pays dans les autres parties de l'Europe ;
la plupart des princes voulurent avoir un jardin. Il en
résulta de grandes richesses pour la botanique et aussi
pour d'autres parties de l'histoire naturelle.

François Ier et Marie-Thérèse, qui passaient une
partie de leur temps dans la retraite, partagèrent surtout le goût de Georges III pour les sciences naturelles.
François Ier, qui avait été grand-duc de Toscane et qui
avait hérité de son goût pour la botanique de la maison

qui l'avait précédé, avait apporté ce goût à Vienne. Des voyages furent entrepris par ses ordres pour enrichir ses collections ; des ouvrages aussi magnifiques que ceux du Danemarck furent composés et publiés avec les encouragemens du gouvernement autrichien, et l'histoire naturelle gagna prodigieusement à ces travaux, d'autant plus précieux pour l'Autriche qu'elle n'avait presque encore rien fait pour les sciences.

Il n'y eut pas jusqu'à l'Espagne où, après un siècle d'ignorance, le goût de l'histoire naturelle ne renaquit sous Charles III, et produisit de grands ouvrages de botanique. Cette nation aurait donné plus tard d'importans ouvrages de zoologie qui étaient préparés ; mais les différends de Charles IV en empêchèrent la publication. L'Espagne a cependant publié les ouvrages d'Ortega et de Cavanilles, qui ont été fort utiles aux sciences.

La Russie a concouru à leurs progrès peut-être autant que l'Angleterre, par l'exploration qu'elle a fait faire de son territoire ; car il est résulté de cette exploration des richesses qui égalent presque celles produites par les voyages des Anglais dans les diverses contrées de l'Amérique.

J'ai dit que Pierre Ier avait essayé de fonder une académie à Saint-Pétersbourg ; qu'il avait envoyé des voyageurs, entre-autres Messerschmidt, visiter la partie la plus orientale de la Sibérie. Mais ce furent principalement les impératrices qui montèrent sur le trône après lui qui continuèrent ces travaux ; elles les protégèrent de toute leur puissance, et y attachèrent un grand point d'honneur. Catherine Ire réalisa

jusqu'à un certain degré, l'idée qu'avait eue Pierre Ier
d'établir une académie. Sous le règne de l'impéra-
trice Anne, plusieurs voyageurs allemands , tels que
Steller, Gmelin le vieux, visitèrent la Sibérie, et
publièrent à leur retour des mémoires, où ils firent
connaître aux naturalistes les productions nouvelles
qu'ils avaient découvertes. Les travaux de quelques-uns
de ces voyageurs restèrent ensevelis , par suite d'événemens qui survinrent ; mais on en a retrouvé et publié
quelques fragmens qui prouvent qu'ils avaient été
faits dans d'excellentes vues.

L'indolente et voluptueuse Élisabeth fut pour les
sciences une protectrice moins éclairée que Catherine II.
En 1769, on exécuta par l'ordre de celle-ci une grande
exploration de la Sibérie. Les savans qui y prirent part
formaient plusieurs commissions auxquelles nous devons des ouvrages qui sont des trésors pour toutes les
branches de l'histoire naturelle. Ce furent ces travaux qui
donnèrent à l'Europe les premières notions qu'elle reçut
sur l'Asie septentrionale. Pallas, qui était membre d'une
des commissions dont je viens de parler et auquel on doit
la publication de la plupart de leurs manuscrits, car plusieurs de ses collégues étaient morts, a acquis un mérite
infini par la méthode qu'il a répandue dans ce travail ,
et par les richesses qu'il a concouru à procurer à la
science.

Nous devons remarquer que les souverains dont je
viens de parler, et les particuliers que leur zèle seul
pour les sciences excitait à agir comme eux, ont été
favorisés par l'état politique de l'Europe au XVIIIe
siècle. En effet, ce siècle est un de ceux qui ont joui

de la plus longue paix. A la vérité, il commença par la guerre de la succession d'Espagne qui, intéressa l'Europe, et menaça de destruction la monarchie de Louis XIV. Mais, en 1713, la paix fut conclue à Utrecht. Le gouvernement du Régent, la modération du cardinal de Fleury, parvinrent à la conserver pendant vingt ans. Durant ce repos, les royaumes de l'Europe jouirent d'une prospérité qui était encore sans exemple, et qui favorisa singulièrement les progrès des sciences. Cette paix ne fut troublée qu'en 1733 par une guerre d'un moment occasionée par la succession du grand-duché de Toscane. La guerre ne commença sérieusement qu'en 1741, au sujet de la succession d'Autriche; elle dura jusqu'en 1748, où fut signé le traité d'Aix-la-Chapelle. Ensuite survint, en 1756, la guerre de Sept ans qui se termina par les traités de Paris et de Hubersbourg. Enfin, en 1773, eut lieu la guerre des États-Unis, qui se borna à l'Amérique, et qui n'influa presque pas sur l'état de l'Europe.

D'un autre côté, les guerres de successions du XVIIIe siècle n'ont été ni aussi cruelles ni aussi destructives que les guerres civiles et religieuses des siècles précédens. Dans les premières, les princes et les armées n'étaient animés que de l'amour du bien et du sentiment de leurs devoirs; chaque individu ne partageait pas, comme dans les guerres civiles et religieuses, les passions qui avaient déterminé le combat. Au XVIIIe siècle, les guerres n'étaient plus que des mouvemens de troupes, et on épargnait quand on le pouvait les pays au travers desquels on passait. Dans la

guerre de Sept ans, on voyait même des officiers français suivre les cours de Gœttingen.

Au contraire, pendant la guerre qui désola l'Allemagne durant trente ans, lorsque les armées catholiques entraient sur le territoire protestant, elles dé-
truisaient tous les établissemens existans, et le parti
protestant en agissait de même, lorsqu'il entrait sur le
territoire catholique.

Enfin la majeure partie des guerres, au XVIIIᵉ siècle,
ont été maritimes. Les efforts de la France, de l'Angleterre, de l'Espagne, de la Hollande, se tournèrent
vers l'Amérique et les Indes plus que vers l'Europe,
parce que, dans ces contrées, elles pouvaient espérer des
conquêtes durables, tandis que le théâtre de la guerre
en Europe n'offrait point à la France, à l'Angleterre,
à l'Autriche, la possibilité de s'enrichir par de grands
accroissemens de territoire.

Or, des guerres maritimes diminuent bien les ressources, les finances d'un Etat, mais elles ne troublent
pas le repos du continent, au point d'y suspendre les
travaux scientifiques, et elles ont cet avantage de lui rapporter des découvertes nouvelles. Ainsi, par exemple,
lorsqu'une armée s'établissait au Canada ou aux États-
Unis actuels, soit qu'elle se portât dans les Indes, ou
dans quelque partie de l'Amérique méridionale, les officiers de santé et autres personnes un peu savantes qui
étaient attachées à ces expéditions, découvraient toujours quelques nouveaux sujets d'observation.

Les guerres maritimes ont un autre résultat utile :
c'est qu'exigeant une grande marine, elles nécessitent
le progrès des connaissances qui constituent les ma-

rins habiles. Aussi, tous les gouvernemens out-ils
fait des efforts pour encourager l'étude des mathématiques, de la géographie et de tous les arts propres à
perfectionner la navigation.

Ainsi donc, je le répète, les guerres maritimes du
XVIIIe siècle ont été aussi favorables à la plupart des
sciences, qu'elles ont fini par l'être au commerce, et
sans l'habileté des marins anglais, sans les efforts de
ceux de la France, comme Bougainville et autres, nous
n'aurions pas une grande partie des découvertes qui
ont enrichi le XVIIIe siècle.

Nous devons examiner une cause d'un autre ordre qui
a singulièrement favorisé le progrès des sciences pendant
le XVIIIe siècle.

Vous avez vu que les systèmes de philosophie qui
dominaient autrefois, avaient été favorables ou nuisibles aux sciences, les avaient accélérées ou retardées,
selon que la nature de cette philosophie disposait les
esprits à l'observation ou à la spéculation; que, partout
où la méthode d'Aristote avait été suivie, les sciences
avaient fait des progrès; et qu'au contraire elles étaient
restées stationnaires lorsque cette méthode avait été
négligée. Or, par diverses circonstances, le XVIIIe siècle
fut plus porté à la philosophie d'Aristote qui se fonde sur
l'expérience, qu'à celle qui repose sur des idées innées,
des abstractions, des hypothèses. Cette direction tient
à une cause morale, à une marche de l'esprit dont il
est nécessaire de dire quelques mots.

Au commencement du XVIIe siècle, comme vous
savez, Galilée suivit le péripatétisme; il ne rapporta
pas chaque fait à une idée générale préconçue, de

laquelle tout devait découler ; il fonda tous ses systèmes sur des calculs précis, et parvint ainsi à d'importantes découvertes.

Descartes prit une marche tout opposée : il admit *à priori* qu'un mouvement primitif donné à la matière avait été la cause de tous les corps ; que les divers phénomènes physiques devaient s'expliquer par ce mouvement, et, appuyé sur ce principe, il dit avec la hardiesse d'un métaphysicien qui prend les combinaisons de sa raison pour des faits : Donnez-moi de la matière et du mouvement, et je ferai un monde.

Cette dernière philosophie régna en France et partout où le christianisme s'introduisit, pendant une grande partie du XVIIIe siècle, car la philosophie de Newton ne commença à se répandre qu'en 1760, par les soins de Sigaud de Lafond ; et, jusqu'en 1740, l'académie n'accorda de prix qu'aux travaux fondés sur l'hypothèse cartésienne.

Mais à côté d'elle s'élevait une autre philosophie qui était la reproduction du véritable péripatétisme, et qu'on a appelée *philosophie du XVIIIe siècle*, ou des *sceptiques*.

Cette philosophie avait commencé à paraître dans le XVIIe siècle, surtout au commencement des guerres ou des persécutions religieuses. En Allemagne, ces guerres avaient été si violentes, qu'aucune philosophie n'avait pu y pénétrer. En Angleterre, après la réformation qui y fut assez paisible ; après la guerre qui occasiona la mort de Charles Ier, et le renversement de la monarchie ; enfin après les événemens qui se succédèrent jusqu'à la restauration de Charles II,

survenue en 1660, il s'établit de violentes discussions
sur des objets extrêmement peu intéressans : c'étaient
les querelles des Presbytériens contre les Épiscopaux.
En Hollande, où les partis étaient divisés en Arminiens
et en Gomaristes, il y eut des meurtres juridiques,
comme celui de Barnevelt, par exemple, pour des
causes aussi peu importantes. Enfin des guerres semblables survenues dans d'autres pays, comme celle des
Jansénistes et des Molinistes en France, et la révocation
de l'édit de Nantes, produisirent de violentes persécutions, des emprisonnemens sans fin.

Or, il était naturel que certains esprits voyant résulter de croyances religieuses des malheurs si déplora-
bles, se jetassent dans une extrémité opposée.

Ce fut en Angleterre que naquit primitivement cette
secte dont les membres mirent en doute la religion
chrétienne et ses principales bases, et portèrent même
le doute plus loin s'il est possible. Mais ces hommes
qu'on appelait au XVIIe siècle *libres penseurs* ou *esprits forts*, n'eurent pas un grand nombre de partisans dans ce pays où les esprits sont sérieux. Leur
philosophie moqueuse rencontra plus de sympathie en
France et en Hollande. Le *Dictionnaire de Bayle*, où
toutes les opinions religieuses sont successivement
mises en question, nous en offre un résultat remarquable. Cependant c'était un usage systématique à la
cour de Charles II, de se moquer de toutes les sectes
religieuses; et ce fut dans cette cour que quelques
Français, comme Saint-Évremont, par exemple, pui-
sèrent la philosophie du doute au commencement du
XVIIIe siècle.

Chacun sait que ce fut aussi en Angleterre et en Hollande que Voltaire, qui passa plusieurs années de sa jeunesse dans ces pays, puisa les idées sceptiques qu'il fit valoir de la manière que tout le monde connaît.

Mais outre son scepticisme religieux, il recueillit en Angleterre les idées de philosophie physique et de métaphysique qui y régnaient. De sorte qu'on peut dire que c'est lui qui a le premier introduit en France quelques notions, vagues sans doute, mais peut-être suffisantes pour ceux qui ne voulaient pas les approfondir, de la doctrine de Newton et du système psycologique de Locke.

Ce qui a long-temps empêché la philosophie de Newton de se répandre sur le continent, c'est qu'on lui reprochait de rétablir les qualités occultes. Il est incontestable que quand Newton était arrivé à un principe qui était la formule expressive des phénomènes connus, il ne prétendait pas, comme Descartes, faire dériver ce principe des lois du mouvement, alors que ces lois ne lui étaient pas démontrées devoir le produire. De cette manière il est vrai qu'il a adopté les qualités occultes. Mais nous en sommes tous là encore, et nous y resterons jusqu'à ce que nous ayons découvert la dernière raison des choses.

Quant aux idées philosophiques de Locke, vous comprenez qu'elles convenaient aux hommes qui cherchaient à lier leurs idées métaphysiques avec les connaissances physiques, et qu'elles disposaient aussi à l'observation, qui est le fondement du péripatétisme. Les hommes donc qui, pour renverser les croyances religieuses auxquelles ils attribuaient des effets funestes sur la société, répandirent les idées de Locke, favorisèrent en même temps l'esprit d'observation qui est si important pour les sciences naturelles.

Ce fut vers 1740 que la philosophie sceptique commença à se répandre en France et sur le reste du continent ; car pendant le XVIIIe siècle, toujours à l'imitation de Louis XIV, la plupart des princes de l'Allemagne et des autres nations, avaient contracté des habitudes françaises, et connaissaient mieux notre littérature que celle de leur propre pays.

Chacun se souvient du fanatisme avec lequel ces nouvelles doctrines furent propagées par toutes sortes de brochures anonymes ou pseudonymes. On publiait ostensiblement l'Encyclopédie ; mais en même temps paraissaient, sous des noms empruntés ou imaginaires, des ouvrages qui avaient pour but de développer davantage les idées qu'elle renfermait sous une forme abstraite. La composition de ces livres a été l'occupation morale et métaphysique d'un grand nombre d'hommes qu'on a appelés philosophes du XVIIIe siècle, parce que c'est dans ce siècle que les idées qu'ils ont professées se sont montrées avec le plus de force, et sont devenues presque universelles.

L'examen de l'influence que ces idées ont pu exercer sur l'état moral et politique des peuples, est excentrique à mon sujet ; mais il importait de dire quels avantages les sciences d'observation en avaient reçus. C'est surtout dans la seconde moitié du XVIIIe siècle que l'esprit d'observation exacte, la recherche des faits, le mépris pour les faux systèmes et pour les théories *à priori*, dominèrent enfin dans les esprits, et que l'his-

toire naturelle prit ainsi une marche tout à fait inconnue jusque-là.

Toutefois, des systèmes spéculatifs continuèrent à
se manifester, même dans les ouvrages d'hommes de
génie, et ces hommes, par la vigueur de leur raisonnement et la séduction de leur éloquence, parvinrent à
les faire régner dans une certaine classe d'hommes. Mais
enfin nous verrons tous ces systèmes, soit de cosmogonie,
soit de physiologie, de chimie, etc., successivement
anéantis les uns par les autres, et la méthode d'observation former au contraire un édifice impérissable, et
produire des résultats tels que les classes les moins aisées
de la société purent jouir de bienfaits qui, dans
les siècles précédens, n'étaient pas même connus des
hommes les plus favorisés de la fortune.

Telle est, messieurs, l'esquisse de l'histoire que j'ai
à vous exposer cette année. Cette histoire a des périodes et des limites qu'il est facile de marquer. Dans la
prochaine séance je donnerai une idée de ces périodes,
et je commencerai l'histoire des écrivains qu'elles renferment.

Je traiterai d'abord des hommes dont l'esprit a dominé dans le XVIIIᵉ siècle, c'est-à-dire de Newton et
de Leibnitz, que je considère comme les chefs et les
représentans des deux méthodes opposées qui se sont
disputé l'empire de la science.

DEUXIÈME LEÇON.

———————

MESSIEURS,

DANS la séance précédente, après avoir rappelé les
grandes découvertes qui ont signalé le XVIIe siècle,
j'ai présenté le tableau des causes qui, pendant le
XVIIIe, ont favorisé des observations, sinon aussi importantes, du moins plus multipliées, et dont l'ensemble a constitué le corps de sciences utiles que nous
possédons aujourd'hui. C'est l'histoire de ces différentes
observations et de leurs rapports, de leur connexion,
que je dois chercher à exposer maintenant.

Cette histoire se divise en deux périodes très-dis-
tinctes.

Dans la première, les naturalistes, les chimistes, les
physiologistes ne faisaient que continuer la marche qu'ils
avaient suivie pendant le XVIIe siècle ; l'histoire naturelle n'était, en quelque sorte, qu'un objet d'étude secondaire, un fragment de la physique générale. Les méthodes, les classifications, les nomenclatures n'étaient pas reconnues aussi importantes qu'elles l'ont été de nos jours ;

et, quant à la partie de l'histoire naturelle qui touche de plus près à la physique, on était encore trop livré aux hypothèses du cartésianisme, pour qu'on cherchât à expliquer les faits autrement que par les idées qu'on se faisait des choses, d'après ces mêmes hypothèses.

Dans cette première période, on remarque surtout la géologie. On ne faisait point alors d'observations sur la structure et les couches du globe; on créait des hypothèses sur son origine et sur les modifications qu'il avait dû subir pour arriver à son état actuel.

La chimie était encore traitée plus imparfaitement : on ne pesait point les matières avant de les soumettre à l'expérience, afin de vérifier ensuite si ses produits réunis offraient le même poids qu'auparavant. On ne tenait point compte non plus du changement des corps; en un mot, on n'avait pas encore découvert la nécessité de l'exactitude mathématique avec laquelle nous procédons aujourd'hui.

La physiologie était presque dans le même état que la chimie. Quelques hypothèses physiques et mécaniques se disputaient la palme avec d'autres hypothèses fondées sur la considération de l'action de l'âme, même dans les phénomènes du corps. Le système de Stahl jouissait d'un grand crédit, et n'était contrebalancé que par des systèmes qui admettaient sans expériences exactes, une structure mécanique mise en jeu par des moyens physiques ou chimiques.

Quant aux sciences qui constituent plus spécialement l'histoire naturelle, telles que la zoologie, la botanique et la minéralogie, elles n'occupaient qu'un rang secondaire; personne encore n'avait eu le courage de faire un

système général qui embrassât les trois règnes de la nature, au moyen d'une méthode commune ou d'une nomenclature fixe qui pût être adoptée par toutes les nations. On exprimait d'une manière plus ou moins vague
les caractères, excepté dans la botanique, qui a dominé
les autres parties de la science : on y avait une sorte de
méthode; mais il n'y existait pas encore de nomenclature
régulière, fixe et commode. On employait des phrases
pour désigner les espèces qui composaient les genres ;
on n'avait pas de noms simples comme on en a aujourd'hui, et on entrait dans une multitude de détails
sur la structure des parties caractéristiques.

En minéralogie, on n'employait point les procédés
chimiques; on ne pratiquait pas davantage l'analyse
mécanique des cristaux; on n'avait pas même d'idée
de la cristallographie.

Tel était l'état des sciences au commencement du
XVIII⁰ siècle. On y connaissait bien pourtant leurs
principes les plus généraux; mais l'application n'en
était pas faite d'une manière scientifique.

Par degrés, l'influence des grandes doctrines du siècle
dont je commence l'histoire, finit par se faire sentir,
au moyen des travaux de quelques grands hommes.
Ce fut de 1740 ou 1750, jusqu'à 1760 ou 1770, que
s'exerça principalement cette action des méthodes.
Alors les sciences subirent une véritable révolution,
et leurs progrès furent rapides.

Linnée, Buffon, Haller, Bonnet, commencèrent
cette révolution heureuse que continuèrent les travaux
de Bergman, de Black, de Wallerius et de Schéelle
sur la chimie et la minéralogie. L'impulsion donnée,

on marcha avec rapidite vers de bons résultats. Au
moyen des travaux de Haller, la physiologie reçut
un caractère d'observation scientifique. On abandonna les hypothèses chimiques et mécaniques, et
les systèmes fondés sur des actions qu'on rapportait à un principe spirituel. Buffon répandit le goût
de la science, malgré l'inexactitude de ses hypothèses. Ses éloquens discours donnèrent aux sciences
naturelles un charme qu'on ne leur connaissait pas,
et plusieurs personnes qui, autrement, ne s'en seraient peut-être pas occupées, adoptèrent de meilleures
méthodes que les siennes. En disant que ses méthodes
étaient mauvaises, je n'entends parler que de ses systèmes relatifs à la géogonie et à la physiologie; car,
pour ses descriptions on n'a rien à lui reprocher; il a
même beaucoup perfectionné à cet égard. C'est lui qui
le premier a adapté les règles de la critique à la recherche des faits de l'histoire naturelle; ou du moins
cette application était rare auparavant, surtout parmi
les naturalistes qui avaient composé des systèmes.
Bonnet fit de l'histoire naturelle un sujet de méditation, en la présentant dans ses rapports avec la métaphysique, et même avec la morale et la théologie.
Il envisagea l'histoire naturelle sous un point de vue
qui avait été négligé jusqu'à lui. Ses idées sur le mouvement se rattachent à celles de Leibnitz; il chercha à leur
donner une exactitude qui n'est pas commune aux
personnes qui n'ont pas l'habitude de l'étude, et il
commit quelques erreurs. Linnée eut un mérite qui
sera éternel, c'est celui d'avoir fixé la science par des
déterminations positives des espèces; ou s'il n'a pas

exactement atteint ce but, il a du moins tracé la route
que l'on doit suivre pour y arriver. Avant Linnée,
on ne possédait aucun catalogue complet; chaque
auteur parlait des espèces qui lui paraissaient le plus
intéressantes. On n'avait aussi que des noms génériques,
et pour désigner chaque espèce, on était obligé d'employer une phrase caractéristique composée d'une série
d'épithètes dont chacune exprimait un caractère. Linnée
fonda sa nouvelle nomenclature sur deux principes.
Il établit d'abord qu'il ne fallait prendre les caractères,
les motifs de distribution que dans la structure ou l'organisation des objets; ensuite, que chaque genre devait
avoir un nom invariable, et que pour les espèces dont
ces genres se composent, il fallait leur appliquer un
nom trivial et simple, afin que tout objet pût être dé-
signé d'une manière fixe. Au moyen de cette méthode
de nomenclature, qui n'exigeait qu'un substantif pour
désigner le genre, et un adjectif pour exprimer l'espèce, il devint extrêmement facile, même pour de fai-
bles mémoires, de retenir les noms des objets, et les
naturalistes eurent enfin un moyen de s'entendre. Ainsi
dès qu'on nommait une plante, comme, par exemple,
la *tulipa gesneraria*, on savait sur-le-champ quel individu on voulait désigner : tout le monde comprenait
cela. Avant l'introduction de cette nomenclature bi-
naire, c'était une chose extrêmement difficile; il était
même impossible d'entendre les phrases caractéristiques
des espèces sans étudier les ouvrages. De plus, ces
phrases caractéristiques devaient nécessairement changer à mesure qu'on faisait de nouvelles découvertes.
La permanence du nom trivial ou spécifique établie par

Linnée, offre l'avantage de faire reconnaître les espèces dans tous les genres où les progrès de la science exigent qu'on les fasse passer.

Ces idées qui parurent si simples, et qui cependant n'étaient encore venues à personne, sont ce qui a le plus fait valoir les travaux de Linnée.

Linnée eut un second mérite; c'est celui d'avoir défini les termes scientifiques d'une manière fixe. Avant lui, personne n'avait défini nettement assez de termes techniques pour représenter les variations que les espèces peuvent offrir dans la forme de leurs différentes parties ; de sorte qu'il y avait toujours du vague dans les descriptions : tel auteur exprimait l'organisation, la structure d'une plante d'une manière; tel autre l'exprimait différemment.

Toutes les méthodes qui existaient avant Linnée étaient aussi plus ou moins vagues, et n'étaient pas toujours parfaitement comprises; leurs indications étaient trop brèves; les naturalistes qui se succédaient, n'observaient pas les mêmes limites dans la formation de leurs genres et dans celles de leurs classes. Le troisième mérite de Linnée fut de déterminer des règnes, des classes, des ordres, des genres et des espèces, d'après des caractères tels que les nuances de chacune de ses subdivisions fussent parfaitement tranchées.

Par tous ces travaux, Linnée fut conduit à distinguer nettement les systèmes artificiels de la méthode naturelle. Jusqu'à lui, cette distinction n'avait pas été faite clairement; on ne se rendait pas bien compte de la différence des méthodes de classification. Chacun cherchait sans doute à rapprocher, autant qu'il le

pouvait, les plantes, les animaux ou les minéraux qui
se ressemblaient par certains rapports ; mais on ne
se faisait pas un scrupule de rendre ces rapports simples et précis. Linnée adopta le système artificiel, mais
il déclara qu'il ne convenait que pour arriver avec
facilité à la détermination positive des espèces, et qu'il
ne fallait pas négliger de travailler à la découverte d'une
méthode naturelle fondée sur les rapports véritables
des objets entre eux.

Linnée fit ses distributions d'après des caractères
appréciables indépendamment de toute considération
d'esprit et des nuances qui existent dans les rapports des êtres. Son système sexuel, déterminé pour
un grand nombre de classes, d'après le nombre des
étamines, est rigoureux; il est impossible de ne pas
reconnaître les classes, puisqu'il n'y a qu'à compter
les étamines des fleurs. Il en est de même des ordres
dont les caractères ont été puisés dans le nombre des
styles ou des stigmates distincts. Pour les genres, il
fut guidé par un autre principe; il pensa qu'ils devaient être naturels; il les forma d'après les caractères
que présentaient les fleurs et la fructification; néanmoins
ils sont encore un peu artificiels et rigoureux.

Quoique la méthode de Linnée, quand on n'en apprend pas d'autre, fausse les idées, puisqu'elle ne représente pas les rapports et la véritable nature des objets,
cependant il est évident que pour les commençans, pour
les personnes qui veulent étudier seules la botanique,
elle présente beaucoup plus de facilité que les méthodes
vagues qui existaient auparavant. Rien n'est plus aisé
que de compter quelques parcelles de fleur, d'exami-

ner la position d'un style, et quelques autres petits détails qu'il n'est pas de mon sujet d'énumérer. Aussi cette
méthode eut-elle une sorte de vogue partout. Une
foule d'hommes et de femmes qui autrement n'auraient
jamais donné toute leur attention à la botanique, s'y livrèrent avec empressement. Avant que la botanique eût
été rendue facile, les hommes qui, pour leur profession,
avaient besoin de connaître cette science, comme les
médecins, les apothicaires, étaient les seuls qui se li-
vrassent à son étude. Il en était de même de la
minéralogie, les métullargistes seuls s'en occupaient.
La zoologie était presque entièrement négligée, parce
qu'elle a moins de rapports avec les états lucratifs
que les deux autres branches de l'histoire naturelle.
Mais, immédiatement après la publication des ouvrages
de Linnée, de Bonnet, de Buffon, ces diverses sciences
furent cultivées par des hommes de toutes les classes,
et dans une proportion qui fut toujours en croissant.
Quelques personnes, comme Réaumur, s'attachèrent
aux détails des mœurs des insectes ; d'autres s'occupèrent d'anatomie pour ce qui avait rapport à la physiologie ; en un mot, l'histoire naturelle commença à
devenir populaire, et c'était une raison pour qu'elle fît
de nouveaux progrès ; car, plus le nombre des hommes
qui s'occupent des sciences est considérable, plus il y
a de chances pour de nouvelles découvertes.

La chimie resta, comme on l'a toujours vu, entre
les mains d'un petit nombre d'hommes. Cela tenait à
ce qu'elle exigeait des travaux plus difficiles, et à
ce qu'elle flattait moins l'imagination de la plupart des
hommes, surtout depuis que l'alchimie était tombée

dans le mépris. Si, pendant le moyen âge et jusque dans le XVIIe siècle, il y eut de grands seigneurs qui s'occupèrent de chimie, c'est qu'ils espéraient arriver à la découverte de la pierre philosophale. Dans le XVIIIe siècle quelques personnes se livrèrent même encore à cette recherche chimérique ; mais à mesure que l'alchimie se perfectionna et qu'on arriva à des principes qui exclurent toute possibilité de transmutation des métaux, beaucoup de personnes se détachèrent de la chimie. Autrefois cette science avait aussi été cultivée dans des vues d'utilité médicale. Presque tous les ouvrages de chimie du XVIIe siècle, excepté ceux de Boyle et de son école, traitent uniquement de médicamens, et ont été composés par des pharmaciens ou des médecins. Mais à mesure que la thérapeutique et la pharmacopée, par conséquent, se simplifièrent, la chimie devint plus exclusivement le partage des hommes qui la cultivaient comme branche de physique et tâchaient de la lier aux autres sciences ou de la faire entrer dans leurs systèmes. Nous verrons Black, Bergman, et autres chimistes de ce temps, traiter la chimie de cette manière philosophique et l'enrichir ainsi des belles découvertes qui ont fini par changer sa théorie, et par donner à cette science l'exactitude de nos connaissances mathématiques et physiques.

Mais la physiologie et l'histoire naturelle furent plus hâtives ; ce fut de 1750 à 1780 qu'eurent lieu leurs plus grands progrès.

Telles sont, messieurs, les diverses phases par lesquelles les sciences dont j'ai à vous entretenir, ont passé pendant le XVIIIe siècle.

Je commencerai l'histoire de la première période
de ce siècle par la géologie, ou plutôt cosmogonie,
car, dans le premier âge, la géologie n'était qu'une
cosmogonie. Je traiterai d'abord de la cosmogonie parce
qu'elle comprend toutes les autres sciences, et que c'est
des efforts qui ont été faits pour expliquer la formation
du globe, que sont sorties les idées qui ont le plus influé
sur les doctrines scientifiques. Nous verrons les nombreux systèmes qui ont été imaginés pour rendre raison
de la création des êtres organisés, et qu'on ressuscite de
temps en temps dans le même but. Nous verrons comment ces systèmes ont fructifié suivant les esprits dans
lesquels ils sont tombés. Ces systèmes de cosmogonie
me paraissent encore devoir occuper le premier
rang, parce qu'ils se rattachent d'une manière plus
directe à la métaphysique, qui est la science de l'esprit
humain, la science des sciences par conséquent, et
qu'elle doit ainsi présider à toutes et les gouverner.

Après la géologie, je traiterai des idées chimiques
qui avançaient par degrés, parallèlement aux autres
sciences; puis de la minéralogie, qui est l'application
la plus immédiate de la chimie, et qui se divise en minéralogie chimique et en minéralogie fondée sur la
figure des corps élémentaires. Enfin, nous passerons à
l'application des dogmes obtenus par la chimie et par la
physique, aux phénomènes de la vie, c'est-à-dire à la
physiologie. La physiologie a d'abord été cultivée principalement dans la vue de l'homme, mais elle embrasse les
plantes et les animaux tout comme l'espèce humaine,
aussi les recherches qui ont été faites ont-elles eu pour
objet toute la nature organisée. Mais la physiologie

préexige la connaissance de la structure des êtres,
c'est-à-dire l'anatomie. Nous ferons donc marcher de front l'histoire de l'anatomie et celle de la
physiologie, tant pour les végétaux que pour l'homme
et les animaux.

Lorsque j'aurai ainsi exposé l'histoire de la science
générale de la vie, je passerai aux sciences particulières relatives aux êtres organisés, c'est-à-dire à la botanique et à la zoologie; et comme, dans le siècle dont
nous parlons, ces sciences sont devenues plus considérables que dans les siècles précédens, nous serons
obligés de les diviser, la zoologie surtout, qui s'est
tellement enrichie qu'il n'a pas été possible aux mêmes
hommes de l'embrasser dans toute sa plénitude.

Après avoir ainsi terminé l'histoire de la première
moitié du XVIIIe siècle, nous nous arrêterons pour
présenter l'histoire des grands naturalistes qui ont produit la révolution scientifique de cette époque; nous
ferons voir par quels moyens ils sont arrivés à produire cette révolution. Puis nous reprendrons une
marche analogue à celle qui aura été suivie pour
la première moitié du siècle; c'est-à-dire que nous
montrerons successivement comment chaque science
est arrivée à l'état qu'elle présentait à la fin du XVIIIe
siècle.

Auparavant, je dois parler de deux hommes principaux, dont l'influence s'est fait ressentir dans toutes
les sciences, et dans les recherches de ceux qui les ont
cultivées, bien qu'ils n'appartiennent pas au XVIIIe
siècle. Ces hommes sont Newton et Leibnitz, que j'ai
déjà caractérisés en disant que Newton était le repré-

sentant du péripatétisme, ou de la méthode qui va des faits particuliers aux idées générales, aux abstractions; et Leibnitz, le représentant de la méthode inverse, de celle qui part d'idées générales, qui s'appuie sur dès hypothèses et les applique aux phénomènes particuliers pour en tirer l'explication. Ce n'est pas que Leibnitz se fût livré entièrement à l'hypothèse, et qu'il ne reconnût le mérite de l'expérience; mais c'est que le procédé métaphysique a dominé davantage dans ses travaux. Ses idées eurent, sur l'Allemagne, une telle influence que, dans ces derniers temps, toutes les sciences n'y étaient que des reflets de ses hypothèses.

Newton (Isaac) était né en 1642, à Woolstrop, dans le comté de Lincoln. Sa famille était ancienne, mais elle n'était pas favorisée de la fortune; cependant elle possédait quelques terres.

Presque dès son enfance, Newton s'amusait à imiter des machines, à dessiner, à tracer des figures de géométrie. Sa mère qui était veuve, l'avait retiré, malgré ses goûts, de l'école de Grantham où elle l'avait envoyé à douze ans, et voulait l'employer à l'administration de ses biens. Mais Newton ne se livrait à ce travail qu'avec une extrême répugnance; et un de ses oncles l'ayant un jour trouvé, assis sous une haie, occupé à résoudre un problème de mathématique, fut tellement frappé de cette vocation irrésistible, qu'il détermina sa mère à ne plus le contrarier dans ses penchans et à le replacer à Grantham. Il y resta jusqu'à dix-huit ans, âge auquel il passa à l'université de Cambridge et fut admis dans le collége de la Trinité. Il eut le bonheur d'y avoir pour professeur Isaac Barrow, qui était très-grand

géomètre et dont il a reproduit les idées sur les tan-
gentes. Newton fut tellement précoce, qu'en 1665, à
l'âge de vingt-trois ans, il avait porté plus loin que
ses maîtres l'étude de certaines branches de l'algèbre,
et était arrivé à la découverte du calcul qu'il nommait
des fluxions et qu'on désigne maintenant par le nom
de *différentiel*, conformément à la dénomination de
Leibnitz, qui a prévalu. Newton différa plusieurs
années de publier sa découverte, et il en résulta,
comme nous le verrons, de grandes disputes entre lui et
Leibnitz pour la propriété du calcul infinitésimal.

La peste s'étant manifestée à Londres en 1665,
Newton se retira à sa campagne de Woolstrop, et
ce fut là que, sous un pommier que l'on montre encore, il reçut sur le visage cette fameuse pomme qui
lui fit découvrir la théorie de la gravitation universelle. Il se demanda pourquoi la puissance d'attraction
qui faisait tomber une pomme, ne s'étendrait pas jusqu'à
la lune même, et si, dans ce cas, cette puissance ne
serait pas suffisante pour retenir cette planète dans son
orbite autour de la terre. Il pensa que si la lune était en
effet retenue autour de la terre par la pesanteur terrestre, les planètes qui se meuvent autour du soleil
devaient être retenues de même dans leurs orbites par
leur pesanteur vers cet astre. Mais si une telle pesanteur existe, sa constance ou sa variabilité, ainsi que
l'énergie de sa puissance à diverses distances du centre,
doivent se manifester dans la vîtesse diverse des mouvemens de circulation, et, conséquemment, sa loi doit
pouvoir se conclure de ces mouvemens comparés. Or,
il existe en effet entre eux une relation remarquable

que Kepler avait précédemment reconnue par l'observation, et qu'exprime cette formule : les carrés des
temps des révolutions des différentes planètes sont
proportionnels aux cubes de leurs distances au soleil. En partant de cette loi, Newton trouva par le
calcul que l'énergie de la puissance solaire décrois-
sait proportionnellement au carré de la distance.
En 1666, à l'âge de vingt-quatre ans, il paraît que
Newton avait déjà conçu tout le fond de ces idées sur
le système du monde, et qu'il avait commencé les calculs dont est résultée la démonstration que la gravitation universelle est une propriété de la matière.

Il voulut faire l'application de ce principe aux
phénomènes chimiques. Jusqu'à lui, et long-temps
après, car les découvertes ne se répandent pas aussi
vite qu'elles se font, les phénomènes de la chimie
n'étaient pas expliqués par des causes claires : Descartes,
par exemple, avait, comme vous savez, imaginé que les
acides pouvaient être des corpuscules pointus, qui pénétraient d'autres corps sous l'influence de la matière
subtile. Cette théorie mécanique ne soutenait pas l'examen, puisque ces corps pointus ne pouvaient agir que
dans un sens, tandis que les forces chimiques agissent
en tous sens. Cependant, les nouvelles idées de Newton
furent long-temps à s'établir ; ce ne fut guère que vers
le premier tiers du XVIIIe siècle qu'elles devinrent
générales.

Après la cessation de la peste, Newton revint à Cambridge où il fut nommé agrégé de l'université. Il fit
part à Collins de sa découverte du calcul des fluxions,
pour prouver son antériorité sur toute autre.

A l'âge de vingt-quatre ans, il s'était aussi occupé de la réfraction de la lumière au travers des prismes; et, en 1669,
il donna des leçons sur l'optique (1), dans lesquelles
il communiqua une partie de ses immortelles découvertes sur cette branche de la physique ; mais il n'avait
encore rien publié.

A vingt-neuf ans, ce jeune homme qui tenait
dans ses mains vingt-cinq siècles de science, et la
clef de l'univers, pour ainsi dire, ne présenta à la Société royale de Londres, pour être admis à en faire partie, qu'un télescope de son invention, ou du moins un
perfectionnement au télescope catoptrique. Encore son
perfectionnement n'en était-il pas un, car on ne s'en est
pas servi. Newton fut nommé à l'âge de trente ans, membre de la Société royale de Londres; ce fut alors seulement
qu'il lui communiqua ses travaux sur la lumière. Il lut,
au mois de mars 1674, un mémoire sur les phénomènes
fondamentaux de la diffraction (2). Mais ce qui est plus
remarquable, il y annonça un principe devenu depuis
d'une application très-féconde en optique, le principe
des interférences, savoir : qu'il se produit des couleurs
lorsque deux rayons de lumière arrivent à la fois dans
l'œil, sous des directions si peu différentes que cet organe les prend pour un seul rayon. Cette théorie
éprouva alors la plus grande contradiction. Robert
Hooke, qui avait perfectionné le microscope avant

---

(1) Son maître Barrow lui avait généreusement résigné sa chaire.
(*N. du Rédact.*)

(2) Ils avaient déjà été découverts, comme on sait, en 1665, par
Grimaldi. (*N. du Rédact.*)

Newton, lût contre ses découvertes tant de mémoires aujourd'hui ridicules, mais qui alors eurent l'assentiment général, que Newton fut dégoûté d'en présenter de nouveaux, et se retira à Cambridge.

Newton composa sa théorie sur l'optique en 1704; et en 1684 seulement, c'est-à-dire à quarante-deux ans, il avait communiqué les idées qu'il avait conçues à vingt-quatre sur la gravitation. Il offre ainsi une preuve éclatante de cette vérité, que le génie consiste dans la combinaison d'une patience à toutes épreuves avec des idées ingénieuses. En effet, sans cette patience, les idées les plus remarquables tombent souvent et demeurent stériles. Tout autre que Newton se serait hâté de jouir de la gloire de ses découvertes. Ce grand homme qui cherchait avant tout des vérités solides, garda ses pensées, les médita, les contrôla par le calcul et l'observation, et il ne leva le voile qui les tenait secrètes que lorsqu'elles furent convenablement armées pour résister aux attaques des hommes dont elles allaient frapper de mort les hypothèses.

Les deux premiers livres de la *Philosophie naturelle* furent communiqués aux savans en 1686. Son traité complet intitulé : *Principes de la philosophie naturelle*, fut imprimé aux frais de la Société royale, en 1687. Il était tellement au-dessus des idées qui régnaient alors, tellement hors de la portée des hommes de cette époque, qu'on n'en aurait pas trouvé huit ou dix qui fussent seulement en état de le comprendre. Des centaines de champions ne le combattirent pas moins sans l'entendre, comme il arrive presque toujours aux grandes découvertes.

3.

Depuis lors, Newton ne publia que fort peu de choses. Il avait fait cependant un grand nombre d'expériences de chimie, car du moment où il avait conçu l'idée de la tendance de toutes les particules de la matière à se rapprocher, ou de la gravitation moléculaire, il s'était attaché à la chimie. Il avait remarqué entre autres choses que les couleurs les plus brillantes sont produites par des oxides métalliques; que les couleurs tiennent beaucoup à l'épaisseur des lames; enfin, il avait fait des expériences très-nombreuses sur les changemens de couleur qui surviennent dans les phénomènes chimiques. Mais malheureusement les feuilles où ces expériences étaient écrites, furent jetées dans le feu par un chien (1) qu'il aimait beaucoup, et qu'il avait laissé dans sa chambre. Quoique Newton n'eût alors que quarante-cinq ans, cet accident lui causa une affliction si vive qu'il en perdit la raison; il ne tarda pas à la recouvrer; mais il lui resta un découragement tel qu'il n'écrivit plus que quelques ouvrages de peu d'importance. Ses expériences thermométriques sur la dilatation des corps depuis le degré de la glace jusqu'à la fusion, datent de 1701. Il publia encore quelques autres expériences; mais tous ces travaux se rapportaient plutôt à ses idées antérieures qu'elles ne constituaient de nouvelles découvertes; de sorte qu'on peut dire que la carrière scientifique de Newton était terminée à l'âge de quarante-six ans.

---

(1) Ce chien, qui s'appelait Diamant, avait renversé en montant sur le bureau de Newton, une bougie qui y brûlait, et avait ainsi occasioné l'incendie des papiers de son maître.

(*N. du Rédact.*)

Cependant, ce fut à partir de cette époque qu'il obtint la considération universelle, et qu'il arriva aux honneurs et à la fortune. En 1688, il fut nommé membre du parlement pour représenter l'université de Cambridge. En 1696, on l'appela à la place importante de garde de la monnaie. Le comte d'Halifax, chancelier de l'échiquier, avait alors conçu le plan d'une refonte générale des monnaies d'or et d'argent; il était naturel qu'il choisît un mathématicien pour diriger cette opération. Le choix de Newton était d'autant plus convenable, qu'il était en même temps grand chimiste : il avait fait surtout beaucoup d'expériences sur les alliages des métaux, lors de ses travaux sur le télescope catoptrique. En 1699, il fut nommé directeur de la monnaie. Cette place plus lucrative que la première, amenda beaucoup sa fortune. Auparavant, elle était si mince, qu'en 1674, il avait été obligé de prier la Société royale de l'exempter des contributions que tous les membres sont obligés de payer pour son entretien, car cette Société n'est point entretenue par le gouvernement.

La réputation de Newton se répandit au dehors, et en 1699, il fut nommé associé étranger de l'académie des sciences de Paris.

En 1701, il fut renommé au parlement par l'université de Cambridge. En 1703, la Société royale de Londres lui fit un des plus grands honneurs auxquels on puisse aspirer dans ce pays : elle le nomma son président, titre dont il resta en possession jusqu'à sa mort. Enfin, en 1705, la reine Anne le nomma chevalier.

Ses ouvrages furent publiés successivement (1), et

_____

(1) Heureusement Hooke mourut avant lui ,car autrement il ca

obtinrent par degrés, en Europe, la réputation qu'ils méritaient. Son traité d'optique, composé en 1704, fut traduit en latin par le docteur Clarke, et publié en 1706. Whiston, son élève, publia, en 1707, sans son assentiment, et même à son insu, son arithmétique universelle, qui n'était, à ce qu'il paraît, que le texte des leçons qu'il avait faites à Cambridge sur l'algèbre.

Ses disputes avec Leibnitz sur la propriété de la découverte du calcul infinitésimal, ne commencèrent qu'en 1699. C'était en 1666 que Newton avait fait sa découverte. Leibnitz devait avoir fait la sienne peu de temps après. Ces époques, au reste, importent peu ; il suffit de savoir que chacun de ces deux grands mathématiciens avait fait sa découverte séparément.

Newton avait communiqué la sienne sous la forme d'une anagramme, comme c'était alors l'usage, dans une lettre adressée, en 1676, au secrétaire de la Société royale de Londres, et qui était destinée à Leibnitz. Mais il n'y annonçait que les résultats qu'il avait obtenus, sans faire connaître sa méthode. Leibnitz, qui fit connaître la sienne en 1677, sans aucune réserve, ne pouvait donc l'avoir empruntée de Newton, et il a le mérite de ne l'avoir pas cachée. La découverte de Leibnitz fut comprise par les frères Bernouilli et le marquis de l'Hôpital, et tout ce qu'il y avait de grands géomètres s'en emparèrent ensuite et la perfectionnèrent.

Cet état de choses se maintint jusqu'en 1699, comme je l'ai dit, sans qu'il s'élevât de contestation : tout le

probable que ses ouvrages n'auraient jamais été publiés de son vivant, tant il redoutait les attaques de Hooke. (*N. du Rédact.*)

monde savait que Leibnitz avait découvert le calcul différentiel, et personne ne contestait à Newton l'invention du calcul des fluxions.

Ce fut l'imprudence d'un jeune homme de Genève, appelé *Fatio de Duillier*, qui fit naître la querelle de ces deux savans. Les Anglais prirent le parti de Newton : ils accusèrent Leibnitz de plagiat. Les géomètres allemands et le reste du continent prirent la défense de Leibnitz.

Celui-ci prit la Société royale de Londres pour juge de la discussion. Cette Société fit usage de sa juridiction d'une manière très-loyale quant au point de fait : elle fit imprimer, en 1712, toutes les pièces du procès sous le titre de *Commercium epistolicum*. Mais, quant au point de droit, elle s'en rapporta à des arbitres nommés par elle-même, qui ne furent point connus, et sur le choix desquels Leibnitz ne fut aucunement consulté. Ces arbitres décidèrent en faveur de Newton.

Cependant il est bien certain que si l'on s'était borné à la légère exposition de Newton, les progrès des mathématiques transcendantes eussent été peu importans. Aussi toute l'Europe savante adopta-t-elle les formules de Leibnitz, et celles de son adversaire ne furent-elles employées qu'en Angleterre.

Newton et Leibnitz eurent d'autres discussions sur des questions métaphysiques, et leurs lettres, qui étaient communiquées à la princesse de Galles, se ressentaient de l'animosité résultant de leur contention sur la propriété du calcul infinitésimal. Newton conserva même son ressentiment jusqu'après la mort de Leibnitz, survenue en 1716; car il n'eut pas plutôt appris cet événement, qu'il fît imprimer deux lettres de Leibnitz écrites l'année précédente, et y joignit une réfutation très-amère, en déclarant qu'il n'avait différé cette publication que par ménagement pour Leibnitz. Six ans après, en 1722, il fit imprimer une nouvelle édition du *Commercium epistolicum*, et la fit précéder d'un extrait fort partial de ce recueil. Enfin, il eut la faiblesse d'ôter ou de permettre qu'on ôtât de sa 3ᵉ édition des Principes, faite sous ses yeux, en 1725, le fameux scolie, par lequel il avait reconnu les droits de son rival.

Pour rendre une pareille conduite je ne dirai pas excusable, mais un peu concevable, je ferai remarquer que Leibnitz n'avait été ni moins passionné, ni moins injuste que Newton. Blessé par la publication imprévue du *Commercium epistolicum*, et irrité d'une décision portée à son insu par des juges qui ne se nommaient point, qui n'osaient pas attendre sa défense, il avait appelé à son secours des témoignages contraires, et il avait eu le malheur d'en trouver d'aussi exagérés. Il avait fait imprimer et répandre partout en Europe une lettre anonyme que depuis, l'on a su avoir été écrite par Jean Bernouilly, qui était fort injurieuse pour Newton, et dans laquelle on le représentait comme ayant fabriqué sa méthode des fluxions sur le calcul différentiel. Leibnitz avait eu encore un tort plus grave : il était en correspondance avec la princesse de Galles, qu'il savait avoir accueilli Newton avec une grande bienveillance ; il avait profité de ce moyen pour attaquer devant la princesse la philosophie de Newton comme fausse sous le rapport physique, et dangereuse sous le rapport religieux.

Du reste, il y avait bien sujet de jalousie entre ces
deux grands hommes, car c'est à la grande découverte
mathématique qu'ils se disputaient, que sont dus les
progrès de l'astronomie et la théorie du système du
monde exposée par Newton.

Newton a écrit sur d'autres sujets que ceux des
sciences physiques et mathématiques. Il s'est occupé
particulièrement de chronologie et même de théologie.
Sa chronologie, qui est surtout basée sur la sphère
d'Eudoxe, présente des idées nouvelles sur l'ancien-
neté des sociétés ; elle rapproche d'environ 500 ans le
voyage des Argonautes et la guerre de Troie.

Dans ses ouvrages de théologie, Newton commenta
l'*Apocalypse* dans le sens des protestans d'alors ; mais
ce sens est aussi ridicule que les autres.

Depuis sa nomination à la présidence de l'Académie
royale de Londres, Newton passa la vie la plus heureuse.
Les obstacles qu'il avait éprouvés antérieurement s'é-
taient dissipés, et il n'eut plus que des admirateurs jusqu'à sa quatre-vingt-cinquième année qui fut sa dernière. Sa mort, causée par une maladie de vessie, fut
tranquille comme celle d'un bienfaiteur de l'humanité.

D'après le petit nombre de faits que je vous ai cités,
vous avez pu remarquer que le procédé scientifique de
Newton, consistait, comme je l'ai avancé dans la séance
précédente, à observer exactement les faits, à les pré-
ciser avec netteté ; à les comparer ensuite pour discer-
ner ce qu'ils avaient de commun ; à établir des formules qui exprimassent leurs rapports ; enfin, à examiner
si des cas particuliers, différens de ceux dont il était
parti, rentraient exactement dans ses formules générales.

(42)

Ce qu'il y a de plus simple dans les travaux de Newton, c'est sa théorie de la gravitation : la pesanteur agit sur les corps célestes; cette pesanteur combinée avec la force de projection de ces corps, ou leur tendance à se mouvoir en ligne droite, produit une ellipse ou une parabole qui est la courbe qu'ils décrivent dans leur course.

Mais quelle est la cause de la pesanteur? Qu'est-ce qui fait que les corps sublunaires tombent en vertu de la gravitation? Newton n'en chercha pas la cause, ou du moins n'en imagina aucune; et c'est en cela que consiste la différence du péripatétisme et du cartésianisme. Descartes inventa une matière subtile qui poussait les corps vers la terre; mais ce n'était qu'une hypothèse à laquelle on ne pouvait appliquer le calcul, et qui devait, par conséquent, ne produire aucun résultat utile.

A la vérité, on reproche à Newton d'avoir laissé subsister dans son système les qualités occultes d'Aristote. Mais s'il n'explique pas la gravitation, il n'empêche pas qu'on recherche cette explication; pour lui, il se borna, parce qu'il n'avait pas pu en découvrir davantage, à l'admettre comme un fait qui non-seulement rendait compte des anciens phénomènes connus, mais aussi expliquait rigoureusement les nouveaux phénomènes qui avaient été découverts.

Ce que Newton a fait, relativement à l'astronomie, il l'a fait aussi par rapport à l'optique. Il a constaté les faits de cette science et les a généralisés sans chercher à les ramener à une cause que l'observation ou l'expérience n'avait pas manifestée.

Cette méthode n'a été appliquée aux autres sciences que long-temps après lui. Mais c'est à mesure que l'application en est devenue plus générale qu'elles ont fait de plus rapides progrès, comme nous le verrons dans le cours de cette histoire.

Dans la séance prochaine, je traiterai de Leibnitz et de Bonnet.

TROISIÈME LEÇON.

Messieurs,

Après avoir exposé, dans la première leçon, les causes qui ont le plus favorisé le développement des sciences pendant le XVIIIᵉ siècle ; après avoir montré dans la seconde, quelles ont été les époques les plus remarquables de leur histoire pendant le même siècle ; enfin, après avoir fait connaître la méthode que je suivrai pour la distribution de mon cours, j'ai parlé, d'une manière générale, des deux grands auteurs dont l'esprit a, pour ainsi dire, dominé le XVIIIᵉ siècle tout entier. J'ai ensuite exposé les principales particularités de la vie de Newton ; je vous ai fait connaître ses découvertes les plus importantes, et nous avons remarqué que sa méthode a toujours été celle de l'observation et de l'expérience, ou ce que j'ai appelé le péripatétisme.

Nous allons maintenant nous occuper de Leibnitz qui bien qu'en suivant des principes différens n'a pas laissé d'exercer aussi une très-grande influence sur la marche des sciences pendant tout le XVIIIᵉ siècle. On

peut même dire que son influence dure encore, car tous
les naturalistes qui suivent la philosophie de la nature,
les partisans de l'idéalisme, du panthéisme, s'appuient
sur quelques-unes des idées jetées en avant par cet
homme extraordinaire.

Leibnitz (Godefroi-Guillaume), était né à Leipsick le
3 juillet 1646, c'est-à-dire quatre ans après Newton.
Son esprit était universel. Newton, au contraire,
s'était renfermé, comme vous l'avez vu, dans les
mathématiques, la physique et leur application à l'astronomie; car il n'a fait que quelques excursions dans
le domaine de la chimie, et ce n'est que sur la fin de
ses jours qu'il s'est occupé de chronologie et de théologie. Leibnitz a, dis-je, embrassé toutes les branches
des connaissances humaines : c'est incomparablement
l'esprit le plus encyclopédique qui ait paru depuis Aristote. A quinze ans, il était déjà fort instruit dans les
langues, les mathématiques et la philosophie; et à dix-
huit ans, il publia une comparaison philosophique des
dogmes de Platon et d'Aristote, ce qui ne l'empêcha
pas de se faire recevoir docteur en droit, à vingt ans.

Les connaissances qu'on enseignait alors dans les
écoles publiques, ne suffirent pas à l'activité de son
esprit. Ayant appris que des sociétés secrètes cultivaient
la chimie et l'alchimie, et que, pour y être admis, il
fallait avoir quelque recommandation écrite en termes
mystiques, il composa et adressa, sous forme de lettre,
à la société des *Roses-Croix*, qui avait des symboles
particuliers, inconnus à ceux qui n'étaient point ses
adeptes, un recueil de termes mystiques d'alchimie
auxquels il n'entendait rien lui-même. Cette société,

mystifiée ainsi sans s'en douter, l'admit d'emblée dans son sein. Mais les expériences dont il y fut témoin le convainquirent que les Roses-Croix ne s'étaient pas plus approchés de la transmutation des métaux et de la découverte de la panacée universelle que leurs prédécesseurs.

Comme il lui fallait un état, il s'attacha à la carrière du droit qui présentait alors de grands avantages. La connaissance du droit public était surtout fort utile, parce que les princes de l'Allemagne avaient sans cesse des contestations qui étaient portées devant le tribunal de l'empereur.

Leibnitz se fit remarquer par un petit ouvrage sur la manière d'apprendre et d'enseigner la jurisprudence. Il publia aussi, en 1669, un ouvrage en faveur du prince de Neubourg qui prétendait à la royauté de Pologne. Il conçut encore l'idée de refondre l'encyclopédie d'Alstédius d'après un nouveau plan. Plus tard, en 1671, il envoya à l'académie des sciences de Paris ses théories du mouvement abstrait et du mouvement concret, traités où se trouve déjà la théorie des forces vives qui agita tant les physiciens pendant la première moitié du XVIIIe siècle. Enfin, il alla à Londres où il connut Boyle et Oldenburg; et après la mort de son protecteur, l'électeur de Mayence, il fut attaché au service du duc de Brunswick, comme conseiller aulique et comme bibliothécaire. Il occupa ce dernier emploi jusqu'à la fin de ses jours.

Le duc de Brunswick lui ayant demandé une histoire de son électorat, il réunit des matériaux qui remontaient aux temps les plus anciens. Il rechercha même les causes qui avaient donné au Brunswick, et, par suite, à la terre entière, leur configuration actuelle. Il fut ainsi conduit à faire une géogonie sous le titre de *Protogea*. Nous parlerons en détail de cette géogonie, quand nous serons arrivés aux différens systèmes de géologie qui ont été publiés à cette époque. Nous dirons seulement aujourd'hui, que le système de Leibnitz est certainement un des plus ingénieux, un de ceux où il y a le plus de vraisemblance, un des meilleurs qui aient été composés à cette époque où l'on n'avait pas encore la connaissance des faits. Nous verrons même qu'il contient presque toutes les idées de Buffon sur le même sujet. Tant il est vrai que tout ce qu'un homme de génie touche rapporte sans peine.

Je ne parle point des collections historiques de Leibnitz, parce qu'elles ne se rapportent pas à notre sujet.

Leibnitz ne tarda pas à jouir de la considération qui s'attache aux hommes de ce mérite. Il reçut des titres et des pensions de l'empereur d'Allemagne, du roi de Prusse et de l'empereur de Russie Pierre Ier, qui l'employa pour donner le mouvement aux esprits dans son empire et pour y créer une académie. Mais ce ne fut que quelque temps après la mort de Leibnitz que cette académie fut ouverte. Leibnitz fut le premier président de l'académie des sciences et belles-lettres de Prusse, qui avait été constituée d'après son plan. Dans la création de l'Institut de France, on suivit également ses idées sur les rapports nécessaires que les sciences ont entre elles. Il était allé à Vienne pour y faire créer une académie de même nature ; mais il rencontra dans l'esprit du gouvernement autrichien des obstacles qu'il ne

put vaincre. Il retourna alors à Hanovre, et l'électeur
de ce pays étant devenu, en 1714, roi de la Grande-
Bretagne, celui-ci se trouva avoir dans ses états, les
deux plus grands génies de son temps, Newton et Leibnitz. Leibnitz mourut à l'âge de soixante-dix ans, en
1716, quelques années avant Newton.

J'ai suffisamment exposé dans la leçon précédente,
comment les dernières années de ces deux grands
hommes furent troublées par les vives discussions de
leurs disciples et d'eux-mêmes sur la propriété du calcul
différentiel, la plus grande assurément que des esprits
de cette puissance pouvaient se disputer. Je me bornerai à répéter qu'il est incontestable que Leibnitz avait
aussi découvert le calcul différentiel, en 1676; et que,
de plus, il eut le mérite de l'exposer le premier avec
clarté. Aussi ses termes et sa notation sont-ils employés
partout, excepté en Angleterre. Dès que sa découverte
fut publiée, on l'appliqua aux questions les plus importantes de l'astronomie et de la mécanique surtout.

Leibnitz s'est occupé de toutes les parties de l'histoire
naturelle, et il a traité une des questions les plus intéressantes de cette histoire, celle des races humaines.
Parmi les différens élémens qu'on peut employer pour
arriver à la solution de cette question d'une manière
vraisemblable (car les faits qu'il s'agit de constater sont
antérieurs à l'histoire civile) les langues sont au nombre
des plus utiles. Leurs rapports, leurs étymologies communes, font connaître que les nations et les peuples dérivent les uns des autres (1) Cette étude poussée si loin

_____

(1) Voyez la note que j'ai mise à la 2ᵉ leçon de la 1ʳᵉ partie. Je n'y
ai pas parlé des langues, parce que, poussé par la manie de l'unité,

par Adelung et autres linguistes, a été employée originairement par Leibnitz. Dès l'âge de seize ans, il s'était occupé de la formation d'une langue universelle, qu'il voulait rendre commune à tous les peuples, et qu'il appelait *Pasigraphie*. Il disait avoir puisé cette langue dans celle des Chinois; mais il mourut sans l'avoir faite.

Leibnitz a encore laissé une dissertation sur l'origine des rivières, où se trouve exposée la théorie de la pluie.

En physiologie, il avait sur les sécrétions animales des idées mécaniques, des idées de cribles, de configuration diverse des parties qui ont régné quelque temps dans cette science. Mais nous reviendrons sur les discussions qu'il eut à ce sujet avec Stahl, lorsque nous serons arrivés à la physiologie.

La botanique l'occupa aussi. Il exposa ses vues sur les méthodes, et recommanda celle d'un jeune médecin de son temps, nommé Burkhart. Cette méthode a été employée par Linnée pour son système sexuel, et est indiquée dans une épître adressée par Burkhart à Leibnitz.

Plus tard, Leibnitz donna une dissertation sur les poissons et sur les plantes dont les schistes noirs de Hall présentent l'empreinte. On considérait ces empreintes comme le produit de forces occultes de la nature. Leibnitz et Scilla, dont je vous ai parlé, sont ceux qui ont le plus contribué à montrer que ce ne sont point des jeux de la nature, mais des effets et des témoignages des révolutions du globe.

on a beaucoup abusé de leur rapprochement. Il y a par exemple certaine langue qui ne présente que trois ou quatre mots d'une autre langue, et de cette ressemblance *triverbale*, on a conclu que les deux langues avaient la même origine! (*Note du Rédacteur.*)

. Tels sont, Messieurs, les ouvrages qu'on doit à Leibnitz sur l'histoire naturelle.

Mais sa métaphysique sur la liaison continue, sur l'échelle des êtres, a eu une tout autre influence sur les sciences.

Dans la seconde moitié du XVIIᵉ siècle, on agita beaucoup de questions métaphysiques. Les idées de Descartes sur le plein et sur la formation des corps par des atomes ou élémens de diverses figures, formaient les bases, presque partout adoptées, de la physique générale. Parmi les difficultés qu'on avait élevées contre cette hypothèse, une des plus oiseuses était celle de savoir quelle était la nature des élémens de la matière ; si celle-ci pouvait se diviser à l'infini, et, dans le cas où elle n'en serait pas susceptible, quelles seraient les bornes de sa divisibilité. Vous comprenez que la solution de cette question est inutile à la physique proprement dite, et que, d'ailleurs, des esprits ingénieux peuvent disputer pendant des siècles sur ce sujet. Descartes admettait la divisibilité de la matière à l'infini, quoique, d'un autre côté, il définît la matière un espace impénétrable : ce qui était une contradiction, puisqu'il est bien clair que si la matière est divisible à l'infini, cette matière n'est pas un espace impénétrable (1). Mais, en admettant la divisibilité à l'infini, comment concevoir que les extrêmement minimes parties qui en résul-

_____

(1) J'ajoute que l'opinion de Descartes est une absurdité; car sa dernière conséquence serait l'anéantissement de la matière et des forces qui l'animent, ou, si l'on veut, des forces matérielles qui composent l'univers. (*Note du Rédacteur.*)

tent forment des corps limités, d'une étendue déterminée? C'était cette difficulté qui agitait surtout les physiciens. Leibnitz sortit d'embarras par des idées sur la
nature de l'étendue qui, depuis, ont été développées
par Kant. Il prétendit que l'étendue n'avait point, par
elle-même, d'existence; que le phénomène de l'étendue
existait uniquement en nous, et qu'il n'était pas plus
possible d'apprécier sa cause et sa nature, que celles
des phénomènes qui produisent nos sensations. Leibnitz
imagina donc que la matière, que tout l'univers avaient
été primitivement composés d'êtres simples, non pas
d'une extrême petitesse matérielle comme les atômes
d'Épicure, mais d'une petitesse indépendante de toute
émanation, et d'une simplicité abstraite, d'une simplicité
métaphysique. Il nomma ces êtres *Monades*. Chaque
monade était susceptible de rapports avec l'univers tout
entier : quand elle était convenablement placée, elle
pouvait acquérir des notions des autres monades. Les
corps étaient des réunions de monades, et non des réunions d'atômes, car ce terme implique l'étendue, tandis
que les monades n'ont pas cet attribut. Chaque monade
était indestructible dans l'ordre naturel; il fallait un acte
de la puissance divine pour en produire l'anéantissement (1).

Vous voyez qu'avec ces idées plus ou moins ingénieuses, et qui importent peu à mon sujet, il ne répondait
pas à la divisibilité de la matière à l'infini, mais à la maté-

_____

(1) La puissance divine ne peut pas plus qu'une autre puissance
anéantir la matière. Que d'absurdités sont sorties de vigoureuses intelligences !   (*Note du Rédacteur.*)

rialité ou à l'immatérialité du principe pensant. Le seul avantage de ces hypothèses, c'est qu'elles étaient exemptes des objections qu'on avait faites au système de Descartes, et au matérialisme qui présentait des difficultés encore plus nombreuses.

Leibnitz établit aussi des rapports entre tous les êtres simples ou composés, et il forma ainsi une chaîne infinie qui liait les êtres les plus grossiers aux plus parfaits. Cette liaison nécessaire des êtres les uns avec les autres, cette action et cette réaction réciproques, formaient à ses yeux un enchaînement de causes et d'effets, d'où il avoit tiré son principe philosophique *qu'il n'y a pas d'effets sans cause et que rien n'existe sans une raison suffisante.* Ce principe de la raison suffisante, qui domine dans la philosophie de Leibnitz, liait non-seulement les êtres actuels aux êtres passés dans leurs rapports du moment, mais aussi les êtres passés à tous ceux qui se succéderaient jusqu'à la fin des temps. C'était cette liaison des êtres qu'il nommait échelle des êtres.

Dans le système de Leibnitz, les êtres simultanés sont bien aussi tous liés par des rapports, mais ces rapports ne sont pas nécessairement ceux de cause et d'effet ; par exemple, la correspondance qu'on remarque entre les déterminations de l'âme et les mouvemens du corps, ne dépend pas d'une influence réciproque, mais de ce que Leibnitz nomme l'harmonie préétablie. Je n'entrerai pas dans plus de détails sur ce qu'il entendait par cette harmonie préétablie. Je dirai seulement que toutes les idées générales de Leibnitz, exprimées d'une manière un peu vague, et interprétées d'une manière plus

vague encore, ont donné ensuite naissance à des systèmes qui n'étaient pas dans sa pensée, notamment à celui de la chaîne des êtres, qui a peut-être fait faire des
recherches utiles, mais qui a donné naissance au plus
grand nombre d'idées fausses.

La liaison des êtres, suivant Leibnitz, consistait
uniquement dans les rapports de raison suffisante, de
cause et d'effet, et d'harmonie préétablie, et non
point dans des rapports de forme qui auraient été tels
que d'une forme à une autre forme différente, il y aurait
toujours eu un certain nombre d'échelons consécutifs,
de manière qu'on n'aurait pu passer de la première forme
à la seconde sans rencontrer au moins un être intermédiaire qui en aurait fait le lien commun, et aurait ainsi empêché qu'il n'y eût ni saut ni lacune. Cependant, Bonnet
et d'autres philosophes du dix-huitième siècle ont supposé cette opinion à Leibnitz, et c'est sur elle qu'ils se sont
appuyés pour présenter leur fameux système de l'é-
chelle des êtres, et en partie pour le soutenir.

Leibnitz avait bien remarqué qu'une infinité de formes existait dans la nature; que plusieurs d'entre elles
participaient les unes des autres, et, ce qui prouve combien cet esprit était ingénieux, il avait prédit certaines
découvertes qui ont été faites long-temps après lui. Il
avait dit, par exemple, que peut-être trouverait-on des
animaux qui se multiplieraient comme les plantes, et
la découverte du mode de propagation des polypes,
qui est due à Abraham Trembley, a vérifié ce fait
quinze ans après la mort de Leibnitz. Nous verrons se
réaliser quelques autres de ses prédictions relatives à
la cosmogonie et à la géologie. Mais il y a loin de la re-

marque des rapports de certaines formes animales, à ce
système de Bonnet où tous les êtres ont été rangés sur
une seule ligne, en commençant par les corps les plus
bruts, tels que les minéraux amorphes; puis, passant à d'autres corps moins bruts, comme les cristaux,
dont la symétrie lui semble un passage à la forme régulière des corps organisés; ensuite, arrivant à des
plantes simples, puis, à des plantes plus compliquées;
faisant succéder à celles-ci les zoophytes, les vers, les
poissons, les oiseaux, les quadrupèdes, l'homme, et à
ce dernier anneau de la chaîne terrestre, les diverses
intelligences célestes qui, communiquant à la divinité,
produisent une chaîne descendante du ciel à la terre.
Ce système, quelque beau qu'il soit, donnerait une
idée fausse de la création, si on le prenait à la lettre.
Avant de le prouver, nous allons rappeler le raisonnement des naturalistes qui soutiennent encore ce système.

Les êtres organisés, disent-ils, particulièrement
les animaux, sont composés d'un nombre considérable d'organes. Les combinaisons de ces organes peuvent être, par conséquent, presque infinies, et si on les
classe suivant leur degré de complication, on obtien-
dra une série d'organisations, où le plus grosier des êtres
sera lié à l'animal le plus parfait. A la vérité, ajoutent-ils,
la chaîne des êtres n'est pas encore sans lacune; mais
les découvertes dont s'enrichit l'histoire naturelle, en
diminuent le nombre chaque jour, et nous sommes, par
conséquent, fondés à espérer qu'elles finiront par disparaître toutes.

A la rigueur, si les combinaisons d'organes étaient
libres, si elles pouvaient avoir lieu indépendamment des

rapports mutuels de ces organes, la nature nous offrirait
une quantité inombrable d'êtres organisés ; mais il ne
résulterait pas de ce fait qu'il serait possible de les ranger sur une seule ligne. En effet, prenons les lettres
de l'alphabet pour représenter les organes, et supposons que les premières soient combinées aux dernières
de toutes les manières possibles ; on ne pourrait pas
placer sur une seule ligne ces millions de combinaisons ;
elles formeraient des rayonnemens infinis qui cons-
titueraient une sorte de réseau plus ou moins croisé.
Mais l'économie animale ne comporte pas même l'existence de ce réseau ; car les organes ne peuvent se combiner
suivant toutes les hypothèses abstraites et mathématiques. Certains organes s'excluent mutuellement, d'autres, au contraire, s'appellent nécessairement, et, quand
l'un de ces organes vient à manquer, ses corrélatifs manquent aussi fatalement ; ce sont là, pour ainsi dire, les
élémens de l'anatomie comparée. Il est clair, par
exemple, que, suivant qu'il existe une forme ou une
nature d'intestins, il faut qu'il y ait une forme ou une
nature analogue de bouche, de dents, de nourriture,
d'organes de mastication et de locomotion. Mais ces
correspondances, je le répète, ne pourraient pas être
infinies ; il y en a un grand nombre qui sont exclues
par la nature des choses : la physiologie ne suit pas les
mathématiques dans ses combinaisons sans bornes. (1)

_____

(1) M.Geoffroy-Saint-Hilaire, par exemple, ne prétend pas que le même
nombre d'organes doive se retrouver dans tous les animaux. « *Personne*,
dit-il, *n'a jamais soutenu que si la Méduse, par exemple, était
composée, comme matériaux, des vingt-quatre lettres de l'alphabet,*

Ainsi, le nombre des êtres est déterminé; il ne peut être aussi considérable qu'on le suppose, et, puisqu'il est borné par la nature même des organes, qui ne sont susceptibles que de certaines combinaisons, vous voyez qu'il existe des hiatus, des vides, ou des intervalles dans ce qu'on appelle la chaîne des êtres. C'est une démonstration géométrique.

Il semble donc qu'il faudrait n'avoir qu'une connaissance incomplète de l'organisation, pour admettre, comme Bonnet et autres, une échelle continue des êtres, ou leur répartition sur une seule ligne.

En effet, quand on applique le système de ces auteurs aux réalités, on remarque qu'ils n'ont été frappés que de certains rapports, et qu'ils en ont négligé beaucoup d'autres. On reconnaît que le passage des êtres les uns aux autres n'a lieu que sur un ou deux points de l'organisation.

---

ces mêmes vingt-quatre lettres dussent arriver à point nommé et se répéter pour composer la structure de l'Éléphant.» Suivant lui, les organes augmentent ou diminuent en nombre et en complication, selon qu'on monte ou qu'on descend l'échelle animale, et les développemens successifs, par lesquels les êtres passent, doivent à un même principe de formation de se répéter indéfiniment dans la série zoologique. Voyez pour plus de détails, la théorie des analogues qu'il a publiée sous le titre de Principes de philosophie zoologique.

M. Geoffroy annonce dans cette brochure qu'il fait des recherches dans la vue de rendre sa théorie inattaquable, et que son fils travaille sur le même sujet. Il promet aussi de démontrer que les reptiles ne forment point une classe naturelle. Toutes ces choses excitent vivement la curiosité des savans; puisse M. Geoffroy la satisfaire bientôt; car, en général, l'erreur est d'autant plus difficile à détruire qu'elle a régné plus long-temps. (Note du Rédacteur.)

Prenons, par exemple, le groupe des quadrupèdes ; nous verrons qu'il présente des hiatus même entre les individus qui le composent. Ainsi, les ruminans ne sont point liés aux non ruminans par des êtres intermédiaires, qui participent des uns et des autres. Mais ceci nous entraînerait dans des détails trop particuliers ; bornons-nous à l'examen des prétendues liaisons des grands groupes naturels entre eux.

On prétend que les mammifères se lient aux oiseaux par les chauves-souris ; que les oiseaux se lient encore aux quadrupèdes par l'autruche ; enfin, que le groupe des mammifères se lie à celui des poissons par les cétacées. Si ces liaison étaient réelles, il n'en résulterait point une ligne continue, mais deux lignes collatérales aboutissant aux mammifères : la ligne des oiseaux qui viendrait joindre ce groupe au moyen des chauves-souris, et celle des poissons qui viendrait s'unir aux mammifères par l'intermédiaire des cétacées.

Bonnet, pour appuyer son système, citait les écureuils volans, les galéopithèques, les chauves-souris.

Il est vrai que les chauves-souris se soutiennent dans l'air comme les oiseaux, mais est-ce par des moyens semblables, et l'organisation de ces divers êtres est-elle identique ? Nullement. Les oiseaux volent au moyen d'un bras qui a plusieurs allonges, dont la main est extrêmement réduite, et dont les doigts au nombre de deux, sont rapprochés l'un de l'autre. La surface qui les soutient dans l'air, est produite par des plumes, organes d'une nature particulière, entièrement propres à la classe des oiseaux, et qui ne se retrouvent dans aucune classe, quelque ressemblance que puissent offrir avec eux les ailes de certains papillons. La chauve-souris, au contraire, a des poils, elle vole au moyen de ses doigts qui sont de véritables doigts de mammifères extrêmement étendus, et non point des doigts d'oiseau. Son appareil de vol est composé d'un bras alongé et d'une membrane fine qui s'étend de son corps aux extrémités de ses doigts, et lui sert de parachute.

Dans les poissons volans, dans les trygles, l'aile est une nageoire exagérée; dans les dragons, l'appareil du vol est formé par un prolongement horizontal des fausses côtes sur lesquelles sont étendus les tégumens des flancs.

Ainsi, entre l'aile des oiseaux et celle des autres animaux volans, il n'existe de similitude que dans l'appellation et l'usage, et non point dans la structure.

En admettant même que l'aile de la chauve-souris eût avec celle des oiseaux une ressemblance qu'elle n'a pas, la chauve-souris ne serait pas encore un oiseau, car elle a les organes de digestion, de mastication, de respiration, de lactation, de génération, d'audition, en un mot, tous les organes qui sont communs aux quadrupèdes, et nullement ceux qui caractérisent les oiseaux.

D'ailleurs la ressemblance d'une fonction ou quelques caractères communs, ne sont pas une base suffisante de classification. Les mammifères, les oiseaux, les reptiles et les poissons, constituent certainement des groupes parfaitement distincts et circonscrits. Cependant, malgré leur différence tranchée, ils présentent entre eux, des traits de ressemblance. Ainsi, les oiseaux, qui réunissent une foule de particularités d'organisation qu'on ne retrouve point dans les trois autres classes, ressemblent aux individus de la classe des reptiles et de celle des poissons, par la composition osseuse de la tête. Ils leur ressemblent encore à d'autres égards. Par exemple, ils se reproduisent comme eux par des œufs, et c'est pour ce fait, qu'on les désigne collectivement par le nom d'ovipares.

Les quatre classes que j'ai nommées se ressemblent elles-mêmes par l'étui osseux qui renferme la partie centrale du système nerveux, et c'est de la conformité de cet étui, résultat de l'enchaînement d'une série de vertèbres, qu'on a tiré leur dénomination commune de vertébrés.

En résumé, un groupe peut se rapprocher du groupe voisin par quelques parties de son organisation, mais jamais il ne le peut faire de façon qu'on puisse dire qu'il y a passage insensible de l'un à l'autre.

Je pourrais appliquer ce principe aux autres groupes de l'histoire naturelle. Les mollusques, par exemple, ont un cerveau (1), un estomac, des nerfs, quelquefois même des yeux et des oreilles. Cette organisation déjà assez compliquée, permet de les placer après les poissons. Cependant, quelle énorme différence n'y a-t-il pas entre les mollusques les plus parfaits, ou ce qu'on prend pour des

---

(1) M. le docteur Serres, membre de l'Académie des sciences, ne reconnaît aux mollusques, ni cerveau, ni moëlle épinière. En Allemagne, cette opinion est assez généralement admise. Voyez l'ouvrage de M. Serres, intitulé : *Anatomie comparée du Cerveau*, tom. 2, p. 24.
(*Note du Rédacteur.*)

mollusques, comme par exemple, les céphalopodes,
et les poissons de l'organisation la plus simple? (sans
s'arrêter du reste à la question de savoir quels sont
les derniers poissons; car, de même qu'il n'y a pas de
chaîne pour les reptiles et les poissons, il n'y en a pas
pour les poissons entre eux : ceux-ci se divisent comme
les mammifères; on ne peut dire quel poisson est le
premier ou le dernier.) Aucun mollusque supérieur n'a
d'épine dorsale ou de vertèbre, et surtout de moëlle
épinière. Les nerfs qui viennent du cerveau se distri-
buent plutôt comme ceux de la vie organique, ou le
grand sympathique, que comme les nerfs cérébro-spi-
naux des vertébrés. L'arrangement des viscères des
mollusques, de leurs branchies, de leur cœur et de leurs
organes de génération, est aussi fait d'après un autre
plan. Il n'est pas nécessaire d'entrer dans plus de détails; la dissemblance au premier plan, des poissons et
des mollusques, saute aux yeux.

Ce qui fait illusion dans les seiches, c'est la complication de leurs yeux, qui sont plus grands que ceux des
poissons. Mais ils sont autrement constitués; ils en
diffèrent par la disposition des membranes et la distribution des nerfs de la rétine. Si l'on descend aux
gastéropodes, aux bivalves, aux huîtres, il n'est même
plus possible de remarquer le moindre trait de ressemblance. Tout y est autrement ordonné; le cœur, au
lieu d'être du côté de la poitrine, est du côté du dos; les
branchies sont aussi placées autrement; dans les vertébrés, les organes de la respiration ont une entrée qui
leur est commune avec ceux de la digestion; dans les
mollusques, ils n'ont pas de rapports avec les organes

de la déglutition. Enfin, si l'on compare le système des parties dures dans les vertébrés et les invertébrés, il est impossible d'y apercevoir une ombre de ressemblance.

Un examen rapide des deux dernières divisions zoologiques donne les mêmes résultats.

Je me suis arrêté long-temps sur ce sujet, parce que mon intention est de discuter cette année, à mesure qu'elles se présenteront, toutes les questions importantes qui divisent les naturalistes, et d'ajouter ainsi à l'histoire des sciences naturelles, la philosophie de l'histoire naturelle. J'ai commencé aujourd'hui la discussion du système de l'échelle des êtres, parce que c'est à Leibnitz qu'on en rapporte l'origine. J'espère avoir démontré que ce système est faux, qu'il n'est point rationnel de dire qu'un animal forme le passage d'un groupe à un autre groupe, parce qu'on y remarque une fonction qui se retrouve dans ces deux groupes. L'autruche, par exemple, que j'ai citée en commençant, meut ses ailes pour courir ; mais peut-elle, par cela seul, former la transition de la classe des oiseaux à celle des quadrupèdes? Aucunement. A part le mouvement de ses ailes, qui sont trop courtes pour qu'elle puisse voler, elle est à tous égards un oiseau; elle a comme lui des plumes, et ses ailes ont, comme les siennes, les deux ou trois petits doigts qui caractérisent les autres oiseaux. A l'intérieur, elle a aussi, comme ceux-ci, des poumons fixés en partie aux côtes, et traversés par l'air dans l'autre partie. Sa tête est également la même que la leur. Son sternum, à la vérité, est plus simple : au lieu de cinq pièces, il n'en présente que deux ; mais ses ailes ne lui servant pas à voler, cette partie de son thorax n'avait pas besoin d'être aussi développée que dans les autres oiseaux, où elle sert de point d'attache aux grands muscles des ailes. L'autruche enfin, a une trachée-artère, des côtes et des pieds d'oiseau. En un mot, plus on approfondira la question de l'échelle continue des êtres, plus on reconnaîtra que cette échelle n'est qu'un être de raison.

Je reprendrai cette matière sous le point de vue de savoir si les êtres dérivent les uns des autres, question aussi grave, aussi importante que celles que nous verrons à l'occasion des systèmes cosmogoniques.

Leibnitz est le premier qui ait exposé des idées heureuses sur la cosmogonie, sur la naissance et le développement du monde, sur les diverses circonstances de son organisation pour ainsi dire; car plusieurs philosophes considéraient le monde comme un être organisé. Vous concevez que ces diverses questions durent agiter les esprits. Aussi, dès qu'on posséda quelque connaissance de la structure des couches du globe, on se demanda comment tant de production marines y avaient été enfouies à des hauteurs si diverses. Voyant que les eaux avaient couvert la terre, que, par conséquent, les êtres, du moins ceux de la terre sèche, n'avaient pu exister alors (1), on se jeta, pour percer le mystère de leur naissance, dans des suppositions analogues à celle de l'échelle des êtres. On

(1) Jamais la terre entière n'a été couverte d'eau dans le même temps. Il a été reconnu par le calcul que les eaux seraient insuffisantes pour cette submersion totale. (*Note du Rédacteur.*)

voulut expliquer et démontrer ainsi les idées qu'on avait conçues sur leur formation.

Tous ces systèmes se lient à l'histoire des progrès de la science, et nous les analyserons complétement, car chaque fois que nous avons de grandes erreurs à signaler, de ces erreurs qui se sont emparées des esprits, et ont dominé les savans, nous devons les examiner avec détail et les réfuter. C'est ce que je ferai surtout, dans le cours dé cette année.

Dans la séance prochaine, je traiterai des systèmes de cosmogonie; je commencerai par cette science, parce qu'elle embrasse les généralités de la nature, et que sous ce rapport, elle intéresse davantage. Ensuite, nous passerons à la chimie, qui nous servira de guide pour la minéralogie et pour la physiologie.

QUATRIÈME LEÇON.

MESSIEURS,

DANS la séance précédente, j'ai traité du système de la chaîne des êtres qu'on a rattaché, au moyen d'interprétations illégitimes, aux principes métaphysiques de Leibnitz. Je l'ai considéré d'abord sous le point de vue logique, puis dans son application aux réalités, et nous avons vu que, de toutes manières, il était insoutenable.

Maintenant, nous allons, comme je l'ai annoncé, commencer l'examen des systèmes de géogonie ou de géologie. Ces deux termes ne sont pourtant pas synonymes; ils présentent seulement à l'esprit des idées analogues. La géogonie est comprise dans la géologie. Celle-ci se divise en géognosie et en géogonie.

Par géognosie on entend la science toute positive qui s'attache à la description des couches du globe, à reconnaître l'ordre dans lequel elles sont superposées, leur inclinaison par rapport à l'horizon et la direction des saillies qu'elles forment à la surface.

L'autre partie de la géologie, la géogonie, s'occupe spécialement de la théorie de la terre; elle est la science explicative des faits constatés par la géognosie. Mais, pour arriver à ce résultat, elle a besoin du secours de la plupart des autres sciences naturelles. L'astronomie lui suggère des hypothèses sur l'origine de la terre et sur les révolutions que les causes cosmiques ont fait éprouver à sa surface; la géographie lui fournit la configuration des continens et des îles, la disposition des lacs intérieurs et des grands cours d'eau, la direction des diverses chaînes de montagnes, leur mode d'échelonnement et leur hauteur moyenne; la minéralogie lui fait connaître les élémens immédiate dont les roches sont composées, et la chimie lui enseigne d'après quelles lois les matières minérales ont dû se déposer pour concourir à ces formations. Les couches supérieures du globe offrant beaucoup de débris organiques, la botanique et la zoologie sont encore nécessaires pour déterminer à quelles espèces appartiennent ces débris. Enfin, la zootomie elle-même est souvent indispensable pour cette détermination, car la plupart du temps on ne retrouve que des fragmens de squelettes, et même que des os épars et mutilés.

Il suit delà que l'état de la géologie fait connaître celui des autres connaissances dont elle relève. Aujourd'hui que ces connaissances sont très-étendues, on ne serait plus admis à présenter une théorie de la terre qui ne reposerait pas sur leurs principes. Mais, à la fin du XVIIe siècle et au commencement du XVIIIe ; on ne pouvait pas être aussi exigeant. Comme d'ailleurs on ne possédait point encore d'observations suivies sur la structure du globe, et que par conséquent on n'avait pu établir aucune comparaison de faits pour arriver à connaître leurs rapports, on ne voyait que désordre dans l'écorce terrestre, et tous les efforts des géologistes se bornaient à imaginer une cause qui rendît raison de ces grands bouleversemens.

Ainsi Descartes avait avancé que les planètes, et par conséquent la terre, avaient été enflammées comme le soleil nous le paraît encore aujourd'hui; qu'elles étaient, selon son expression, des soleils refroidis à leur surface, et dont la croûte endurcie formait l'écorce actuelle. Il admettait en conséquence dans notre globe un feu central, reste de l'incandescence qu'il présentait lorsqu'il était soleil, et c'était à ce feu qu'il attribuait la constance de la température des caves et des autres profondeurs de la terre.

Cette vue extrêmement générale expliquait bien quelques faits, mais elle était loin d'aplanir toutes les difficultés : la principale était relative à l'existence des fossiles. Beaucoup de géologistes s'obstinaient à ne point voir dans ces corps des restes d'êtres organisés. Augustin Scilla, dont j'ai déjà parlé, qui était élève de Boccone, peintre, poète et naturaliste, tout à la fois, publia, en 1670, un livre intitulé : *La vana Specula-zione disingannata dal senso*, dans lequel il mit hors de doute la nature de plusieurs fossiles, et où il démontra en particulier que les glossopètres qui avaient été le sujet de tant de conjectures ridicules, n'étaient, dans la réalité, que des dents d'une espèce de requin. Mais ses idées ne prévalurent pas, bien qu'il eût été devancé à cet égard par Bernard de Palissy.

Un Gallois, nommé Édouard Lhuyde, qui était né en 1670, et qui mourut à Oxford en 1709, publia, en 1699, un livre sur le même sujet, intitulé : *Lithophilacium Britannicum*, et auquel étaient jointes plusieurs figures de fossiles, de pétrifications, etc. Il prétend, dans cet ouvrage, que les germes des êtres vivans, disséminés par les vents et par les eaux, pénètrent dans l'intérieur des terres au moyen de filtrations et y produisent, sinon des individus parfaits, du moins des ébauches des êtres dont ils proviennent. Il expliquait de la même manière l'existence de tous les fossiles que renferme le globe.

Mais il restait à rendre compte de la disposition des plaines, des montagnes et des vallons, dans lesquels les mineurs cherchent les minéraux précieux; on commença donc à faire des systèmes de géologie. Outre les difficultés inhérentes au sujet, il y avait encore à vaincre celles qu'offrent les premier chapitres de la Genèse : ils renferment, comme on sait, une espèce de géogonie à laquelle on reconnaissait encore une autorité absolue, bien que quelques auteurs eussent déjà émis l'opinion qu'on ne devait plus entendre la Genèse à la lettre, mais la considérer comme allégorique.

Le premier système un peu complet de géologie qui parut dans le sens littéral du livre de Moïse, est celui d'un Anglais nommé Thomas Burnet, qu'il ne faut pas confondre avec G. Burnet qui prit part à la révolution de 1688, et qui était évêque de Salisbury. Celui-là était né vers 1635 à Croft, en Écosse, et mourut en 1715. Il avait été secrétaire et chapelain du roi Guillaume III. Son ouvrage est intitulé : *Telluris theoria sacra.* Il parut en deux parties, l'une en 1680, l'autre en 1689. La première traite du paradis et du déluge ; l'autre traite de l'embrâsement du monde et du futur état des choses. Suivant T. Burnet, la terre fut d'abord fluide, et cette idée a été généralement adoptée, car on ne concevrait pas autrement que la terre eût pu prendre sa forme sphéroïdale. Cette même fluidité permit à ses différentes substances de s'arranger conformément à leur pesanteur : les plus denses formèrent le noyau terrestre ; et au dessus d'elles s'échelonnèrent circulairement, l'eau, l'huile et l'air.

Lorsque les matières qui étaient restées dans l'air à l'état volatil, se furent condensées elles formèrent avec la couche d'huile sur laquelle elles tombèrent, une sorte de mastic qui est devenu le sol où nous marchons.

Cette terre primitive était sans montagnes, sans mers, et cependant d'une fertilité extrême, ce qui n'est pas vraisemblable, car on ne comprend pas comment n'ayant ni mers ni montagnes, la terre pouvait produire, puisqu'il est constant que les mers et les montagnes sont les sources de la fertilisation.

L'action du soleil sur la mince croûte terrestre la fit se fendre avec violence, et il en résulta un débordement de la couche aqueuse qui produisit le déluge. Lorsque l'ébranlement n'exista plus, et que les eaux eurent repris leur niveau, les parties de l'enveloppe brisée ne se correspondirent plus ; les unes étaient trop hautes, les autres trop basses ; celles-là formèrent les montagnes dont les couches nous fournissent encore des indices de l'ancienne rupture du globe, et les lacunes qui restèrent entre les fragmens de sa croûte sont nos mers actuelles. La chaleur du soleil continue son action sur ces mers, et lorsqu'elles seront entièrement desséchées, le feu central n'étant plus contenu, produira une conflagration générale.

Quelques années après Burnet, Leibnitz traita les mêmes questions dans un ouvrage intitulé : *Protogea*, dont j'ai seulement dit quelques mots l'année dernière, pressé que j'étais par le temps. Dans cet ouvrage, Leibnitz admet aussi que la masse terrestre a été liquide, mais il fait résulter cette liquidité de l'action du feu. Sur l'origine même du globe, il n'a pas d'opinion fixe: il hésite entre la supposition de Descartes qui considère notre planète comme un soleil éteint, et cette autre supposition, adoptée ensuite par M. de Buffon, que la terre est un fragment du soleil qui nous éclaire encore. Nous verrons plus tard que suivant M. de Buffon, ce fragment aurait été séparé du soleil par le choc d'une comète. Dans tous les cas, le globe, selon Leibnitz, aurait été vitrifié, car c'est là le dernier effet de l'action du feu, et l'écorce terrestre aurait par conséquent été d'une nature vitreuse après le refroidissement de la surface du liquide. Ce qui le prouve, dit-il, c'est que les roches du globe peuvent encore reprendre leur ancienne nature si on les soumet de nouveau à l'influence primitive qui les liquéfia, c'est-à-dire à l'action d'un feu violent.

Les bulles qui se forment dans la fabrication du verre en petit, se produisirent également dans la grande vitrification du globe, et il en résulta les vastes cavernes de la terre.

A mesure que le refroidissement s'effectuait, les matières qui avaient été volatilisées par l'extrême chaleur, se condensaient et retombaient vers le centre de la masse. Les substances concrètes, comme les métaux,

subirent les premières cette modification. Les eaux ,
elles-mêmes, finirent par revenir à leur point de départ,
et ce fut alors que naquirent les animaux aquatiques. Si
les premières montagnes n'en renferment aucun débris,
c'est parce que ces montagnes existaient avant la chûte
des eaux sur le globe ; mais les couches terrestres qui se
formèrent pendant cette submersion, présentent d'innombrables débris d'animaux marins.

Les cavernes qui s'étaient formées dans la matière
incandescente laissèrent, en se refroidissant, les eaux
pénétrer dans leur cavité; et il en résulta une émersion de
terre proportionnelle. Ces terrains , mis à nu , commencèrent à se peupler d'animaux terrestres et de plantes.

Le globe en se refroidissant, n'avait pas produit
que des cavernes; il offrait encore des fissures ouvertes
à l'extérieur. Ces fissures se remplirent d'abord des métaux qui avaient été volatilisés, puis de ceux que les
eaux détachaient de la surface et entraînaient avec elles.
Il en résulta ce que nous connaissons sous le nom de filons.

Vous voyez, Messieurs, dans cette comosgonie de
Leibnitz, tout ce que pouvait faire l'esprit humain avec
les faits qui étaient connus en 1683. Ce système embrasse tous les phénomènes et offre une série de dé-
ductions parfaitement tirées d'un même principe. Il faut
rendre à Leibnitz cette justice, que la cosmogonie de
Buffon n'est au fond que la sienne que celui-ci a développée avec son éloquence ordinaire.

Jean Ray, que nous connaissons déjà comme naturaliste, donna aussi, en 1692 et 1697, un système de
cosmogonie ; mais nous n'en ferons pas une autre analyse, parce qu'il reproduit seulement les idées de Burnet.

En 1696, un autre Anglais nommé Whiston, publia une nouvelle théorie de la terre. William Whiston
était né à Norton, dans le comté de Leicester, en 1667. Il
fut d'abord chapelain de l'évêque de Norwich; ensuite,
Newton, qui le regardait comme le meilleur de ses élèves,
se l'adjoignit à l'Université de Cambridge. Quand Newton fut mort, il le remplaça définitivement. S'il était
grand mathématicien, il était loin d'avoir la même modération que son maître. Il offrit une grande mobilité
dans ses opinions religieuses, et fut en butte pour elles,
à diverses persécutions. D'anglican qu'il était, il se fit
arien, et fut expulsé pour cette hérésie de l'université de Cambridge. Plus tard, il changea encore, et devint anabaptiste à l'âge de quatre-vingts ans. Enfin, il
avait prophétisé que les juifs rentreraient dans leur patrie, l'an 1766; mais il ne vit pas la réalisation de sa
prophétie; la mort le surprit en 1752.

La grande comète de 1681, dont la queue remplissait
une partie du ciel, avait beaucoup frappé les esprits et
avait donné naissance à une foule d'écrits, entre autres,
aux lettres de Bayle, qui avaient pour objet de détruire les préjugés où l'on était, que les comètes
étaient des signes de la colère céleste. Probablement,
ce fut ce même phénomène astronomique qui suggéra
à Whiston la composition de son ouvrage.

Suivant lui, le chaos était l'atmosphère d'une comète
qui, se mouvant dans une ellipse très-alongée, éprouvait des alternatives de vaporisation et de condensation
suivant qu'elle s'approchait ou s'éloignait du soleil.
Tant qu'elle décrivit cette ellipse, elle ne put servir
d'habitation à aucun être animé, et les élémens ne pu-

rent même se disposer conformément à leur nature.
Mais, lorsque la volonté de Dieu eut rapproché l'orbite
parcourue, de la figure du cercle, la température fut
moins inégale, les différentes matières de l'astre subirent la loi de la pesanteur, les parties les plus denses
descendirent vers le centre qui resta chaud, car le feu
central, dans ce système, est admis comme dans
celui de Descartes; les eaux occupèrent la surface
et formèrent des lacs isolés, l'Océan n'ayant existé
qu'après le déluge; enfin l'air entoura la totalité du
globe, et ce fut alors qu'y apparurent les êtres organisés.

L'imagination superficielle de Whiston lui fit supposer que, dans ces premiers temps, les phénomènes cosmiques étaient d'une régularité parfaite. L'année devait se composer de trois cent soixante jours seulement,
ou de douze mois lunaires, de chacun trente jours.
La terre était d'une fertilité admirable, et la vie des
hommes beaucoup plus longue qu'elle ne l'est aujour-
d'hui. Mais la profusion de toutes choses amena la dissolution des mœurs, et Dieu fit qu'une seconde comète, en heurtant ce théâtre d'iniquités, y produisit un
déluge. Ce grand châtiment fut infligé le 12 novembre
3249 avant Jésus-Christ; ainsi qu'il résultait de calculs
que Whiston avait faits pour reconnaître les apparitions
antérieure de la comète de 1681. Le déluge n'eut de
fin que lorsque le globe se fut fendu et eut reçu les eaux
dans ses crevasses.

Vous voyez, Messieurs, d'après cette analyse, que
le système de Whiston, bien que postérieur de quinze
ans à celui de Leibnitz, lui est de beaucoup inférieur.

Ses généralités n'expliquent aucun phénomène particulier, tandis que Leibnitz rend un compte assez vraisemblable de la formation des montagnes et des grandes
cavités du globe.

Un auteur antérieur à Whiston, puisque son ouvrage parut en 1695, est entré, à quelques égards,
dans plus de détails que lui.

Ce géologiste est Jean Woodward. Son livre est
intitulé : *Essai sur l'histoire naturelle de la terre et des
débris terrestres.* Woodward était né dans le comté d'E-
dimbourg, en 1665. Il s'était fait médecin, et fut professeur au collége de Gresham. Ayant voyagé dans une
campagne où la terre était remplie de coquillages, il
s'occupa tout le reste de sa vie à expliquer ce phénomène. Possesseur d'une grande fortune, il légua même
une fondation de 150 livres sterling aux professeurs
qui feraient chaque année quatre leçons pour enseigner
son système. Ce qu'il offre de neuf, est sa manière d'expliquer l'existence des fossiles.

Selon lui, c'est au moment du déluge qu'ils pénétrèrent dans la terre. Lorsque les abîmes, selon l'expression de la Genèse, s'ouvrirent tout à coup, et que
les eaux se répandirent, les débris organiques repo-
saient au fond de la mer. Dieu ayant permis que la
cohésion cessât seulement pour les matières terrestres,
ces débris y pénétrèrent comme dans une pâte molle
qui, plus tard, se durcit autour d'eux sans altérer leur
forme.

Ce système fut attaqué par quelques auteurs, entre
autres par Camerarius, qui prétendait, avec ces auteurs, que les fossiles étaient le résultat de forces ger-

minatives répandues dans les rochers par la nature.

D'autres systèmes à peu près semblables parurent alors, par exemple, celui d'un Suisse appelé Jean Scheuchzer. Il avait imaginé, entre autres choses, qu'après le déluge, la divinité avait soulevé les montagnes pour reproduire une terre sèche. De telles hypothèses méritent à peine qu'on s'en occupe ; et cependant elles furent admises dans les académies du temps.

Robert Hooke, dont j'ai parlé comme d'un antagoniste de Newton, donna aussi un petit ouvrage sur la théorie de la terre, qui parut après sa mort, en 1705. C'est par des tremblemens de terre, par l'affaissement de cavernes et les feux souterrains, qu'il cherche à rendre compte des inégalités de la surface du globe.

Un Français, plus remarquable pour ses observations, est Louis Bourguet, qui était né à Nîmes, en 1678, à l'époque de la révocation de l'édit de Nantes, et qui, ayant été obligé de s'exiler, devint professeur à Neuchâtel. Il mourut en 1742.

Il avait beaucoup voyagé en Europe, et avait passé les Alpes six fois, toujours en s'occupant de géologie et de minéralogie. Il a laissé un livre intitulé : *Lettres philosophiques sur les sels et les cristaux*, à la suite duquel est un Mémoire sur la théorie de la terre et sur l'apparition des êtres organisés.

Il ne paraît pas qu'il ait eu connaissance du *Protogea* de Leibnitz. Cependant il se rencontre quelquefois avec lui. Ses idées se rapprochent aussi de celles de Burnet sur certains points.

Ce qu'il y a de précieux dans son livre, c'est la remarque de la correspondance des angles rentrans et

saillans des vallées. Presque tout le reste est une para-
phrase de la Genèse (1).

Le plus tardif des systèmes du XVIII° siècle est
celui de Benoît De Maillet, gentilhomme lorrain, qui
était né en 1656.

De Maillet résida seize ans en Égypte, de 1692 à 1708.
Il y avait été envoyé en qualité de consul général par le
chancelier de Pontchartrain. En 1715, il fut nommé
consul à Livourne, où il resta six ans. Enfin, il fut chargé
de visiter les Échelles du Levant. De retour à Marseille,
il y mourut en 1738.

De Maillet s'était occupé de géologie toute sa vie ; il
était surtout utile qu'il s'en occupât en Égypte, sur laquelle on ne savait que le peu qu'en rapporte Hérodote.
Il en revint avec des manuscrits composés par lui, qui
furent mis en ordre et imprimés après sa mort par les
soins de l'abbé Le Mascrier. L'ouvrage fut imprimé en
1735, mais il ne parut qu'en 1748, à Amsterdam, en
deux volumes in-12, sous ce titre : *Telliamed*, ou
*Entretiens d'un philosophe indien et d'un missionnaire
français sur la diminution de la mer, la formation de la
terre, l'origine de l'homme*, etc. Ce nom de Telliamed
est l'anagramme du nom de l'auteur. La deuxième
édition, qui fut imprimée à La Haye, est de 1755.

On prétend que de Maillet croyait avoir reçu en
songe la mission de publier ses idées géologiques.
Étant gravement malade, lorsqu'il était fort jeune, une

---

(1) Ce livre, qui est écrit dans un style populaire et allégorique,
n'a rien de commun avec nos sciences profanes, qui ne sont point son
objet. On devrait l'abandonner complétement aux théologiens. Autrement, on pourrait presque ressusciter le raisonnement qu'on attribue à
Omar, et agir comme ce calife.   (*Note du Rédacteur.*)

voix lui annonça qu'il ne mourrait point encore , parce qu'il était destiné à révéler au monde de grandes choses. Son enthousiasme et son fanatisme furent extrêmes après sa guérison , et, ne voyant rien de plus extraor- dinaires que les observations qu'il avait faites sur l'É- gypte pendant son séjour dans ce pays, il crut que les vérités dont il devait être le révélateur étaient rela- tives aux révolutions de la terre; il écrivit en con- séquence les idées de son *Telliamed*.

Sur plusieurs points des côtes de l'Égypte, la mer recule d'année en année , de manière que de vastes terrains fangeux sont laissés à sec et finissent par deve- nir propres à la culture. Ce fait est connu depuis les temps les plus anciens , comme nous l'avons vu dans Hérodote. De Maillet l'observa aussi, mais il en donna une explication erronée. Au lieu de voir que la mise à sec de nouveaux terrains est le résultat d'un exhaus- sement du sol produit par l'accumulation des limons du Nil, il crut y trouver la preuve d'un abaissement dans le niveau de la mer. Il fit résulter de la même re- traite des eaux la présence des coquilles dans les hautes montagnes, et il arriva ainsi à cette conclusion que les eaux , dans le principe du globe, le recouvraient com- plétement , et que la quantité de ces eaux diminue continuellement.

Si nous examinons, dit-il, ce qui se passe dans le sein de nos mers, nous y remarquons une infinité de courans dont nous n'avons aperçu que les plus superfi- ciels. Ces courans entraînent les limons du fond , les disposent en arêtes, en barres, dont le volume et la consistance augmentent de plus en plus; il en résulte des montagnes sous-marines qui ne diffèrent point de celles de nos continens, et qui seront mises un jour à sec comme celles-ci l'ont été il y a des siècles. Les cailloux qui, maintenant, s'agglutinent sur nos rivages, formeront des poudingues que l'on trouvera au milieu des terres.

La lenteur de la diminution des eaux et l'extrême hauteur de quelques montagnes ne fournissent point d'objection contre ce système; car les siècles ne sont rien pour la nature.

Lorsque les premiers sommets sortirent comme de petites îles de l'unique océan qui baignait le globe, les eaux ne contenaient point les êtres qu'elles entretiennent aujourd'hui; car les animaux marins eux-mêmes ne peuvent vivre que près des terres, qui leur fournissent des alimens. Ils ne parurent que lorsqu'il exista des bas-fonds, des rivages, et c'est pourquoi les montagnes primitives ne présentent point de débris de corps organisés. On rencontre quelques coquilles dans les roches de l'époque suivante, et on voit augmenter le nombre et les espèces des fossiles à mesure qu'on avance vers des formations plus récentes.

De Maillet ne s'était d'abord occupé des êtres organisés que pour confirmer ses idées sur la formation de la terre. Les deux derniers chapitres de son livre, dans lesquels il traite de l'origine des animaux, ne furent composés qu'en France, et une plaisanterie de Fontenelle, qu'il prit au sérieux, paraît être ce qui les lui suggéra. Dans ces chapitres, il essaie d'établir de l'analogie entre les productions marines et les productions de la terre. Il voit dans la mer des plantes, des arbris-

seaux de toutes espèces, garnis de feuilles et de fruits;
et, selon lui, lorsque le sol où ils vivaient a été aban-
donné par les eaux, ces plantes sont devenues des végétaux terrestres. Les animaux marins ayant été laissés
à sec comme les plantes, ont aussi formé nos animaux
terrestres; ou bien des poissons, en sautant au-dessus de l'eau, sont tombés dans des roseaux, et, ne
pouvant s'en dépêtrer, sont restés sur la terre; leurs
nageoires desséchées par l'air se sont fendues; leurs
rayons antérieurs et leurs écailles sont devenus des
plumes, et les nageoires postérieures se sont métamor-
phosées en pieds. Ceux des animaux marins qui ram-
paient au fond de la mer sont d'abord restés sur les bords
et ont été transformés en phoques ou en quadrupèdes
terrestres. A la vérité, plusieurs poissons ont des becs
qui ne ressemblent point à ceux des oiseaux; mais
l'auteur n'y regarde pas de si près; il prétend, par
exemple, que les bécasses de mer sont devenues des
perroquets de terre.

Il a rassemblé tout ce qu'il a trouvé dans les auteurs
les plus romanciers, tels qu'Obsequens, Lycos-
thènes, Sorbin, etc., sur les hommes et les femmes marines, pour prouver que l'espèce humaine descend
elle-même de ces êtres marins. Il rapporte avec la plus
grande intrépidité de confiance que des Hollandais
avaient pris des hommes marins qui parlaient hollandais, et qu'un d'entre eux avait demandé une pipe pour
fumer. C'était, dit-il, un homme qui avait fait naufrage
à huit ans et qui avait fini par recevoir des écailles (sans
doute de la puissance *écaillante* de la mer)! Les animaux
qu'on a pris pour des hommes sont des lamantins qui,

s'élevant au-dessus de l'eau lorsqu'ils allaitent leurs petits, offrent une certaine ressemblance avec la figure humaine, quand on les regarde de loin.

De Maillet a même défiguré des histoires exactes pour fonder son système. Ainsi un vaisseau anglais avait découvert des Esquimaux qui naviguaient dans une pirogue; on réussit à s'emparer d'un de ces hommes qui, désespéré de sa captivité, refusa de parler, de se nourrir, et mourut en quelques jours; son corps desséché fut emporté en Angleterre, et on le conserve dans la salle de l'amirauté de Hall avec la pirogue qui cache sa moitié inférieure et semble en faire partie. Eh bien! de Maillet poussa l'ignorance jusqu'à croire que, depuis la ceinture jusqu'en bas, ce corps avait la configuration d'un poisson, et il supposa de plus qu'il ne possédait pas encore la voix.

De Maillet, bien que son système n'en eût pas besoin, a admis avec Lhuyde la possibilité d'un développement des êtres organisés au sein même des couches du globe.

C'est lui qui, le premier, a avancé la possibilité de la transformation des espèces marines en espèces terrestres.

Cette théorie a été reproduite de beaucoup de façons par les auteurs modernes; elle est fondée sur quelques faits; mais on en a tiré des conséquences trop vagues et trop étendues. Voici ce qu'il y a de certain: chez quelques espèces, les individus éprouvent sous l'influence de certaines circonstances extérieures, des changemens très-remarquables. Ainsi, tous les organes, surtout ceux du mouvement, peuvent être fortifiés par l'exercice; les danseurs, par exemple, ont généralement les muscles jumeaux des jambes, ou les mollets, plus forts que les

autres hommes ; les boulangers ont les muscles des bras
aussi plus développés, et ceux qui emploient leurs
mains à des travaux rudes les ont également plus
volumineuses et plus fortes. Les os, bien que doués
d'une moindre vitalité que les muscles, sont cependant susceptibles de se modifier comme eux , ainsi que
nous le montrent les procédés orthopédiques. Enfin
le cerveau lui - même , ou quelques - unes de ses
parties , peuvent acquérir un développement d'autant plus considérable qu'ils sont plus exercés. Sans
aucun doute, le cerveau d'un enfant qui n'aurait
pas été habitué à penser, dont l'éducation aurait
été purement corporelle, serait moins développé que
celui d'un enfant dont l'organe moral aurait été exercé
convenablement. Quand des circonstances extérieures
viennent se joindre aux circonstances intérieures , les
changemens peuvent même porter sur des choses qui
ne dépendent pas de la volonté. Ainsi , un animal trans-
porté dans un climat où il a plus chaud ou plus froid
que dans le pays où il vivait auparavant, éprouve des
changemens dans ses tégumens. Si sa nourriture est
abondante , il acquiert plus de volume; si au contraire
elle est faible, l'animal dégénère. Par les soins de
l'homme, certaines variétés qui n'étaient qu'individuelles,
peuvent devenir héréditaires. Il lui suffit pour atteindre
ce résultat, de réunir les mâles et les femelles qui présent ces variétés. C'est ainsi que nous avons obtenu des
races de moutons à laine fine, des vaches sans cornes, etc. Mais ces changemens sont bornés aux espèces
qui vivent en domesticité; car, dans l'état naturel, chaque animal habitant constamment les lieux qui lui con-

viennent le plus sous tous les rapports , les variétés qui peuvent survenir dans les caractères sont extrêmement rares; et d'ailleurs elles sont promptement détruites par le croisement avec des individus qui n'ont rien d'anormal.

Quand on passe des différences que peuvent présenter les individus de la même espèce, à celles des espèces appartenant à un même genre, à une même famille, ou à une classe toute entière, on remarque que certaines parties présentent tous les degrés possibles de développement. Chez certaines espèces parvenues à l'état le plus complet , elles servent à des usages importans ; chez d'autres , presque atrophiées et plus simples dans leur structure , leur utilité est plus limitée et quelquefois même tout à fait nulle. Plus bas encore dans l'échelle animale, elles paraissent manquer totalement. Mais alors même, on en retrouve souvent, contre les apparences , des vestiges intérieurs. Ainsi, dans la classe des reptiles, les seps présentent les quatre membres dans un état de ténuité très-sensible; ceux de devant disparaissent dans les bipèdes; dans les bimanes, ce sont ceux de derrière. Les os des membres postérieurs des boas , cachés sous la peau , présentent au - dehors deux petits tubercules peu saillans. Dans les orvets , qui sont assez communs dans nos campagnes , il existe encore un rudiment de bassin , deux os de l'épaule et un commencement de bras dont rien à l'extérieur n'indique la position.

C'est sur ces faits, limités à certaines classes, qu'on s'est appuyé pour proclamer non-seulement qu'il y avait unité de plan dans la composition de tous les ani-

6

maux, mais même que leur origine était commune. On a aussi cru pouvoir expliquer la diversité des formes par les mêmes causes qui produisent les variétés chez les espèces soumises à l'homme, c'est-à-dire par l'influence des circonstances aveugles et des actes dépendant de la volonté. Il y a sur cette matière quatre ou cinq systèmes qui ne sont guères que des modifications de celui de De Maillet.

Le plus singulier de ces systèmes est, sans contredit, celui d'un Français nommé J. Robinet, qui avait été employé dans les bureaux du ministère de l'intérieur. Il le publia, de 1761 à 1768, sous ce titre : *Considérations philosophiques sur la gradation naturelle des formes de l'Être*, ou *Essai de la nature pour apprendre à former l'homme*. L'auteur suppose que le but général de la nature, ou de Dieu, qui agit en elle, est d'arriver à la formation de l'homme, et que cette tendance perpétuelle produit des objets qui ont une ressemblance plus ou moins frappante avec l'homme ou quelques-unes de ses parties. Il allègue à l'appui de cette opinion la cardine, pétrification qui a des rapports avec la forme d'un cœur ; puis une espèce de coquillage dont la dénomination populaire rappelle sa ressemblance avec une vulve de femme ; ensuite un champignon dont le nom scientifique exprime des rapports analogues avec un des organes de l'homme ; bref, il cite tous les corps désignés sous le nom d'anthropomorphites, soit qu'ils appartiennent à des espèces constantes, soit qu'ils constituent des monstruosités minérales. Ce système n'est ni anatomique ni physiologique ; il est purement panthéistique, et n'était, par conséquent, susceptible d'au-

cun succès auprès des véritables savans. Sa seule recommandation, pendant quelques temps, auprès des
gens peu éclairés qui prennent l'extravagance pour la
hardiesse des idées, fut d'avoir été imprimé en Hollande et de se vendre clandestinement à Paris.

A la fin du dix-huitième siècle, un Allemand nommé
Rodig, reprit l'idée effleurée par De Maillet, que la diversité des formes dans les animaux résultait des mêmes
causes qui produisent les variétés chez les espèces soumises à l'homme. Il supposa les premiers êtres très-
simples, uniquement composés de tissu cellulaire.
Avec le temps, et par des causes qui ne sont point
exprimées, des vaisseaux se formèrent dans ce tissu
cellulaire et s'y ramifièrent en différens sens. Les canaux qui aboutirent à l'extérieur, constituèrent les
systèmes perspiratoire et respiratoire de l'animal ; ceux
qui se dirigèrent vers le centre de l'être, ne trouvant pas
d'issue, s'abouchèrent, se dilatèrent, et formèrent les
cavités digestive et circulatoire.

Les parties les plus subtiles de la masse animée se
sublimèrent et formèrent le cerveau en se réunissant à
la partie supérieure. De ce cerveau partirent les cordons
nerveux qui sont distribués aux diverses parties. Quelques-uns de ces cordons prirent une forme globuleuse
en arrivant à la superficie du corps, se couvrirent d'une
enveloppe diaphane et formèrent les yeux.

Les partisans de la philosophie de la nature, en repro-
duisant ces bisarres hypothèses, ont eu le soin d'employer un langage métaphorique qui les rend moins
choquantes. Rodig n'a pas eu tant d'égards pour ses
lecteurs. Après avoir formé son animal comme nous

l'avons vu, il en explique grossièrement les transfor-
mations par les influences auxquelles il le suppose avoir
été soumis. Ainsi, un polype a eu peur, il s'est contracté, s'est fait petit dans l'espoir d'échapper au danger
qui le menaçait; de ce resserrement il est résulté une
transsudation des molécules terreuses, et une coquille
a été formée sur le polype. Cet animal à coquille qui était
par exemple, une patelle, fit des efforts pour soulever
son enveloppe; les parties inférieures du corps s'éten-
dirent, devinrent ainsi des pieds, et voilà la patelle
transformée en tortue. Celle-ci, bientôt gênée dans son
habitation, fait à son tour des efforts, elle se fend, et son
enveloppe devient tatou. Cet animal se débarrasse-t-il
enfin de son fardeau? comme il n'y a pas loin de lui à
une grenouille, celle-ci ou quelque autre animal terrestre apparaît, selon les circonstances.

Ainsi, voilà les continens qui commencent à se peupler, grâce à la métamorphose des êtres que la mer
possédait seule dans le principe. Mais cette métamorphose ne se repose pas sur la grenouille; beaucoup
de nouveaux animaux marins sont rejetés par accident
du sein de l'Océan, et sont transformés en êtres d'une
forme encore ignorée. Par exemple, certains poissons
sont-ils rejetés sur le rivage? par habitude ils continuent
le mouvement de leurs nageoires; mais comme c'est
l'air qu'alors ils frappent de leurs membres, ceux-ci
se changent en ailes, et les poissons deviennent oiseaux. Des animaux terrestres sont-ils forcés par quelque malheur de retourner dans l'eau? Insensiblement ils se transforment en phoques, en cétacées;
plus tard, leurs pieds redeviennent des nageoi-

res., et les voilà rendus à la condition des poissons.

Un de nos contemporains, M. De Lamarck, avec beaucoup plus de notions que Rodig sur l'organisation animale, est cependant tombé à peu près dans des erreurs aussi manifestes que les siennes. Son système n'est pas développé dans un seul ouvrage; il est épars dans son *Hydrogéologie*, dans ses *Recherches sur les corps organisés*, et dans sa *Philosophie zoologique*.

Le globe suivant lui, commença par être liquide. Dans ce liquide naquirent les premiers êtres qui, d'abord très-simples et formant des espèces de monades, se compliquèrent et se perfectionnèrent à mesure que des circonstances favorables survinrent, à tel point qu'il en résulta toutes les formes que nous connaissons maintenant. De plus, ce sont les divers animaux qui ont converti l'eau de la mer en terre calcaire, et ont ainsi produit les montagnes calcaires du globe. Les végétaux, dont l'origine est la même que celle des animaux, et qui ont également subi diverses métamorphoses, ont converti de leur côté l'eau en argile.

La consolidation du globe ne serait, par conséquent, que le résultat de la vie animale et végétale. Faujas a aussi soutenu cette opinion.

Comme selon Lamarck, à mesure que les circonstances changeaient, les êtres éprouvaient de nouveaux besoins, et acquéraient des habitudes nouvelles d'où résultaient des facultés et des organes appropriés, il s'en suit que, dans ce système, ce ne sont pas les organes qui ont produit les besoins, les facultés et les habitudes; mais, au contraire, les habitudes et les fonctions qui, avec le temps, ont fait naître les organes.

La multiplication des êtres nécessitant davantage pour chacun d'eux le sentiment du monde extérieur, la faculté de sentir, qui d'abord était également distribuée, se concentra sur divers points de la surface convenablement disposés, et il en résulta la formation des sens. Lorsque des espèces durent se nourrir de substances solides, la répétition de la mastication endurcit les gencives de ces espèces, et peu à peu il en sortit des dents. Un poisson s'élança-t-il dans l'air pour échapper à un ennemi, les efforts qu'il fit dans ce cas brisèrent ses poumons, l'air parvint jusqu'aux tégumens et fit naître des plumes dont le vide intérieur montre encore l'origine.

Quelques-uns de ces oiseaux allant chercher leurs alimens sur les eaux, eurent besoin pour s'y soutenir de mouvoir leurs pieds comme des rames. La répétition de ce mouvement produisit des membranes dans l'intervalle de leurs doigts. D'autres oiseaux fréquentèrent seulement les rivages et les courans peu profonds. A force de s'élever sur la pointe de leurs pieds, leurs jambes arrivèrent à un alongement considérable.

Il est difficile de s'expliquer comment des jambes tendues long-temps obtiendraient ainsi de l'accroissement. L'effet contraire serait plutôt le résultat de cette tension des muscles ; car leur contraction presse fortement les extrémités des os les unes contre les autres, et, par conséquent, tend plutôt à élargir et à raccourcir les membres qu'à les alonger.

M. de Lamarck rapporte à une seconde cause le développement exagéré des membres. Cette autre cause est la tendance des liquides déterminée par un très-vif désir. Dans les cerfs et les gazelles, c'est le besoin de fuir qui contribue à l'alongement de leurs jambes; mais dans quelques cas c'est la passion seule qui produit ce phénomène. Les ruminans, par exemple, qui, pour se défendre avaient besoin de frapper du front, ont fini par en faire sortir des cornes par l'acte répété de diriger leur tête vers la terre.

D'autres fois, ce sont des causes extérieures qui ont occasioné les changemens survenus dans les animaux. Ainsi, les ongles d'un animal qui a foulé des terrains durs se sont élargis et ont formé des sabots. Un reptile, à force de passer dans des espaces étroits s'est alongé insensiblement, a éprouvé du raccourcissement dans ses pattes, et a fini par les perdre entièrement.

Toutes ces hypothèses sont si absurdes, qu'il est presque inutile de les réfuter (1).

Nous ferons cependant observer que, dans le reptile que M. de Lamarck suppose être étiré, et comme passé à la filière à la manière d'un fil d'archal, la forme seule des parties aurait dû être affectée, et le nombre rester le même. Cependant des grenouilles n'ont que cinq ou six vertèbres, tandis que quelques serpens

---

(1) Il paraît que M. de Lamarck avait une disposition singulière pour des idées plus que bisarres : il avait fait de longues notations sur le passage des nuages à Paris, et il en aurait tiré très-sérieusement des conséquences pour l'avenir, si la solide tête de Bonaparte ne lui avait fait abandonner ses projets en s'en moquant.

Au surplus, il ne faut pas beaucoup s'étonner de toutes les billevesées de M. de Lamarck, car le panthéisme mène rarement à autre chose qu'à l'absurde.

(Note du Rédacteur.)

en ont plus de deux cents. Ces os, d'ailleurs, sont hé-
rissés de saillies , et, dans l'hypothèse de l'alongement
par compression , elles auraient dû disparaître d'autant
plus complètement qu'elles sont grêles et délicates.

En fermant les yeux sur ces difficultés palpables, il
en resterait une qui est fondamentale et qui ruinerait
du sommet à la base le système dont nous parlons. Ce
serait de démontrer pourquoi, dans l'origine, le reptile
a agi contre sa propre nature en adoptant des habitudes
qui étaient en opposition avec sa forme primitive. Cette
objection est applicable à toutes les parties du système ;
car, comme nous l'avons fait remarquer, l'auteur suppose ordinairement la préexistence de la fonction.

Dans la prochaine séance, je reprendrai l'histoire
de la géologie , et j'arriverai à celle de la chimie.

CINQUIÈME LEÇON.

MESSIEURS,

DANS la séance précédente, nous avons parlé digressivement des auteurs qui ont émis des opinions semblables à celles de De Maillet sur le mode de formation des êtres organisés. Nous avons vu combien les systèmes de ces auteurs sont remplis d'invraisemblances et de contradictions. Plus tard, nous aurons à réfuter un autre système, dans lequel l'idée d'une transformation progressive des êtres a été présentée sous une forme différente.

Maintenant nous devons reprendre l'histoire des systèmes cosmogoniques. Celui que nous allons exposer a été présenté par Linnée, dans les dernières éditions de son *Systema naturæ*.

Je ne ferai pas en ce moment la biographie de Linnée, car ses idées cosmogoniques ne remplissent que deux pages de son ouvrage; ce n'est point par elles qu'il a influé sur son époque et a produit les heureux changemens dont je vous ai entretenus en abrégé ; elles sont au contraire la partie la plus faible de ses travaux , et même leur partie nuisible ; car il y a donné l'exemple d'employer des figures , des métaphores dans les sciences physiques et positives. Il a eu malheureusement beaucoup d'imitateurs , et c'est à lui qu'il faut rapporter une grande partie des absurdités introduites, depuis son ouvrage , dans la métaphysique des sciences.

Si je parle aujourd'hui de cette œuvre si indigne de Linnée , c'est pour montrer combien il est périlleux, même pour un homme de génie, de se laisser entraîner aux sophismes qui résultent de l'emploi du langage métaphorique , ou à deux sens d'ordres différens. Autrement, par respect pour Linnée, je me serais tu sur son système cosmogonique.

On pourrait, à la vérité, rappeler qu'alors les chimistes employaient encore le langage figuré des alchimistes du moyen-âge , et que ce grand homme a adopté l'usage reçu partout. Mais les nombreux titres de gloire de Linnée dispensent de présenter cette excuse en sa faveur (1).

Suivant Linnée, tout a commencé par la liquidité, et c'est dans le sein des eaux que la terre s'est formée et développée, ainsi que l'ont dit Thalès , Moïse et

_____

(1) Linnée aurait pu révolutionner la chimie comme il avait amélioré la botanique et les autres parties de l'histoire naturelle ; car, de son temps, on connaissait autant de faits chimiques qu'il en fallait pour établir la théorie de Lavoisier. Mais il paraît qu'il n'est pas donné à l'esprit humain d'exceller dans tous les genres de connaissances, et cependant il n'en faut ignorer aucun, car, presque toujours, ils s'éclairent mutuellement.　　　　(*Note du Rédacteur*).

autres géologistes. L'eau de l'Océan, humide, froide, inerte, mais propre à concevoir, fut fécondée par l'air qui était sec primitivement, actif, échauffant et doué du pouvoir générateur. Il en résulta deux fœtus, l'un mâle, l'autre femelle. Le premier, âcre, soluble et transparent, est le sel; le second, insapide, opaque et insoluble, est la terre. L'union de ces deux êtres en a produit deux autres, savoir : l'animal et le végétal. Cette double lignée se multiplie et se perpétue par une série de germes dont tous les individus, après un temps variable comme les circonstances, retournent à la terre, qui devient ainsi leur héritière après avoir été leur mère et leur nourrice.

A part cette proposition triviale que la terre reçoit les dépouilles des êtres qu'elle a nourris, tout le système de Linnée est dépourvu de sens.

Dans la botanique, Linnée avait employé très-convenablement des idées empruntées à la génération des animaux : en disant que le pistil est fécondé par le pollen des anthères, il ne se servait point d'un langage figuré; il exprimait un fait en termes rigoureux. Mais parler de la fécondation de l'eau par l'air, c'est employer une figure qui ne présente aucun sens. Et ces deux enfans jumeaux, l'un mâle et l'autre femelle, le sel et la terre, que l'eau met au monde; quoi de plus vague et de plus insignifiant? Les mots sel et terre n'expriment que des abstractions : il existe des sels; mais on ne connaît rien qui puisse se nommer le sel. Nous savons de même qu'il existe différentes terres, mais aucun corps ne peut s'appeler la terre d'une manière absolue : terre dans ce sens exprime la partie solide du globe.

Comme pour combattre lui-même son système, Linnée admet plus loin l'existence de quatre sels différens, dont chacun est caractérisé par une forme particulière, qui est celle de ses molécules élémentaires. Ces quatre sels sont le nitre, sel aérien ; le muria, sel marin ; l'alun, sel végétal, et le natrum ; sel animal. Ils ont pour propriétés communes d'être polyédriques, diaphanes, sapides et solubles. Mais on ne voit pas pourquoi Linnée a fait du natrum ou de la soude, un sel animal, puisque cette substance est assez rare chez les animaux, et qu'elle est, au contraire, très-abondante dans les végétaux.

Linnée compte aussi quatre espèces de terre : l'argile, le sable, l'humus et la chaux. Il leur donne pour qualités d'être sèches, pulvérulentes et fixes.

L'argile est le résultat de la précipitation de l'eau marine visqueuse ; le sable, le résultat de la cristallisation de l'eau pluviale ; l'humus, de la décomposition des végétaux ; enfin la chaux résulte de la putréfaction des animaux.

Les sels réunis aux terres produisent différentes pierres. Le nitre agglutine le sable ; la cohésion de l'argile est augmentée par le muria ; le natrum coagule la chaux ; l'humus est soudé par l'alun.

Chaque sel imprime aux pierres dont il fait partie la forme cristalline, et c'est sur cette fausse idée que Linnée a basé une classification minéralogique que personne n'a pu adopter. Ainsi, il a placé parmi les aluns tous les corps qui cristallisent en octaèdres, et cependant le diamant, par exemple, ne contient pas une parcelle d'alumine ; chacun sait qu'il est composé de charbon à l'état de pureté parfaite. De même, il a classé à tort parmi les murias tous les corps dont la forme cristalline est le cube.

Les pierres formées, comme nous l'avons dit, par le concours d'un sel et d'une terre, sont susceptibles de reprendre la forme pulvérulente, et de se durcir sous une forme nouvelle. L'humus, par exemple, soudé en schiste, se résout en ocre et se reforme en tuf. La chaux coagulée en marbre, produit de la craie en se désaggrégeant, et donne du gypse en renaissant.

Linnée essaie ensuite d'expliquer la formation des couches du globe.

Les plus profondes lui paraissent être des grès résultant de l'aggrégation des sables qui ont été formés dans l'Océan par les eaux pluviales.

Ensuite, suivant lui, on trouve des schistes qui sont des argiles précipitées des eaux marines et endurcies.

Après que l'Océan, agité par les premières formations, se fut calmé, il naquit à sa surface des *fucus natans*. Des vers, des mollusques animèrent ces sortes d'îles flottantes, et leurs dépouilles, descendant au fond des mers y composèrent des marbres. Les fucus eux-mêmes se décomposèrent insensiblement. De cette décomposition il résulta de l'humus, et cette substance, en se déposant, produisit les schistes supérieurs. Enfin, après le retrait de la mer, le sable desséché et emporté par les vents, réunit les débris des roches supérieures, et en forma les roches d'aggrégation qui sont les dernières.

Cinq ans après le système de Linnée, c'est-à-dire en 1740, parut une théorie qui ne vaut guères mieux, dans un livre relatif aux crustacés et autres corps marins qui

se trouvent dans les montagnes. L'auteur était un ecclésiastique vénitien nommé Moro Antoine Lazarre.
Moro habitait un pays très-géologique, placé entre
les monts Euganéens et les Alpes. D'une part ayant les
productions des volcans, et de l'autre les attérissemens
des vastes plaines de la Lombardie, il pouvait se livrer
à des observations fort étendues. Mais il n'en fit pas
d'importantes, parce qu'il négligea d'étudier les rapports
des couches, et voulut voir vite les choses en grand
comme les faiseurs de systèmes dont nous avons
parlé.

Dans les idées de Moro, le globe fut d'abord recouvert
d'une couche d'eau dont la hauteur était juste de cent
soixante-quinze perches. Une croûte pierreuse sur laquelle reposait l'eau, éclata par l'effet du feu central,
et ses bords déchirés formèrent les montagnes primitives. Cet accident eut lieu le troisième jour de la création racontée par la Genèse, et, par conséquent, est
antérieur à la création des animaux. Aussi n'en trouve-
t-on point de débris dans les premières montagnes.
Plus tard, une partie de ces montagnes éclata aussi et
rejeta, par ses crevasses, des sables et autres substances.
Ces déjections salèrent la mer et produisirent les montagnes secondaires qui eurent pour base les flancs des
premières montagnes. D'autres couches furent successivement élevées par de nouvelles explosions, et à
chaque exhaussement des parties solides, la mer devint
plus profonde.

Ce ne fut qu'après avoir été salée que la mer
produisit des êtres organisés. Tout à l'heure, nous
avons vu, dans Linnée, cette même puissance prolifique

du sel. La terre commença aussi à se couvrir de plantes
et d'animaux, dont les débris étaient enveloppés par les
matières vomies sous forme fluide ou sous forme pulvérulente.

Dans ce système, les montagnes ne sont point le résultat de dépôts, d'accroissemens, de couches; mais
proviennent de soulèvemens successifs, comme l'a
avancé naguères M. Élie de Beaumont.

Neuf ans après Moro, Buffon commença à faire paraître sa *Théorie de la terre*, où il entre plusieurs parties du système de Leibnitz et d'autres hypothèses plus
modernes; telles, par exemple, que celles de De Maillet,
ainsi que nous allons le reconnaître en analysant la
géogonie de Buffon.

Suivant ce naturaliste, le globe aurait d'abord été liquide, et par cette hypothèse la forme sphéroïdale du
globe est rationnellement expliquée. La matière qui
compose notre planète aurait été enlevée de la masse
du soleil par le choc d'une comète, et aurait reçu de ce
choc un mouvement de rotation et de projection tout à la
fois (1).

Leibnitz avait fort bien remarqué qu'une comète
n'aurait pas eu assez de masse pour emporter une
partie du soleil, et qu'au contraire celui-ci l'aurait

---

(1) Il y a là quelque vice d'expression, car un choc qui engendre
à la fois une direction circulaire et un mouvement rectiligne n'est
pas une chose intelligible. La terre n'a pu recevoir qu'une impulsion
rectiligne; la courbe que décrit cette planète est, comme tout le
monde sait, un effet de l'attraction de la matière et non point le
résultat d'un choc.

(*Note du Rédacteur*).

absorbée (1). Aussi faisait-il provenir notre planète
d'une explosion spontanée du soleil.

Mais Buffon admet avec Leibnitz que le fragment
enlevé du soleil était d'abord à l'état de fluidité ignée,
et qu'ainsi, lorsque sa surface se refroidit, ce fut une
croûte de verre qui se forma. Proportionnellement à
l'abaissement de la température, les matières vaporisées
ou volatilisées retombèrent condensées vers le noyau solide. Ce furent les parties métalliques qui descendirent
les premières ; les molécules aqueuses les suivirent et
furent assez abondantes pour couvrir la superficie entière du globe. Toutes les montagnes se formèrent dans
le sein de cet océan unique, et leur configuration fut
l'effet des courans marins et des agitations plus désor-
données que les vents produisaient dans la masse des
ondes. Un déplacement de celles-ci laissa ensuite les
montagnes à sec.

Buffon, comme on le voit, ne distinguait pas encore
les montagnes de diverses époques. Mais plus tard les
observations de Saussure, de Pallas et de Deluc l'obligèrent à modifier son système pour qu'il fût en harmonie avec les faits que ces savans avaient observés. Il
surmonta toutes les difficultés avec beaucoup de génie.

---

(1) Les comètes sont transparentes puisque, lorsqu'elles passent
entre nous et une étoile, elles n'occultent point celle-ci ; il y a donc
quelque difficulté à admettre qu'elles puissent détacher des masses
aussi considérables que notre globe. Les comètes ne sont probablement
que des atmosphères lumineuses analogues à celle qui enveloppe le
noyau de notre soleil. C'est du moins ce qu'on a pu apprendre jusqu'à
présent de pays si éloignés du nôtre.

(*Note du Rédacteur*).

Mais comme il fit ces modifications à une époque qui sort de la période que nous explorons, nous remettons à vous les exposer jusqu'à ce que nous soyons arrivés au temps auquel elles appartiennent.

Buffon considère les sables comme de petits fragmens de la croûte primitive du globe. Ces fragmens, dit-il, en conservent encore l'apparence vitreuse. Divisés davantage et soumis à l'action de l'eau, ils arrivent à l'état d'argile. Les élémens des roches argileuses et arénacées ont donc pu exister à une époque assez rapprochée du refroidissement superficiel du globe. Mais ces élémens ne s'aggrégèrent que lorsque des dépouilles d'animaux marins leur eurent fourni le ciment calcaire sans lequel ces aggrégations ne peuvent s'effectuer. Ce ciment est même indispensable à la formation du roc vif dans lequel on remarque encore des fragmens de testacées. (Buffon croyait que les cristaux de feld-spath qu'on observe dans le porphyre, étaient des pointes d'oursins). Mais cette opinion de Buffon qui fait dépendre la formation des marbres, des roches calcaires, des grès, des schistes et des porphyres, de l'apparition des animaux marins, est inconciliable avec ce que nous savons aujourd'hui de la nature des terres métalliques, qui sont toutes des oxides de métaux. L'eau de la mer contient assez de chaux pour qu'il soit inutile de chercher une autre origine à celle qui entre dans la composition des roches où l'on n'observe jamais de débris organiques. Quant à celle que fournissent les coquilles, les os, le test des œufs des oiseaux, elle n'a point été créée de toutes pièces par les animaux, elle existait en quantité surabondante dans leurs alimens, leur activité orga-

nique l'a seulement sécrétée et disposée sous la forme
que nous lui voyons. C'est un problême qui a été parfaitement résolu par les expériences que M. Vauquelin
a faites à ma prière.

Vous voyez, Messieurs, par les idées de Buffon,
en 1749, qu'à cette époque les sciences chimiques, la
connaissance de la croûte du globe, la physiologie,
la zoologie étaient bien peu avancées. Dans un tel
état de lumières scientifiques il n'était pas possible
d'arriver à faire un système conforme à la réalité.

Maintenant que l'exposition des cosmogonies de la
première moitié du XVIIIe est terminée, nous allons examiner la marche, jusqu'à la même époque, des sciences
particulières qui se trouvaient englobées dans ces cosmogonies, car celles-ci forment en quelque sorte des en-
cyclopédies des temps où elles furent publiées.

Je commencerai par la chimie, ainsi que je l'ai annoncé. Ce sera dans la séance prochaine que nous verrons l'histoire de cette science.

SIXIÈME LEÇON.

Je vous ai exposé, dans les précédentes séances, les divers systèmes de géologie qui ont été publiés pendant la première moitié du XVIIIe siècle.

Nous avons vu que, pendant toute cette période, ils avaient été vagues et fondés, le plus souvent, sur des hypothèses arbitraires, au lieu d'être toujours basés sur des faits et sur l'observation.

Nous allons passer maintenant à l'histoire de la chimie pendant la même période, parce que, après la géologie, cette science est celle qui embrasse le plus de phénomènes importans, et qui se rattache au plus grand nombre de faits.

La chimie, telle qu'elle existe aujourd'hui, nous apprend à connaître l'action réciproque des diverses matières réduites à leurs molécules les plus élémentaires, et les modifications qui résultent de cette action.

Tout phénomène chimique suppose, par conséquent, le concours de substances différentes et la cessation de la cohésion des parties de ces substances soit par l'effet du feu, soit par celui d'un liquide. Aussitôt que les molécules de nature différente sont ainsi mises en contact, elles agissent les unes sur les autres au moyen de forces qui leur sont inhérentes. Il en résulte ordinairement des changemens de rapports plus ou moins sensibles : des corps simples se combinent avec d'autres, ou bien les combinaisons premières sont remplacées par des alliances différentes. Les molécules de diverse nature semblent suivre, dans ces mutations, une sorte d'inclination et exercer un choix; c'est pourquoi on a nommé affinité élective (1) la force à laquelle elles obéissent. Cette force diffère de celle qui fait tendre tous les corps les uns vers les autres, en ce qu'elle n'agit sensiblement que lorsque les molécules matérielles sont en contact, et que son énergie est subordonnée à la nature de ces molécules; tandis que la force de l'attraction n'est influencée que par la variation des masses et des distances.

Du jeu des affinités électives soit simples, soit doubles, résultent, en définitive, tous les phénomènes chimiques. C'est pour nous une notion très-nette aujourd'hui, mais dont on était encore fort éloigné au commencement du siècle qui nous occupe.

---

(1) Lorsqu'on ne connaît pas la nature des choses, c'est dans des comparaisons qu'on en cherche la dénomination. Ainsi, toutes les fois qu'on rencontre dans une science une terminologie figurée, on est assuré qu'elle a encore des pas à faire. La chimie ne fait pas exception à cette règle, malgré ses immenses progrès depuis la fin du siècle précédent. *(Note du Rédacteur.)*

Les anciens, comme nous l'avons dit, n'avaient pas même supposé l'existence d'une chimie semblable à la nôtre, bien qu'ils connussent plusieurs des faits qui s'y rapportent. Lorsqu'au moyen âge la chimie se fut introduite dans l'Occident avec les Arabes, elle ne présenta aucune théorie et ne prétendit point rendre un compte physique ou mathématique des phénomènes dont elle composait son domaine. Elle s'enveloppa, au contraire, dans un langage mystique et figuré qui n'était compris que de ses initiés.

Mais, vers la fin du XIVᵉ siècle, quelques hommes supérieurs essayèrent de former une théorie générale. Les efforts de ces auteurs, qu'on pourrait appeler semi-alchimistes pour les distinguer de leurs prédécesseurs, produisirent la doctrine des cinq principes qui était déjà exposée dans les ouvrages attribués à Basile Valentin. Conservée pendant long-temps parmi les mineurs de l'Allemagne, cette doctrine éprouva, dans le XVIIᵉ siècle, plusieurs modifications, et enfin elle produisit le système de Stahl, qui domina dans le siècle suivant.

Cette nouvelle doctrine fut rapidement répandue par les élèves de son auteur, et comme d'ailleurs elle expliquait, d'une manière assez satisfaisante, le plus grand nombre des faits connus alors, une grande partie de l'Europe l'adopta complètement. La France, l'Angleterre et les Pays-Bas la rejetèrent seuls.

En France et en Hollande, la doctrine cartésienne régnait toujours, et il n'y pouvait subsister aucun système qui ne fût pas fondé sur la théorie corpusculaire.

En Angleterre, on était arrivé à des idées plus exactes : la théorie des semi-alchimistes avait été attaquée par Boyle ; il avait fait voir son insuffisance à expliquer un grand nombre de phénomènes, et avait fini par la renverser au moyen de ses expériences pneumato-chimiques. Ses travaux furent continués par Mayow, son élève, qui en fit à la physiologie des applications importantes. Il établit, par exemple, la vraie théorie de la respiration, en prouvant que le phénomène de cette fonction est complètement analogue à celui de la combustion. Si ses expériences eussent été continuées avec ardeur, elles auraient très-probablement conduit à la doctrine de nos jours ; mais Mayow ne put compléter son système, et celui de Stahl, comme je l'ai dit, se répandit presque partout. Cependant on n'abandonna pas la chimie de Boyle en Angleterre, et jusqu'au temps de Priestley et de Cavendish, il y eut toujours une suite de travaux dirigés dans le même sens, et qui composent une série collatérale à celle de la doctrine du phlogistique.

Avant d'exposer le système de Stahl, nous rappellerons les travaux de Becher, dont la biographie singulière vous a été donnée dans le cours de l'année dernière. Becher a beaucoup aidé aux travaux de Stahl et il a rendu à la chimie d'importans services. On peut dire même que c'était un homme de génie. Le premier, il a dégagé la chimie du langage énigmatique dont les alchimistes l'avaient obscurcie, et il s'est efforcé de la simplifier en la ramenant à des principes généraux. Dans sa *Physica Subterranea*, imprimée en 1664, il établit que les cinq principes admis jusqu'à lui n'étaient point des êtres simples, mais des êtres mixtes, et qu'ainsi ils étaient inexactement nommés, puisque la dénomination de principe n'appartient qu'à ce qui est parvenu au dernier degré de simplification. Ayant remarqué que le soufre, en brûlant, donne naissance à de l'acide sulfurique, il en conclut qu'il était composé de cet acide et d'un bitume, ou corps inflammable, dont il était dégagé par la combustion.

On voit que c'est le germe déjà assez développé de la doctrine du phlogistique, car si, au mot de bitume, employé pour désigner l'élément combustible, on substitue celui de phlogistique, qui fut employé un peu plus tard en chimie, on obtient précisément l'explication stahlienne.

L'ouvrage de Becher contient une autre observation très-importante, c'est qu'on ne peut connaître les élémens dont les mixtes sont composés que lorsqu'ils viennent à former d'autres mixtes. Évidemment, il y a, dans cette notion, un pressentiment du principe sur lequel reposent tous nos procédés d'analyse, c'est-à-dire de la théorie des affinités électives. Mais, à côté de cet aperçu lumineux de Becher, on rencontre des assertions dénuées de tout fondement, et c'est précisément sur elles que Becher a surtout basé son système. Ainsi il pose en principe que tous les mixtes sont uniquement composés de terre et d'eau. Il admet trois principes terreux : 1° une terre pesante que le feu sépare, sous forme de chaux métallique, des corps auxquels elle est combinée; 2° une terre grasse qui colore les corps et constitue le principe de leur combustibilité; 3° une terre qui est le principe de la métalléité. C'est cette dernière terre que les semi-alchimistes désignaient par le mot de mercure.

Becher rejette cette dernière dénomination comme impropre, parce que, selon lui, le mercure et tous les métaux sont des mixtes. Il repousse, par la même raison, le terme de soufre qui, avant lui, exprimait le principe combustible. Stahl, ayant observé plus tard que les métaux perdaient par la combustion, ou, suivant lui, par leur déphlogistication, leur mallëité et toutes les autres qualités ou propriétés qui les caractérisent, supposa que les deux principes n'en faisaient réellement qu'un seul, et c'est à cet égard principalement que son système diffère de celui de Becher.

Ce dernier, ai-je dit, considérait tous les métaux comme des corps mixtes dont la différence provenait de la proportion diverse de leurs élémens. Il pensait, en conséquence, qu'il était possible de faire des métaux, et il croyait même en avoir composé de toutes pièces. Mais on a reconnu, par le détail qui nous est resté de ses procédés, que sa fabrication de métaux était tout simplement la réduction de quelques oxides métalliques, mélangés aux substances qu'il avait employées. Il serait sans objet d'étendre davantage l'exposition des travaux de Becher. Ce que nous venons d'en dire suffit pour faire connaître l'état de la chimie lorsque Stahl vint la diriger.

Stahl (Georges-Ernest) était né en 1660 à Anspach, en Franconie. Il étudia de très-bonne heure, et avec beaucoup d'ardeur, toutes les sciences physiques, et, dès l'âge de quinze ans, il possédait de très-vastes connaissances sur toutes leurs parties. Après avoir

étudié la médecine à Iéna, sous le savant G. W. Wedel,
il fut nommé, en 1687, médecin de la cour du duc
de Saxe-Weimar. Lors de la fondation de l'université
de Hall, l'électeur de Brandebourg avait chargé Frédéric Hoffmann d'en choisir les autres professeurs :
celui-ci y appela Stahl qui ne tarda pas de se rendre
célèbre. En 1716, il accepta la fonction de premier
médecin de Frédéric-Guillaume, et il mourut à Berlin
en 1734.

Il paraît que Stahl était d'un caractère mélancolique
et enclin au mysticisme. Le style de ses ouvrages se
ressent beaucoup de cette disposition; il manque de
clarté et de précision; souvent même il est difficile
de découvrir le sens de ses expressions, ou de suivre
la liaison de ses raisonnemens. Malgré ces défauts
essentiels, que Becher n'offre pas à la critique, il parvint pourtant à simplifier considérablement la théorie
chimique de ce dernier et à lui donner une forme qui,
perfectionnée encore par Bergmann, semblait en faire
une science fixée pour toujours, lorsque, tout à coup,
elle fut anéantie par les travaux de Cavendish, de
Priestley et surtout de Lavoisier.

Les premiers ouvrages de Stahl sur la chimie, sont sa
Zimotechnia fundamentalis et ses *Observationes phy-
sico-chimicæ*, qui parurent à Francfort et à Leipsick en
1697 et 1698. Dans ces deux ouvrages il s'éloigne très-
peu de la théorie de Becher. Par exemple, il nomme
encore bitume le principe qu'il suppose être dégagé des
corps par leur combustion. Ce ne fut que plus tard qu'il
reconnut que ce mot était impropre à exprimer un sens
général, puisqu'il servait à désigner une substance

particulière, et qu'il y substitua le terme de phlogistique. Stahl se proposa dans son *Specimen Becheria-
num*, qui est de 1702, de réduire les idées de Becher
en propositions générales qu'il chercha à démontrer
par la double voie du raisonnement et de l'expérience.

Dans son traité du soufre, publié en 1718, il
admit bien le phlogistique comme principe général ;
mais ce ne fut que dans son dernier ouvrage qu'il en
exposa complètement la théorie. Dans cet ouvrage
qui parut à Berlin, en 1731, sous le titre de *Experi-
mentationes, observationes, animadversiones,* 300, *phy-
sicæ et chimicæ*, Stahl représente le phlogistique
comme un élément universel dont le soleil ou les mé-
téores sont peut-être la source, et qui est l'élément
calorifique de tous les corps. La combustion n'est rien
autre chose que le dégagement de cet élément qui
abandonne les autres corps avec lesquels il était combiné. Bien que Libavius, Jean Rey, et ensuite Boyle
et Mayow eussent observé que la calcination des métaux augmente leur poids, et que, par conséquent,
ils ne perdent aucun de leurs élémens, la théorie de
Stahl n'en fut pas moins généralement adoptée. Elle
régna jusqu'en 1780, et même quelques chimistes
l'ont soutenue jusqu'au commencement de notre siècle.
Mais ces hommes qui prétendaient voir l'oxigène dans
le phlogistique n'étaient guères stahliens que de nom,
car les découvertes nouvelles les avaient forcés à faire
subir tant de modifications à leurs doctrines qu'elles
étaient entièrement différentes de la doctrine primitive.

Stahl avait publié plusieurs années avant ses *Expe-*

rimentationes, deux autres ouvrages aussi relatifs à la chimie. L'un est une espèce de manuel de docimasie et de chimie pratique, où il n'est point question de théorie; l'autre est un traité des sels. Dans ce dernier, Stahl reconnaît que les sels, en général, sont le résultat de la combinaison d'acides avec des bases terreuses. Mais il suppose qu'il existe un acide radical dont tous les autres ne sont que des modifications. Cet acide principal est, suivant lui, l'acide vitriolique, qu'il considère comme une substance simple, et qui constitue le soufre lorsqu'il est allié au phlogistique.

De la lecture des divers ouvrages de Stahl on recueille la connaissance qu'il n'avait point de notion claire des affinités chimiques. Les alchimistes n'en savaient pas davantage sur ce sujet, bien qu'ils reconnussent certains penchans entre les corps, car ils admettaient entre eux des antipathies. Ainsi, ils expliquaient l'effervescence qui résulte dans certains cas du contact d'un alcali et d'un acide, par la supposition qu'il y avait antipathie et combat entre eux. Les chimistes cartésiens interprétaient le même fait suivant leurs principes mécaniques. Ils disaient que les atômes pointus des acides, mus par la matière subtile, produisaient en pénétrant dans l'alcali un frottement qui développait la chaleur émise et par suite, du bouillonnement.

Stahl rejetait ces deux explications; mais il ne leur substituait pas la véritable. Il ne découvrait pas que l'effervescence résultait du dégagement de l'acide carbonique aérien, que le nouvel acide laissait libre en s'emparant de sa base. Dans les cas où il voyait

qu'un acide prenait à un autre acide le corps auquel
celui-ci était allié, il disait seulement que le premier
avait plus de force que le second, et ne généralisait
point le fait d'une tendance réciproque entre les molécules de natures différentes.

Jean Juncker, né à Giessen en 1699, et qui succéda
à Stahl après avoir été son disciple, n'avait pas plus
que lui une connaissance exacte de l'attraction chimique, et il expliqua ses phénomènes par l'hypothèse
cartésienne, avec cette différence qu'il supposa que
les molécules pénétrantes étaient mises en mouvement par la pression atmosphérique au lieu de l'être
par la matière subtile. Mais il est évident que cette
modification ne valait pas mieux que l'hypothèse principale, puisque l'attraction chimique s'effectue dans
le vide tout aussi bien que dans le plein.

Juncker a singulièrement contribué au maintien de
la doctrine stahlienne en la présentant sous une forme
plus méthodique et plus claire. L'ouvrage où il l'a
exposée, a pour titre : *Conspectus chimiæ theorico-
practicæ*; il fut publié, à Hall, en deux volumes; le
premier en 1730, l'autre en 1738. En 1757, on en
publia des traductions allemandes et françaises.

Juncker était en position de réformer la théorie de
son maître, car Newton avait depuis plusieurs années présenté des idées fort lumineuses sur l'affinité
chimique. Après avoir découvert que la gravitation
était la cause principale des grands phénomènes as-
tronomiques, ce dernier avait bientôt reconnu que
l'attraction devait aussi influer sur les combinaisons
chimiques; que du moins il existait beaucoup de res-

semblance entre la force qui porte les molécules à s'allier, et celle qui fait tendre les planètes les unes vers les autres. Entré ainsi dans la voie de la vérité, et joignant à la sagacité et à la patience l'étendue des idées, Newton eût sans doute procuré de rapides progrès à la chimie, s'il eût continué d'y appliquer les forces de son esprit. Mais ses observations ayant été brûlées, comme nous l'avons déjà rapporté, il en éprouva un regret désespérant qui le fit renoncer à toutes recherches sur le même sujet. Nous ne pouvons donc connaître l'importance des découvertes qu'il avait faites que par quelques fragmens épars dans ses autres ouvrages, et particulièrement dans son *Optique*. C'est dans ce dernier ouvrage, par exemple, qu'il fait connaître que le degré de combustibilité des corps transparens est en rapport avec leur puissance de réfraction. Il se fonde sur cette observation pour avancer que le diamant qui réfracte considérablement la lumière, doit être une substance combustible. Par une induction semblable il devina, en quelque sorte, la composition de l'eau. Remarquant qu'elle possède un pouvoir réfringent supérieur à celui que comporte sa densité, et qu'à cet égard elle est intermédiaire à l'ambre et au verre, il en conclut qu'elle participait de substances combustibles et de corps qui ne l'étaient pas. En effet, nous savons maintenant que l'eau est composée d'un élément combustible, l'hydrogène, et d'un autre élément qui n'est pas susceptible d'être brûlé, mais est seulement comburent, c'est l'oxigène. A coup sûr, si Newton, après d'aussi importantes découvertes, avait continué ses recherches, il serait parvenu, avant la fin de la longue carrière qu'il avait encore devant lui, à révolutionner la chimie aussi utilement que l'a fait notre compatriote Lavoisier. Quoi qu'il en soit, la doctrine des affinités chimiques ne fut pas perdue pour n'avoir pas été exposée par Newton, car la science ne périt pas faute d'un homme; un Français, nommé Geoffroi, la développa complètement pendant la vie même de Newton.

Etienne Geoffroi, membre de l'Académie des sciences, et professeur au collége où nous parlons maintenant, naquit à Paris en 1672, et mourut en 1731. Son père qui avait acquis une grande fortune dans la pharmacie, et dont la famille comptait plusieurs échevins, lui avait fait donner une éducation très-étendue. Il avait reçu l'enseignement des maîtres les plus capables de Paris, et voyagea ensuite en Europe pour acquérir les connaissances qu'alors on n'obtenait pas autrement. Mais de toutes les sciences qu'il étudia, la chimie fut celle à laquelle il s'adonna le plus. Il observa avec beaucoup plus d'exactitude que ses prédécesseurs les rapprochemens de molécules dont dépendent les phénomènes chimiques. Il n'indiqua pas seulement les différences d'intensité avec lesquelles agissent les forces qui produisent ces mouvemens moléculaires : il essaya aussi d'en établir une mesure relative, et de 1718 à 1720, il fit paraître dans cette vue une table des affinités chimiques. Il évita d'y employer le terme d'attraction, sans doute pour ne pas indisposer l'Académie qui éprouvait encore un éloignement très-prononcé pour ce qui avait le moindre rapport avec les opinions de Newton. Il paraît cependant que cette

précaution ne suffit pas pour sauver le fonds du sujet,
car, lorsqu'en 1732, Fontenelle fit l'éloge de Geoffroi, il sembla user de ménagement envers són ancien
confrère, en ne qualifiant sa doctrine des affinités,
que de système singulier.

Il ajouta que quelques personnes avaient considéré
ces affinités comme des attractions déguisées, et d'autant plus dangereuses qu'elles étaient présentées par
des hommes très-habiles. C'était la crainte des qualités occultes qui donnait ainsi une antipathie si
opiniâtre à l'Académie contre la théorie des attractions moléculaires. Du reste, peu de temps après la
mort de Geoffroi, cette doctrine fut adoptée complètement par Senac dans son ouvrage intitulé : *Nouveau
cours de chimie, suivant les principes de Newton et
de Stahl.*

Senac, plus célèbre comme médecin que comme
chimiste, était né en 1693, dans le diocèse de Lom-
bez. Protestant par naissance, il se fit catholique et
entra même comme profès dans une maison de jésuites. Il en sortit peu de temps après pour étudier la
médecine. Ayant guéri en 1746 le maréchal de Saxe
de blessures qu'il avait reçues à la bataille de Fonte-
noy, ce succès lui donna une vogue universelle, et,
six ans après, il fut nommé premier médecin du roi de
France, emploi qu'il remplit jusqu'en 1770, époque
à laquelle il mourut.

Son traité de chimie, dont j'ai donné le titre plus
haut, fut composé dans sa jeunesse : ce ne fut même
pas lui qui le publia, ce fut un de ses élèves; encore
le fit-il presque en fraude, ainsi que l'indique l'ab-

sence du nom de l'auteur. On voit, par le titre de l'ouvrage, que les idées stahliennes s'étaient fait jour en
France. Elles avaient été adoptées beaucoup plus tôt
en Allemagne; mais il s'y trouva des chimistes distingués qui ne les adoptèrent point, sans toutefois s'occuper de les réfuter. Tel fut Boerhaave, le contemporain de Stahl et son adversaire en physiologie.

Herman Boerhaave, né en 1668 à Woorhoot en
Hollande, fut professeur à l'université de Leyde après
la mort de Drelincourt, dont il avait été l'adjoint pendant long-temps. Il occupa à la fois les chaires d'anatomie, de botanique et de physiologie. Boerhaave se
fit, comme professeur, une réputation qui attira à ses
cours des élèves de toute l'Europe; et, comme il acquit
aussi beaucoup de célébrité en médecine, sa fortune
s'accrut prodigieusement. Ce ne fut pas chose regret-
table, car il en fit l'usage le plus digne d'éloge : il
aidait les savans de sa bourse aussi bien que de son
crédit, et faisait imprimer à ses frais les ouvrages utiles que leurs auteurs n'auraient pas pu publier.C'est à
lui par exemple que l'on est redevable de l'impression
de *la Bible de la nature*, de Swammerdam, de celle du
Botanicon parisiense , de Vaillant, et de divers autres
ouvrages importans.

Il n'enrichit pas moins les sciences par ses propres
ouvrages. Aujourd'hui nous ne devons parler que de
ceux qui concernent la chimie.

Les *Élémens de chimie* de Boerhaave ne furent imprimés qu'en 1732, c'est-à-dire après la publication
de tous les travaux de Stahl. Mais ses élèves avaient

eu soin de recueillir ses paroles et les avaient publiées
en 1724 : plusieurs même de ses cours n'ont été connus
hors de l'université où il professait que de cette manière. Ils n'y ont rien perdu, car il avait parmi ses
auditeurs des hommes très-distingués, tels que
Haller, Van Swiéten, etc. Du reste il n'était pas
dans le cas d'avoir besoin d'une plume étrangère pour faire valoir ses idées : son traité de chimie est écrit avec une clarté et une élégance qui
forment un contraste remarquable avec l'obscurité
de Stahl. Mais s'il l'emporte sur ce dernier pour la
forme, il lui est inférieur quant au fond. Il a conçu
moins fortement que Stahl l'objet de la chimie.
Ainsi il définit cette science, l'art d'opérer sur les
corps certaines mutations pour produire des effets
déterminés. Cette définition n'exprime évidemment
aucune classe spéciale de phénomènes; c'est encore de
la physique. Il n'est pas plus précis lorsqu'il décrit les
sels, les pierres, les métaux : c'est par leurs qualités
extérieures qu'il les fait connaître, à la manière des
minéralogistes. Il a bien démêlé que les phénomènes
chimiques consistaient dans un changement de la
position des parties matérielles ; mais il n'énonce pas
la cause de ce changement.

On remarque dans les ouvrages de Boerhaave,
qu'en s'occupant de chimie, il ne perdait point de
vue la physiologie, et qu'il cherchait des argumens
pour renverser les doctrines chimico-physiologiques
que Tachenius, Sylvius de Leboë et plusieurs autres
médecins de la même école avaient introduites en
Hollande. Selon ces auteurs, une grande partie des

8

phénomènes vitaux avait son principe dans une effervescence engendrée par le mélange des liquides, auxquels ils supposaient des propriétés acides et alcalines.
Boerhaave prouva, par des expériences, que, lorsqu'ils sortent du corps, la plupart de ces liquides,
comme, par exemple, le sang, la lymphe, le lait, le
suc pancréatique, ne sont ni acides, ni alcalins.

Les recherches de Boerhaave n'embrassèrent pas
que les fluides animaux; il examina aussi les sucs des
plantes; de sorte qu'il peut être regardé comme le
fondateur de la chimie organique, que jusqu'à lui on
avait beaucoup négligée, ou du moins qu'on n'avait
traitée que d'une manière insignifiante.

Dans aucune partie de ses ouvrages Boerhaave ne
mentionne précisément le phlogistique; mais en traitant des alimens du feu (*pabula ignis*) il y fait allu-
sion, et il repousse l'idée que la flamme soit l'élément
combustible. Il remarque, en général, qu'il est souvent difficile de reconnaître dans les produits chimiques s'il y a eu réellement production ou seulement
déduction. Il rejette avec raison l'explication que
donnent les semi-alchimistes du phénomène de l'effervescence; il trouve absurde d'attribuer à des substances inertes des antipathies, des passions; mais lui-
même n'est pas plus heureux lorsqu'il substitue à cette
explication celle du mouvement qui n'est point une
cause, mais un effet seulement.

Lorsque plus loin il traite de la dissolution par les
menstrues, il fait remarquer qu'il y a action réciproque entre le corps dissolvant et celui qui est dis-
sous, ce qui rentre dans nos idées actuelles, et il

insiste pour détruire l'admission consentie par les alchimistes d'une menstrue universelle.

Bien que Boerhaave appartienne à une époque qui n'est pas très-éloignée de la nôtre, on ne doit pas être surpris qu'il fût encore nécessaire, de son temps, de combattre les doctrines des alchimistes ; car au commencement du XVIIIe siècle, il avait paru une cinquantaine d'ouvrages où l'on soutenait qu'il était possible d'arriver à la transmutation des métaux. Quelques-uns étaient l'expression franche d'hommes de bonne foi ; mais un grand nombre était l'œuvre de charlatans. Au reste, ce genre de charlatanerie n'était pas toujours sans résultats fâcheux, et il arriva même que plusieurs alchimistes perdirent la vie pour avoir fait à des princes des promesses qu'ils n'avaient pu réaliser. L'un de ces malheureux fut décapité en 1605, et un autre fut pendu en 1609. Quelques-uns furent tenus en prison pendant long-temps ; et, parmi eux, le baron Bœticher, ennuyé de sa captivité, fit tant d'essais pour découvrir la transmutation qui devait y mettre un terme, qu'il découvrit la composition de la porcelaine. Cette invention fut la source d'une grande richesse pour la Saxe (1).

On peut dire que ce furent Fontenelle et l'Académie des sciences qui contribuèrent le plus à détruire la chimère de la transmutation des métaux, et ils ont

(1) Il paraît que la famille du baron Chicler qui est connu à Paris de tous les amateurs de chasse, doit son immense fortune au privilége qu'elle avait obtenu de vendre les premiers résultats de la belle découverte de Bœticher. (*Note du Rédacteur.*)

8.

ainsi rendu service tout à la fois aux dupes et aux charlatans, puisque ces derniers, comme nous venons de le dire, étaient souvent forcés d'expier par la perte de leur existence, les promesses hasardées qu'ils s'étaient efforcés de faire accepter.

Nous voilà, Messieurs, arrivés à la fin des théories générales qui se rapportent à celle de Stahl. Pour compléter l'histoire de la chimie pendant la première moitié du XVIIIe siècle, il me reste à vous exposer les travaux de l'école anglaise. Ce sera le sujet de notre prochaine réunion.

SEPTIÈME LEÇON.

MESSIEURS,

Nous allons voir, ainsi que je l'ai annoncé dans la précédente séance, ce qui s'est fait en chimie dans l'école anglaise, pendant la première moitié du XVIIIᵉ siècle.

Cette école n'adopta jamais les idées de Stahl sur la combustion, et n'eut elle-même qu'une connaissance assez vague de ce phénomène. C'est à un Français, médecin dans notre ancienne province du Périgord, et qui se nommait Jean Rey, qu'est due l'idée d'expliquer la combustion des corps par leur combinaison avec un des élémens de l'air. Il l'a énoncée, comme nous l'avons vu, dans un ouvrage publié en 1630, et qui a pour titre : *Recherches sur les causes pour lesquelles le plomb et l'étain augmentent de poids quand on les calcine.* Libavius et d'autres chimistes avaient bien observé que les chaux métalliques sont plus pesantes que les métaux qui n'ont pas été calcinés ; mais

ils n'avaient point expliqué ce fait. Le vague aperçu
de Rey est bien loin de la théorie de Lavoisier, puisqu'il est borné à un cas particulier. Cependant les en-
vieux de ce célèbre chimiste s'empressèrent de l'ac-
cuser de plagiat, en faisant réimprimer la brochure
de Jean Rey. Probablement Lavoisier n'en avait point
eu connaissance avant sa découverte ; et ce qui n'était
point son propre ouvrage était tiré de l'école juste-
ment remarquable de R. Boyle.

Nous avons un peu parlé de ce chimiste, dans le
cours de l'année dernière (1), nous allons reprendre
ses travaux avant d'exposer ceux de ses élèves, afin
de mieux voir le résultat général de son école.

Boyle se livra à l'étude de diverses sciences, mais
principalement à la chimie et chercha surtout à se
rendre compte des phénomènes de la combustion. Il
remarqua comme Rey que la calcination des métaux
augmentait leur poids ; mais il attribua ce fait à la
fixation du feu qu'il considérait comme un corps
pesant. Dans le récit de ses expériences il dit avoir
remarqué que lorsqu'il ouvrait le vase clos où il avait
opéré une calcination de métal, l'air s'y précipitait
avec violence, ce qui prouvait que celui que renfermait le vase avait été absorbé. Il ne sut pas découvrir
cette conséquence. D'autres expériences dont il tira
mieux parti, lui apprirent que de l'air dans lequel
un corps a été brûlé, est impropre à entretenir la vie
d'un animal, et qu'ainsi l'air est nécessaire à la fois à
la combustion et à la respiration. Boyle observa de

_____

(1) *Voyez* la 13e leçon de la IIe partie, page 347.

(*Note du Rédacteur.*)

plus le gaz qui se forme pendant la fermentation,
et fit connaître quelques-unes de ses propriétés. Il eut
aussi connaissance de celles de l'air inflammable qui
fait explosion dans les mines de houille, et que les
mineurs nomment pour cette raison *feu brison*. Mais
Van Helmont, comme je vous l'ai dit, en avait déjà
parlé sous le nom de gaz sylvestre.

Un compatriote de Boyle dont je vous ai aussi parlé,
Quesnel Digby (1) s'occupait à la même époque de
chimie, mais surtout pour en faire des applications
thérapeutiques. Je ne le rappelle ici que parce qu'il
conçut la calcination de la même manière que J.
Rey.

Un chimiste sorti de l'école de Boyle et qui vous
est aussi connu, Mayow (2) fit des expériences qui
mirent hors de doute la supposition qu'avaient faite
Rey et Digby, de l'absorption de l'air dans la combustion. Il acquit de plus la certitude que la partie de l'air
qui produit la combustion des corps est en même
temps le principe de l'acidité. Enfin il s'assura que ce
principe est absorbé pendant la respiration des animaux comme il l'est pendant la combustion des corps,
et cette observation fut l'origine d'une révolution
complète dans la physiologie animale.

La physiologie végétale fut aussi révolutionnée un
peu plus tard par les découvertes de la chimie pneu-
matique. Hales exposa, dans sa *Statique des végétaux*,
publiée en 1727, les principales circonstances de la
respiration des plantes. Il prouva qu'elles absorbaient

---

(1) *Voyez* page 269 de la IIᵉ partie.   (*Note du Rédacteur.*)
(2) *Voyez* page 357 de la IIᵉ partie.   (*Note du Rédacteur.*)

une grande quantité d'air atmosphérique, et qu'elles exhalaient un gaz que, le premier, il nomma air fixe. Il observa aussi l'air qui se dégage de certaines chaux métalliques lorsqu'elles sont soumises au feu, lequel dégagement provient d'un commencement de désorganisation. Mais il ne paraît pas avoir eu connaissance du fait décisif de la réduction des chaux de mercure par la chaleur.

Vers le milieu du XVIIIᵉ siècle, Joseph Black fit aussi des recherches sur les gaz exhalés par les végétaux. Black était né à Bordeaux en 1728, de parens écossais. Il fut professeur à Glascow, et mourut en 1799. Il découvrit, par exemple, qu'on pouvait dégager l'acide carbonique de la magnésie par la chaleur, et il remarqua qu'après ce dégagement, la magnésie avait perdu sa causticité. Mais il ne tira de ce fait aucune induction; il laissa pour un autre cette explication, que les alcalis en général doivent leur causticité à la présence de l'acide carbonique (1).

Du reste, Black a doté la chimie d'une de ses découvertes les plus importantes : celle de la chaleur latente des corps. Nous en reparlerons dans la seconde

---

(1) Le contraire est précisément la vérité. Tout le monde sait que la pierre à chaux, dans sa combinaison avec le gaz acide carbonique, est un corps inerte, sans saveur, insoluble dans l'eau, presque dénué de propriétés, et, qu'au contraire, lorsqu'elle est séparée de ce même gaz, elle a une saveur forte, âcre, urineuse, en un mot, qu'elle est éminemment caustique. L'erreur, que je fais remarquer pour qu'on ne me l'impute pas, est certainement le résultat d'une distraction, car M. Cuvier savait très-bien ce que je viens de rappeler.

(*Note du Rédacteur*).

moitié du XVIIIe siècle, parce qu'il ne l'a publiée qu'en 1757.

Telles sont, Messieurs, les théories chimiques qui s'élevèrent pendant la première moitié du XVIIIe siècle, dans les écoles anglaise, allemande et française.

Mais la chimie ne considère pas les faits que dans leurs rapports avec les théories générales : elle les examine aussi pour eux-mêmes. Nous allons donc exposer maintenant les travaux des hommes qui, pendant la même période, ont fait des expériences, soit pour en tirer quelque conclusion particulière, soit afin d'arriver à des résultats utiles aux arts ou à la médecine.

Le premier dont nous parlerons est Frédéric Hoffmann, qui était né à Hall en 1660. Il professa d'abord à l'université d'Iéna : mais en 1693 il fut rappelé dans sa ville natale par l'électeur de Brandebourg, qui venait d'y fonder une université, et qui le chargea de choisir les professeurs de la faculté de médecine. Hoffmann fit venir près de lui Stahl, auquel il reconnaissait de profondes connaissances, bien qu'il différât d'opinions avec lui, surtout en physiologie, et que leur caractère fût aussi presque totalement opposé. Hoffmann était beaucoup plus sociable, plus gai que Stahl, et ne tombait jamais dans le mysticisme ; il était aussi plus clair, plus simple, plus précis dans ses leçons et dans ses écrits, très-modéré dans la discussion, et bien qu'entouré de la faveur d'hommes puissans qui lui offraient les plus belles places dont ils pouvaient disposer, il n'en accepta aucune ailleurs que dans sa patrie, où il mourut en 1742.

Hoffmann a laissé des ouvrages sur la médecine, la physiologie et la chimie. La collection complète de ses œuvres, publiée après sa mort, forme 11 vol. in-8°. La partie relative à la médecine est un des recueils les plus importans qu'un médecin puisse étudier, surtout pour la physiologie moderne dont on peut le regarder comme le véritable fondateur. Six ans après sa mort, on réimprima séparément son livre sur la chimie, intitulé *Chimia rationalis et experimentalis*, qui avait paru pour la première fois l'année même de sa mort. On voit dans cet ouvrage qu'Hoffmann est le premier qui distingua bien la magnésie de la chaux. Il y traite aussi de l'air fixe et des eaux acidules gazeuses. Enfin, il a laissé des descriptions d'expériences sur l'alcool et sur les huiles essentielles, et c'est lui qui a inventé la liqueur composée d'alcool et d'éther sulfurique que l'on connaît en médecine sous le nom de gouttes d'Hoffmann.

Un de ses élèves qui l'était aussi de Stahl, et semblait avoir retenu de ce dernier son caractère en même temps que son instruction, a laissé des expériences de lithogéognosie qui parurent à Breslau en 1746, et dans les années suivantes. Cet auteur se nommait Jean-Henri Pott, et était né à Halberstadt en 1692; il mourut à Berlin en 1777. Pott avait soumis les pierres et les terres à un violent feu de réverbère, et était ainsi arrivé à une méthode de classification basée sur les effets que ces divers corps manifestaient au feu. Il les divisait en fusibles, calcinables et apyres : il comprenait sous cette dernière dénomination les pierres et les terres qui n'étaient point

modifiées par le feu , comme le quartz, par exemple:
Cette classification a servi à établir la véritable méthode minéralogique.

André-Sigismond Marggraff, membre de l'Académie de Berlin, et directeur de la section de physique,
a laissé des expériences aussi nombreuses que celles
de Pott , et quelquefois beaucoup plus importantes.
Marggraff était né à Berlin en 1709, d'un père qui était
pharmacien , et mourut en 1782.

En 1754, il découvrit l'alumine qui est la base
principale de l'argile et décrivit les caractères de
cette terre. En 1760, il fit aussi connaître les caractères de la magnésie que jusqu'à lui on avait mal indiqués, sans en excepter Black. On lui doit encore la
description du procédé au moyen duquel on obtient
le bleu de prusse, procédé que des artisans de Berlin
avaient découvert par hasard au commencement du
siècle, et dont les élémens n'ont été reconnus que par
M. Gay-Lussac. Marggraff s'appliqua enfin à analyser les
matières végétales par l'alcool , et ce fut dans ce travail qu'il découvrit le sucre que renferme la betterave.

Un de ses disciples , nommé Achard qui , après lui ,
fut directeur de la section de physique à l'Académie
de Berlin , appliqua sur de grandes proportions le
procédé de son maître pour l'extraction du sucre.
Cette découverte est une des plus importantes de la
chimie , puisqu'elle contribuera à l'abolition de l'es-
clavage des nègres.

Au nombre des auteurs de travaux spéciaux sur la
chimie, nous placerons encore Jean-André Cramer,
qui était né à Quedlembourg, en 1710, et mourut en

1777. Ses élémens de docimasie et ses principes de
métallurgie, qui ont paru à Berlin, de 1771 à 1777,
ont été long-temps des ouvrages classiques pour les
mineurs allemands.

Nous mentionnerons encore Christie Gellert, frère
aîné du célèbre poète allemand; il était né en 1713 et
mourut en 1795. Il fut dix ans académicien à Pétersbourg, et revint dans sa patrie en 1746. Il professa à
Freyberg, et écrivit sur la docimasie et la métallurgie des ouvrages qui furent aussi classiques pendant
long-temps. C'est lui qui, le premier, a appliqué sur
une grande échelle le procédé de l'amalgamation. Il
a produit aussi une grande quantité d'observations
sur la densité des alliages. Il supposait que l'augmen-
tation de poids qui se remarque dans les chaux métalliques, provenait de la combinaison d'un acide
avec les parties métalliques pendant l'acte de la calcination. La même théorie fut soutenue et développée
par J.-Frédéric Meyer, apothicaire à Osnabruck, dans
un ouvrage publié en 1764. Suivant cet auteur, l'air
fournit aux substances soumises à l'action du feu un
acide qu'il nomme *acidum pingue*. Cet acide est une
matière élastique analogue au feu, dit-il, et constitue
dans la nature un agent universel. Il attribue à la
présence de cet agent la causticité de la chaux. Meyer
commettait une erreur bien plus choquante que celle
de Gellert, lorsqu'il assimilait la formation de la chaux
ordinaire à celle des chaux métalliques; car ces deux
phénomènes sont tout à fait opposés. Un fragment de
marbre soumis au feu, perd son acide carbonique et
une partie de sa pesanteur; au contraire, un morceau

de plomb placé dans la même circonstance, absorbe une partie de l'oxigène de l'air ambiant, et devient ainsi plus pesant. Cette confusion concernant les chaux métalliques et les autres chaux, se retrouve dans toute l'école stahlienne où l'on négligeait souvent de peser les matières expérimentées, et où l'on ne s'occupait presque jamais des gaz dans tous les ouvrages pratiques. On recommande même, dans cette école, d'employer des luts imparfaits, afin de laisser passage aux gaz qui pourraient faire éclater l'appareil.

Dans la prochaine séance, je terminerai cette histoire des chimistes, pendant la première moitié du XVIIIe siècle, et je commencerai la minéralogie pendant la même période.

HUITIÈME LEÇON.

———

Messieurs,

Ainsi que je l'ai annoncé dans la dernière séance, nous allons continuer dans celle-ci l'examen des travaux de détail qui firent faire des progrès à la chimie pendant la première moitié du XVIIIᵉ siècle.

Nous avons vu que Marggraff s'était appliqué avec succès à l'analyse des substances végétales. Cartheuser (J.-F.), né en 1704, et professeur à Francfort-sur-l'Oder, où il mourut en 1777, s'occupa de cette analyse plus spécialement encore, surtout pour en faire des applications à la pharmacie.

Il exposa les résultats de ses travaux les plus importans dans un petit traité qui parut, en 1741, sous le titre de *Rudimenta materiæ medicæ*.

Plus tard, en 1749, il les publia avec plus d'étendue, sous le titre de *Fundamenta materiæ medicæ*; il en existe une traduction française. Mais son principal titre à la reconnaissance des savans est son traité

des principes immédiats des plantes, où l'on rencontre une foule de faits neufs et importans.

Vous vous souvenez, sans doute, que dès le XVIIᵉ
siècle, la chimie végétale avait été l'objet de travaux
assidus et suivis, et que pourtant elle n'avait fait aucun progrès, parce que les procédés en usage étaient
imparfaits. Ainsi, les académiciens français opéraient
seulement par la voie sèche, et, de cette manière, ils
arrivaient toujours à des produits identiques pour
tous les végétaux, car la plupart de ces produits se
formaient dans l'acte même de la combustion. Au commencement de l'opération, ils observaient le phlegme,
c'est-à-dire l'eau, qui s'évaporait; ensuite, les huiles
volatiles, quelquefois de l'ammoniaque, et enfin un
charbon qui se réduisait en sels non volatils, mais
solubles dans l'eau, et en parties pulvérulentes inso-
lubles, appelées *caput mortuum*. Ce ne fut qu'assez
avant dans le XVIIIᵉ siècle, qu'on vint à s'apercevoir
que, pour connaître les élémens qui entrent dans la
composition d'une plante, il ne faut pas commencer
par la détruire; mais qu'on doit isoler par des moyens
doux ses diverses parties; par exemple, commencer
par séparer à l'eau froide les substances qui se dissolvent dans ce liquide, employer ensuite l'eau bouil-
lante, puis l'alcool, et enfin n'employer la combustion qu'après tous les autres moyens. C'est ainsi que
l'on peut arriver à obtenir les principes immédiats des plantes. Ces principes sont à peu près composés des mêmes élémens primitifs, c'est-à-dire d'hydrogène, d'oxigène, de carbone, etc., et ne diffèrent
guères que par les proportions, quoiqu'ils jouissent

de propriétés très-diverses, et quelquefois même tout
à fait opposées.

C'est à Cartheuser qu'on doit la première connaissance des procédés au moyen desquels on peut extraire
de divers végétaux un grand nombre de principes
immédiats, tels que sels volatils, camphres, cires,
huiles, beurres, savons, etc. Après lui, quelques pharmaciens étudièrent de plus près ces produits et en firent
mieux connaître les caractères. La pharmacie devint
ainsi, pour la chimie végétale, une cause de progrès,
comme les besoins de l'art des mines avaient été la
source de plusieurs découvertes importantes pour la
chimie minérale.

Après l'Allemagne, c'est surtout en Suède, où la
métallurgie datait aussi d'une époque très - recu-
lée, que nous trouvons le plus d'auteurs qui aient
fourni à la chimie minérale des découvertes importantes.

Nous citerons d'abord, comme l'un des plus remarquables, Georges Brandt, membre de l'Académie de
Stockholm, qui était né en 1694 et mourut en 1768.
Il a laissé plusieurs mémoires sur la métallurgie, qui
furent communiqués à l'Académie dont il était membre. Brandt démontra, dans un de ces mémoires qui
est de 1732, que le cobalt n'était pas, comme on le
croyait avant lui, un mélange de métaux, mais un
métal particulier. Il renversa ainsi les idées des alchimistes du moyen âge, qui croyaient qu'il n'existait
que les sept métaux auxquels ils avaient donné les noms
des sept planètes. L'année suivante, il changea encore
davantage cette concordance astro-chimique, en dé-

couvrant l'arsenic qu'auparavant on n'avait guères connu qu'à l'état d'acide arsénieux.

Après Brandt vient Swedberg (Emmanuel), également Suédois, et plus connu sous le nom de Swedemberg ou Svedemborg qu'il prit en 1719, suivant l'usage suédois, lorsqu'il fut anobli. Il était né en 1688 et publia, de 1716 à 1718, son premier ouvrage, dans le journal connu sous le nom de *Dœdalus hyperborœus*, nom tiré de celui de l'ingénieur Dédale. Charles XII nomma Swedemberg assesseur au conseil des mines. Après la mort de ce roi, il parcourut l'Allemagne pour acquérir de nouvelles connaissances en minéralogie et en métallurgie. En 1734, lorsqu'il était de retour dans sa patrie, il publia un ouvrage composé de 3 volumes, et intitulé *Opera philosophica et mineralogica*, qui renferme beaucoup d'observations sur les minéraux et sur les métaux. Cet ouvrage intéresse même la géologie, car on y trouve la description des fossiles qui se rencontrent dans les mines de cuivre.

A 59 ans, Swedemberg eut des visions à la suite d'une maladie grave, et abandonna entièrement les sciences pour ne s'occuper que de la mission dont il croyait avoir été chargé pendant ses visions. Il fit d'abord paraître un *Traité du Ciel et de l'Enfer;* puis dix-sept autres traités où il décrit ce qui se passe dans l'autre monde.

Il se fit, au moyen de ces livres, des sectateurs dont la plupart étaient pauvres, comme il arrive presque toujours, et il employa sa fortune à les secourir. Lorsque ses ressources personnelles furent épuisées, il re-

9

cueillit des aumônes auprès de ceux de ses partisans qui
avaient quelque richesse, et la levée de cette espèce
d'impôt, qui produisait des millions dont il ne détourna
jamais la moindre partie, l'obligea plusieurs fois d'aller en Angleterre. Ce fut pendant l'un de ces pieux
voyages qu'il mourut à Londres, âgé de 85 ans.

Il existe encore en Allemagne et en Angleterre des
gens qui adoptent les doctrines de Swedemberg ; et, de
nos jours, son *Traité du Ciel et de l'Enfer* a reçu les
honneurs de la réimpression.

La Suède a produit un chimiste supérieur aux deux
que je viens de vous faire connaître ; c'est Axel, F.
Cronstedt, conseiller des mines. Il était né, en 1722,
d'un lieutenant-général, et mourut prématurément
en 1765. En 1751, il ajouta le nickel aux métaux
découverts par Brandt, et fit connaître ses propriétés
dans deux mémoires présentés à l'Académie de Stockholm en 1751 et 1754. Mais ce qui le recommande
surtout à la postérité, c'est d'avoir le premier établi
une classification des minéraux d'après leur nature
chimique. Il dut faire de grands efforts pour arriver à
ce résultat, car de son temps le nombre des minéraux
dont la composition fût déterminée, était très-faible :
c'est à peine si on s'était occupé des principaux minerais, et encore n'était-ce que pour connaître la
proportion des métaux utiles qu'ils contenaient, sans
chercher du reste à en obtenir une analyse complète.
Ayant donc presque tout à faire, Cronstedt laissa nécessairement beaucoup de parties imparfaites. Mais il
rendit à la science un service de la plus haute importance, en ouvrant la route dans laquelle entrèrent

ensuite, avec une distinction également remarquable, Bergmann, Klaproth, Vauquelin et autres.

Pour terminer l'histoire des chimistes suédois, nous n'avons plus à vous entretenir que de Scheffer et de Gottschalk Wallerius.

Scheffer (Henri-Théophile), était né en 1710, et mourut en 1759. Il s'occupa spécialement du platine qu'il nomma or blanc, parce qu'il lui paraissait avoir plus de ressemblance avec l'or qu'avec l'argent (1).

Un résumé de ses cours de chimie fut publié en 1776 par Bergmann. On n'y voit rien de remarquable.

Jean Gottschalk Wallerius qui fut, pour le nombre des ouvrages, le plus fécond des chimistes suédois, était né en 1709, et mourut en 1785. Il fut d'abord adjoint à la faculté de médecine de Stockholm, et ensuite professeur de chimie à la même faculté. Il a laissé un ouvrage intitulé *Chimie physique*, qui parut d'abord en suédois, en 1740, et qu'il traduisit en latin en 1760. Dans cet ouvrage il décrit les diverses opérations de la chimie, et explique, d'une manière toute physique, les phénomènes qu'elles présentent. Wallerius croyait à la possibilité de la transmutation des métaux, quoiqu'il ne participât point aux pratiques honteuses des charlatans chimistes qui existaient encore de son temps. En 1748, il publia un traité d'hydrologie où il donna l'analyse des eaux minérales, et fit connaître leurs propriétés médicales. Il est remarquable au milieu du XVIIIe siècle, qu'il n'y mentionne au-

(1) Platine vient de l'espagnol *plata* qui signifie argent, et dont on a fait le diminutif *platina* ou petit argent. (*Note du Rédacteur.*)

cunement les gaz que contiennent la plupart de ces
eaux, tels que l'acide carbonique et l'hydrogène sul-
furé, auxquels elles doivent en partie leur vertu.

Enfin Wallerius a laissé plusieurs mémoires sur des
sujets particuliers de chimie, par exemple, sur la nature
et l'origine du nitre, sur la nature des sels alcalins, etc.

Si après cette revue des chimistes suédois, nous
retournons en Angleterre, nous n'y trouverons plus
cette ardeur, cette activité persévérante avec laquelle
la chimie était cultivée aux beaux jours de Boyle,
de Mayow et de ses autres disciples immédiats. Un
seul homme vécut alors, dont les travaux méritent
d'être mentionnés : c'est Lewis, auteur d'une histoire de l'or et de l'argent, qui fut publiée en 1746,
et de recherches sur le platine, imprimées en 1754.

En France, la chimie avait été introduite par des
Allemands, comme Glaser et autres, puis développée
et propagée par les cours de Lemery, qui avait cherché à appliquer la théorie mécanique de Descartes à
la doctrine des cinq principes. Les chimistes, au commencement du XVIIIᵉ siècle, employaient encore ce
genre d'explication. Du reste, ils s'occupèrent beaucoup plus de recherches particulières, qui cependant
ne sont pas très-remarquables, que de théories générales ; on en obtient la preuve en lisant les analyses de
Fontenelle à l'Académie des sciences. La seule exception à faire est relative à Homberg, mais comme nous
avons rapporté ses travaux dans le XVIIᵉ siècle, auquel
ils appartiennent presque tous, nous n'y reviendrons
pas (1).

_____

(1) *Voyez* la IIᵉ partie de ce cours, page 334. (*Note du Rédact.*)

Les deux Boudluc père et fils, qui professaient la chimie au Jardin des plantes, n'ont pas fourni une seule découverte digne de remarque. Boudluc le père, qui devint membre de l'Académie des sciences, en 1694, fit une quantité considérable d'analyses de plantes par la voie sèche. Toujours il obtenait les mêmes résultats ; cependant il recommençait toujours. Il est à regretter qu'il n'ait pas employé de meilleurs procédés; avec la patience dont il était doué, il aurait pu faire quelques découvertes.

La famille des Bourgelin, qui fournit aussi pendant long-temps des professeurs de chimie au Jardin des plantes, n'a pas rendu plus de services à la science. Tous ces hommes étaient des médecins dont les vues ne s'élevaient pas au-dessus de la pharmacie. Bourgelin le père fut cependant aussi membre de l'Académie des sciences, et il est le premier dont Fontenelle ait fait l'éloge. Mais cet éloge ne comprend qu'une page, parce qu'alors les sujets étant rares, on était reçu à l'Académie sans avoir fait de grands travaux. Le dernier des Bourgelin qui mourut en 1777, fut aussi membre de l'Académie.

Rouelle qui était son démonstrateur, et qui comme tel devait faire, après la leçon théorique, basée sur un système de plus de cinquante ans, les expériences démonstratives, commençait ordinairement, rapporte-t-on, par prévenir l'auditoire que tout ce qu'il avait entendu n'avait pas le sens commun. En effet, après cet exorde un peu brutal, il entamait sur le même sujet que le professeur, une leçon tout opposée à la sienne.

Nous citerons encore une famille de chimistes phar-
maceutiques, c'est celle des Baron. Le premier, Hya-
cinthe-Théodore, fut doyen de la Faculté de médecine de Paris, et publia en cette qualité le Codex
de 1732. Son fils, né en 1707, fut aussi doyen de la
Faculté, et travailla au Codex qui parut après celui
de son père. Il acheva d'examiner le borax dont Homberg s'était occupé, et fit des expériences sur l'alun.
En 1756 il a donné une édition de Lemery avec des
additions.

Malouin, autre professeur du Jardin des plantes,
qui était né à Caen en 1701, et mourut en 1778,
n'est pas plus remarquable que les Baron. Il a laissé
un traité de chimie pharmaceutique, et s'était occupé
d'alliages et d'amalgames. Il n'a fait aucune découverte utile, et il n'est résulté de ses travaux de
détail aucun théorème général. C'est lui qui a écrit
dans l'Encyclopédie l'art du boulanger, et c'est à
l'occasion de cet écrit que d'Alembert disait : *Ce
Malouin est si assommant qu'il finira par nous faire
perdre le goût du pain.*

Jean Hillot qui était né à Paris, en 1683, et mourut
en 1766, a rendu plus de services à la chimie que tous les
hommes dont nous venons de parler. Il avait d'abord
été destiné à l'état ecclésiastique, et fit connaissance
d'Étienne Geoffroi, l'auteur de la table des affinités
chimiques, qui avait été destiné au même état. Il fut
reçu à l'Académie des Sciences en 1735. Il n'a pas
fait de découvertes en chimie, mais il a appliqué
cette science à la teinture, et il est ainsi le premier
qui ait essayé de donner une théorie de la teinture.

Son ouvrage qui parut en 1750 sous ce titre : *Art de teindre les laines et les étoffes de laine*, a été généralement suivi jusqu'à la publication de celui de Berthollet qui l'a surpassé. Hillot a encore fait quelques travaux sur le zinc et sur les encres sympathiques, ces encres qui ne paraissent sur le papier que lorsqu'on les expose à la chaleur. Enfin il a reconnu assez tôt que l'argile était la base de l'alun, mais il ne l'a pas prouvé aussi complètement que Margraff.

Macquer, né à Paris en 1718, et qu'on trouva noyé à la Gare en 1784, fut un professeur remarquable par son talent d'exposition. La clarté et l'élégance de sa diction contribuèrent beaucoup à répandre la science. Ses découvertes ne sont pas nombreuses ; il ne fit guères que des applications, mais quelques-unes étaient importantes : telle est celle, par exemple, qui avait pour objet la fabrication de la porcelaine. Bœticher avait fait cette découverte en Saxe, vers la fin du XVIIe siècle, mais la terre à porcelaine n'était alors connue qu'en Saxe, et il était défendu sous peine de mort d'en exporter. On avait écrit à la Chine pour savoir de quoi les Chinois composaient la pâte de leur porcelaine, et un jésuite missionnaire avait envoyé des échantillons de *kaolin* et de *petuntze*. La minéralogie était alors si peu avancée, qu'on n'avait pas pu reconnaître la nature de ces échantillons. Darcet et le duc de Lauraguais, seigneur français très-ardent pour les découvertes, l'avaient essayé vainement. Ce fut Macquer qui reconnut dans le petuntze un feld-spath, et dans le kaolin un produit de la désaggrégation de la même roche par l'action atmosphérique ; il découvrit que les carrières du Limousin contenaient ces deux terres, et parvint après quelques essais à faire de la porcelaine presque aussi belle que celle de Saxe. La France est maintenant le pays qui en fabrique le plus , bien que son grain n'ait pas toute la finesse désirable.

Macquer a laissé un traité de chimie théorique et pratique, et un dictionnaire de chimie qui est le premier que l'on ait eu en français ; il forme quatre volumes. Toutes les idées théoriques répandues dans ces ouvrages sont conformes au système du phlogistique perfectionné par Bergmann.

Les substances organiques furent aussi, en France, l'objet de quelques travaux analytiques. Nous citerons parmi les hommes qui s'en occupèrent de la manière la plus remarquable, ce Rouelle qui démontrait si singulièrement au Jardin des plantes les leçons de Bourgelin.

Guillaume-François Rouelle était né en 1703 près de Caen. Son père, pauvre paysan, le plaça tout jeune chez un chaudronnier, et c'est là que, poussé par son goût naturel, il commença à faire quelques expériences de chimie. Long-temps après il apprit qu'il existait une profession qui exigeait beaucoup d'opérations analogues à celles qu'il avait essayées. Dès-lors il fit tous ses efforts pour entrer comme garçon chez un pharmacien. Arrivé à ce but, il parvint, malgré les obstacles que lui opposaient sa pauvreté et son défaut d'éducation, à se faire recevoir maître en pharmacie. En 1742, il fut nommé démonstrateur au Jardin des plantes, et deux années après, membre de l'Académie des sciences. Il mourut en 1770. Les mémoires du temps renferment beaucoup d'anecdotes sur les distractions et la bizarrerie de Rouelle. On rapporte qu'en faisant son cours , lorsqu'il était obligé de passer, pour prendre des instrumens , dans une pièce voisine de celle où étaient ses auditeurs, il continuait de parler comme s'il fût resté à la même place. Une autre distraction fut cause d'une explosion terrible dans son cours : il avait négligé de remuer les substances sur lesquelles il expérimentait. Mais comme à travers toutes ses singularités, on voyait en Rouelle un fonds spirituel, son succès de professeur n'en était point atteint, et ses élèves l'aimaient beaucoup. Bien qu'il n'eût pas l'élégante élocution de Macquer, il contribua, peut-être autant que celui-ci, à propager le goût de la chimie parmi les gens du monde.

Rouelle s'était appliqué à extraire des substances animales et végétales leurs principes immédiats, et à déterminer exactement les caractères de chacun de ces principes. Il rentrait ainsi dans la voie ouverte par Cartheuser, et où il fut suivi lui-même par plusieurs de ses élèves les plus distingués, tels que Fourcroy, Berthollet, Darcet et Lavoisier.

Rouelle avait un frère puîné nommé Hilaire Marin qui l'avait beaucoup aidé dans ses travaux, et lui succéda en 1770. Ce frère mourut en 1779. Ses travaux particuliers sont relatifs à l'urine, au sang et à l'acide tartarique.

Le dernier des chimistes français dont il nous reste à vous entretenir, est G. Darcet, qui du reste appartient également à la seconde moitié du XVIII⁰ siècle. Darcet était né en 1725, de parens pauvres qui habitaient Douazit, en Guyenne. Il fut d'abord précepteur du fils de Montesquieu, avec lequel il vint à Paris en 1742. Il se lia dans cette ville avec le duc de Lauraguais, dont j'ai déjà parlé à l'occasion de la découverte de la porcelaine par Macquer. Darcet et Lauraguais firent beaucoup d'expériences, dont le plus grand nombre avait pour objet la fabrication de la porcelaine. Réaumur, qui s'était déjà occupé de cette recherche, n'avait obtenu qu'un verre blanchâtre et très-fragile, composé de gypse et de verre. Darcet et Lauraguais firent mieux ; mais ils n'obtinrent pas un succès égal à celui de Macquer. Leurs expériences furent publiées en 1766 dans un ouvrage intitulé : *Mémoires sur l'action d'un feu égal, violent et continué pendant plusieurs jours, sur un grand nombre de terres.* Darcet et Lauraguais s'occupèrent aussi, en 1770, de vérifier les expériences faites en Toscane sur la combustibilité du diamant, et que Newton, comme vous le savez, avait prédite par le seul fait de la force réfringente de ce corps. Du reste, on ne se méprit pas sur la part qui revenait à chacun des collaborateurs dans ces travaux communs. Darcet fit seul d'autres travaux. Il fut bientôt nommé professeur au collége de France, et est mort en 1801, membre de l'Institut et du sénat conservateur.

Pendant que les frères Rouelle se livraient en France à la chimie organique, l'Italie produisait une découverte assez remarquable.

Jacques Beccari, né à Bologne en 1682, et mort en 1766, trouvait dans la farine de froment, le gluten, substance animalisée qui rend cette farine singulièrement propre à être transformée en pain.

Vous voyez, Messieurs, que tous ces chimistes ne se sont livrés qu'à des travaux de détail, et que c'est seulement dans l'école de Boyle et de Stahl qu'il faut chercher des théories générales pendant la première moitié du XVIIIᵉ siècle.

Nous allons maintenant suivre le développement des autres sciences pendant la même période, et nous commencerons, comme je l'ai annoncé, par la minéralogie, qui est pour ainsi dire le premier enfant de la chimie.

NEUVIÈME LEÇON.

MESSIEURS,

APRÈS avoir terminé, dans la séance précédente, l'histoire des travaux particuliers qui ont été faits sur la chimie pendant la première moitié du XVIIIe siècle, nous allons voir, comme je l'ai annoncé, l'histoire de la minéralogie pendant le même espace de temps.

A la fin du XVIIe siècle nous avons laissé cette dernière science dans l'enfance, pour ainsi dire ; pendant la période que nous allons parcourir, elle ne fit pas encore de progrès bien remarquables. On ne détermina pas parfaitement les espèces minérales, détermination indispensable pour faire une bonne classification minéralogique ; et même on ne se fit pas une idée bien nette de ce que c'est qu'une espèce. En botanique et en zoologie, l'espèce est la totalité des êtres qui proviennent les uns des autres, ou de sources communes, et les individus qui leur ressemblent complètement. Mais cette définition ne convient point

à l'espèce minérale, car les individus n'y descendent
pas les uns des autres. Ce n'était donc que par la
comparaison d'individus semblables sous les rapports
les plus importans, qu'il était possible d'obtenir une
détermination exacte des caractères spécifiques des
minéraux. Mais, pour arriver à ce résultat, il fallait
résoudre un problème plus intime : c'était de savoir
ce qu'on doit entendre en minéralogie par *individu*.
Or, dans le domaine de cette science, ce n'était pas
chose facile : les êtres n'y sont pas isolés les uns des
autres, de manière qu'il soit toujours possible de reconnaître leurs formes ; chacun d'eux n'est pas
le centre d'un mouvement qui produise son développement ou sa conservation. L'accroissement dans le
minéral se fait par juxtàposition, au lieu d'avoir lieu,
comme dans l'animal et dans le végétal, par intussus-
ception. La juxtàposition des molécules n'est d'ailleurs point inévitablement détruite par le temps ; elle
persisterait éternellement si aucune cause extérieure
n'y venait mettre un terme. Enfin il n'existe pas de
rapport nécessaire entre les parties intégrantes d'un
minéral, comme il en existe entre celles d'un être organisé ; chaque fragment d'un minéral subsiste à
part comme s'il n'avait pas été séparé d'un autre ou
de plusieurs autres fragmens. Les caractères de l'in-
dividualité dans les minéraux n'ont donc pu être découverts que par la réflexion, et ce n'est que dans ces
derniers temps qu'on s'est à peu près accordé à cet
égard.

Lorsqu'un alcali est combiné avec un acide jusqu'à
saturation, on obtient par l'évaporation, un produit

dont la forme est toujours la même chaque fois que
l'on répète l'opération. Si cet acide et cet alcali sont,
par exemple, la soude et l'acide hydrochlorique, les
cristaux de sel marin qui résultent de leur combinaison, affectent constamment la forme cubique, et
sont décomposables en une infinité de molécules, qui
elles-mêmes sont toutes probablement de petits cubes,
puisque leur composition et les proportions de leurs
élémens sont identiques et invariables. Cette dernière
espèce de molécules cubiques peut être considérée
comme formée par un centre d'action qui engendre
constamment la forme cubique, et on peut assi-
miler ce centre d'action à celui qui détermine la
configuration des individus dans les règnes animal et
végétal. L'individu, en minéralogie, est donc la molécule qui doit sa forme cristalline ou régulière à ce
centre d'action.

Mais il suit de là que les corps minéraux sont des
groupes d'individus. Or, ces groupes présentent des
figures très-variées qui sont le résultat des positions
diverses que les individus prennent les uns à l'égard
des autres. Il y a telle forme de molécule élémentaire
qui peut ainsi donner naissance à plusieurs milliers de
combinaisons régulières. La remarque de ce fait a
déterminé à ne plus attacher à la forme qu'une importance secondaire et à l'admettre seulement pour distinguer les variétés d'une même espèce. L'espèce est
la collection des minéraux qui présentent les mêmes élémens et les mêmes proportions (1). Quel-

(1) Il est clair que cette définition qui est présentée d'une manière
générale, comprend aussi les corps simples.   (*Note du rédact.*)

quefois l'identité peut être reconnue au moyen
d'une analyse mécanique; mais, le plus souvent,
il n'y a que l'analyse chimique qui puisse en donner la certitude. C'est à l'aide de cette dernière
analyse qu'on a reconnu que des minéraux qui n'a-
vaient aucune ressemblance extérieure, appartenaient cependant à la même espèce. Les spaths calcaires, les marbres, les stalactites, les craies sont
dans ce cas : tous ces corps ne sont que des variétés
du carbonate de chaux.

Au commencement du XVIIe siècle on n'avait aucunement les idées que je viens d'exposer sur l'essence
de l'individu et de l'espèce minérale. La détermination des espèces était très-diverse, et souvent tout
arbitraire. Tantôt elle était basée sur l'usage auquel
on appliquait les minéraux, tantôt sur leur aspect extérieur ; d'autres fois elle était établie sur la consistance
des corps, sur leur nature chimique ou leur forme
cristalline. Il y avait à cet égard une telle confusion
que l'on plaçait parmi les espèces minérales les débris
organiques connus sous le nom de fossiles. Du reste,
on ne possédait point de minéralogie complète.
Ruœus, Baccius, Césalpin, Agricola, Gessner, Aldrovande, Johnston, n'avaient présenté que des parties de
cette science.

Le premier travail méthodique qui ait paru sur
tous les minéraux pendant le XVIIIe siècle, est de
Woodward, celui dont j'ai déjà parlé en géogonie. Il
divise les minéraux en terres, en pierres, en sels, en
bitumes, en métaux et minerais. Il englobe dans cette
dernière catégorie les pyrites et les autres substances

mixtes dans lesquelles on découvre des métaux.

La séparation qu'établit Woodward entre les terres et les pierres, est évidemment mauvaise, puisqu'elle n'est fondée que sur une différence d'état, la plupart des terres étant des pierres pulvérisées. Ses subdivisions ne sont pas mieux fondées ; en général, elles reposent sur des caractères accidentels : ainsi les terres sont distribuées en terres douces et en terres rudes au toucher. Les pierres sont classées suivant qu'on les trouve en grandes ou en petites masses.

Henckel, conseiller des mines de Saxe, qui était né à Freyberg en 1679, et qui mourut en 1744, exposait, à peu près dans le même temps que Woodward, une classification minérale qui diffère à quelques égards de celle de cet Anglais. Sa classification n'a pas été publiée de son vivant ; elle ne l'a été qu'après sa mort, en 1747, sous le titre de *Henckelius redivivus*. C'est la reproduction du cours de minéralogie qu'il professait à Freyberg.

Il y parle d'abord de toutes les espèces d'eaux, de l'eau ordinaire, des eaux minérales, puis des sucs terreux, au nombre desquels il place les liquides qui produisent les stalactites, enfin des terres, des pierres et des métaux connus depuis long-temps, auxquels il ajoute le cobalt, le bismuth et l'antimoine, qui avaient été récemment découverts.

Henckel a publié lui-même, à Leipsick, en 1722, un petit ouvrage intitulé : *Flora saturnisans*, où il parle de l'analogie du règne végétal et du règne minéral.

Il a encore fait paraître, lui-même, en 1725, une

Pyritologie qui indique les moyens de séparer des pyrites, le cuivre, le soufre et les autres substances utiles
qu'elles peuvent contenir. Ces deux ouvrages ont été
traduits, en 1760, par le baron d'Holbach, qui s'occupait avec beaucoup d'ardeur et de persévérance à
répandre en France les ouvrages des minéralogistes
et des métallurgistes de l'Allemagne.

Magnus Bromel a donné une méthode qui n'est
pas meilleure que celles de Henckel et de Woodward.
Bromel était né à Stockholm, en 1679, et mourut en
1731. Il avait étudié à Leyde et à Oxford, et avait été
premier médecin du roi de Suède. Son premier ouvrage est intitulé : *Lithographiæ Suecanæ specimen*,
et il parut en 1725; le second, qui fut publié en 1730,
est intitulé : *De la connaissance des minéraux*, et est
écrit en allemand et en suédois. Bromel divise les minéraux à peu près comme ses prédécesseurs, mais il
met moins d'ordre dans leur arrangement; il commence par les terres, puis il passe aux sels, aux soufres, aux pierres, aux métaux et demi-métaux. Par
cette dernière dénomination il entend les minerais
métalliques dont chacun, suivant lui, forme un genre
séparé. Ainsi il considère comme des genres, la pyrite,
l'aimant, l'hématite, qui sont à peine des variétés d'un
même genre. Il subdivise les pierres en plusieurs
groupes; l'un est composé des pierres inaltérables au
feu; l'autre, des pierres calcinables; un troisième, des
pierres fusibles; ensuite viennent les cristaux, les
pétrifications, et enfin les calculs de la vessie, des
reins, etc.

Dans le XVIIe siècle Capeller avait fait des remarques

10

assez utiles sur les formes cristallines ; mais il n'avait pas découvert le rapport de ces formes avec la composition chimique des minéraux. C'est Linnée qui, le premier, en 1735, a eu cette idée ingénieuse et a fait des recherches pour la prouver. Mais il est allé plus loin que l'observation, en avançant que toutes les formes cristallines étaient le résultat des sels que contenaient les minéraux.

Il considérait tous les cristaux qui présentaient la forme d'un octaèdre, par exemple, comme contenant de l'alun, et il faisait de ce sel le type d'un genre qui réunissait le diamant, le rubis spinelle et plusieurs autres minéraux dont la composition n'a rien de commun. Il rapportait de même au genre muria tous les cristaux à forme cubique.

Vous voyez, d'après ces deux exemples, dans quelles erreurs il dut tomber ; car, quoiqu'il soit vrai que le même minéral cristallise toujours de la même manière, cette forme n'est cependant pas toujours propre à un même sel minéral ; au contraire, la forme cristalline primitive étant très-simple, on la retrouve dans plusieurs minéraux différens. Ainsi, la pyrite cristallise en cubes comme le sel marin ou hydrochlorate de soude.

Cette base de classification présentait d'ailleurs un défaut capital : c'est qu'elle rendait impossible la distribution de toutes les substances qui ne sont pas cristallisées. Linnée n'ignorait point l'imperfection de cette partie de ses travaux, car il avouait lui-même qu'il n'avait pas sujet de s'en enorgueillir. Son idée était cependant celle d'un homme de génie, et Romé,

Delisle et Haüy, qui la reprirent plus tard, en ont fait
la base du beau système de cristallographie que
nous possédons maintenant.

A côté de Linnée vivait un homme qui a été plus
exclusivement minéralogiste, c'est Jean-Gottschalk
Wallerius, dont j'ai déjà parlé en faisant l'histoire de
la chimie. Il était né en 1709, et professait, à Upsal,
la métallurgie, la pharmacie et la chimie. Il mourut
en 1785. Son *Traité de minéralogie* parut, en suédois,
en 1747.

Cette minéralogie fut assez célèbre, et on en fit
des traductions dans presque toutes les langues de
l'Europe. En 1753, d'Holbach la publia en français.
Wallerius divise les minéraux en terres, en pierres,
en minerais et en concrétions, parmi lesquelles il
place les pétrifications, les stalactites et toutes les autres formes accidentelles. Les terres sont subdivisées
en grasses, maigres, minérales et arénacées. La sub-
division des pierres comprend les roches composées
et les roches simples, lesquelles sont réparties en trois
sections suivant les modifications qu'elles éprouvent
au feu. Les minerais sont distribués en sels, soufres,
métaux et demi-métaux. La dernière classe, celle des
pétrifications n'aurait pas dû exister.

Vous voyez que la méthode de Wallerius ne vaut
guères mieux que celle de ses prédécesseurs. Ce qui
le place au-dessus d'eux, c'est l'exactitude avec laquelle il a décrit chaque minéral. Il indique avec
précision ses caractères extérieurs, la manière dont
il se comporte au feu et avec les réactifs. Il fait aussi
connaître son utilité et son gisement. Les ouvrages

antérieurs à celui de Wallerius ne renferment rien de pareil, et c'est assurément le meilleur ouvrage qui ait paru jusqu'aux travaux de Haüy.

Après le minéralogiste d'Upsal, Woltersdorff, né à Berlin, en 1748, fit paraître une classification minéralogique basée sur les mêmes principes que celle de Cartheuser.

Justi, de Leipsick, a aussi adopté une classification analogue.

Mais à la fin de la période qui nous occupe, ou plutôt de la période suivante, il parut un ouvrage qui fait époque dans la science. L'auteur est Cronstedt Axel, qui était directeur-général des mines de Suède. Sa minéralogie parut d'abord à Stockholm, sans nom d'auteur, et en allemand. Il y pose le principe que l'espèce minérale doit être déterminée par l'analyse chimique; et il établit, en conséquence, une classification dans laquelle tous les minéraux sont rangés suivant leur composition, telle qu'on la connaissait alors. Ainsi, les pierres et les terres ne sont plus séparées; il réunit ensemble les marbres, les craies, les spaths, etc., parce qu'ils appartiennent tous chimiquement à la même espèce minérale.

Voici ses quatre divisions principales : les terres, les sels, les minéraux combustibles non métalliques, et enfin les métaux. Le groupe des sels et celui des terres n'ont pas pu être conservés; mais ses deux autres divisions sont encore suivies.

Comme au temps où écrivait Cronstedt, les bonnes analyses étaient fort rares, on conçoit que sa distribution en genres, uniquement fondée sur la composi-

tion chimique, dut être souvent fautive ; par exemple,
il réunissait les pierres précieuses comme le saphir, la
topase, l'émeraude, qu'il croyait principalement formées de quartz. On sait aujourd'hui que l'alumine
domine dans plusieurs pierres précieuses, et que quelques autres ne contiennent pas un atôme de quartz. Il
commit aussi l'erreur de croire que le diamant était
une substance terreuse.

Au temps de Cronstedt, un Anglais, nommé Hill,
et qui reçut le titre de chevalier de Wasa, fit paraître
un ouvrage barbare intitulé : *Histoire générale des
Fossiles*, où il confond tout sous des noms ininteIli-
gibles Cet homme avait été comédien ; ensuite il écrivit contre ses bienfaiteurs ; puis il publia des ouvrages
de botanique, d'histoire naturelle, et un petit livre,
qui n'est qu'une plaisanterie, intitulé : *Lucina sine
concubitu.* Je cite Hill comme un de ces hommes qui
feraient rétrograder les sciences, s'ils exerçaient sur
elles quelque influence. Il mourut en 1775.

En France, les travaux minéralogiques étaient un
peu négligés, tandis qu'ils marchaient progressive-
ment en Suède et en Allemagne. Ce ne fut que vers
le milieu du siècle que les traductions de d'Holbach
leur donnèrent un peu d'élan. Valmont de Bomare
contribua beaucoup aussi à ranimer l'étude de la
minéralogie, en ouvrant, à Paris, un cours public sur
cette science ; c'est le premier qui se soit fait, dans notre
capitale, depuis Bernard de Palissy, le père des fossiles.

Valmont de Bomare était né à Rouen, en 1731, et
n'est mort qu'en 1807.

Ses divisions sont à peu près les mêmes que celles

des auteurs de son temps. Seulement il sépare les produits volcaniques des pierres, les sables des terres ordinaires. Mais ces distinctions n'ont pas de fondement. C'est d'après leur nature que l'on doit classer les êtres, et non d'après ce qui leur est étranger. Tous ces auteurs ont trop multiplié les espèces.

On peut en dire autant de Vogel qui était professeur à Gœttingue, et qui fit paraître, à Leipsick, en 1762, un *Système minéral*.

Vous voyez, Messieurs, que pendant la période que nous venons de parcourir, les minéralogistes n'ont pu, malgré beaucoup d'efforts, arriver à établir une classification rationnelle.

Les seuls ouvrages de ce temps, qui offrent une utilité réelle, sont ceux qui décrivent des minéraux en particulier, et surtout des pétrifications.

Nous verrons ces ouvrages dans la prochaine leçon, après quoi je commencerai la physiologie.

DIXIÈME LECON.

—

Messieurs,

Comme nous l'avons annoncé dans la séance dernière, nous allons nous occuper aujourd'hui des corps fossiles.

Ce mot de fossiles a reçu en français une acception particulière ; dans la plupart des autres langues, il exprime, conformément à son étymologie, tous les corps que l'on extrait de la terre en fouissant ; parmi les savans français, ce terme n'est appliqué qu'aux corps, trouvés dans la terre, qui ont appartenu à des êtres organisés tels que des animaux ou des plantes, et qui ne sont pas essentiellement altérés dans leur composition.

On désigne par le nom de pétrifications ces mêmes corps, lorsque leur nature intime a été totalement changée et qu'ils offrent la composition d'un minéral.

Une troisième classe est formée des corps qui ont extérieurement la forme de débris organiques, mais

qui n'offrent au dedans que la texture d'un minéral. Ces corps sont le résultat de la substitution de
molécules d'une autre nature et soumises à d'autres
lois, aux molécules d'un fragment organique ; l'ensemble de celles-ci a servi de moule aux premières,
et a disparu sans que chacune des nouvelles molécules
ait affecté la position relative de celles qu'elles rempla-
çaient. On nomme ces produits pseudomorphoses (1).

Enfin, on a donné la dénomination de jeux de la
nature à des masses minérales qui ont une ressemblance de forme, purement accidentelle, avec des
êtres ou des parties d'êtres organisés.

Les minéralogistes de la première moitié du XVIIIᵉ
siècle étaient loin d'avoir distingué aussi nettement
les quatre classes de corps que je viens de caractéri-
ser. Quelques-uns même, à vrai dire, ne faisaient aucune distinction entre ces corps, et supposaient que
les forces naturelles qui président à la formation des
organes des êtres vivans, pouvaient agir de même dans
le sein de la terre, et réunir sous des formes identiques les élémens pierreux. Ceux qui reconnaissaient,
dans les fossiles, des débris organiques, expliquaient
leur présence dans les roches minérales par un déluge
universel. Cette opinion était moins erronée que la
première, mais elle était encore loin de la vérité ; car
le déluge universel, qui fut un événement passager,
ne rend pas raison de la présence de cette innombra-
ble quantité de coquilles, et de celle des autres corps

(1) Les pétrifications sont aussi des pseudormorphoses, puisque la
matière inorganique qui les compose affecte ordinairement une forme
différente. (*Note du Rédact.*)

organiques dont sont quelquefois criblées plusieurs
espèces de roches placées à des hauteurs fort différentes.

Parmi les auteurs qui pensaient que tous les corps
fossiles étaient le résultat de forces occultes de la nature, nous citerons un médecin de Lucerne, nommé
Lang ou Langius (Nicolas). Il fit imprimer à Venise, en
1708, une histoire des pierres de la Suisse, et, en
1709 il publia à Lucerne un autre ouvrage intitulé :
Tractatus de origine figuratorum. Ces deux ouvrages,
tirent leur valeur des figures qui les accompagnent.
Toutefois on y remarque des méprises singulières : ainsi,
par exemple, des fragmens de silex travaillés de main
d'homme, et dont il paraît que les anciens Germains
armaient leurs flèches avant d'employer le fer, sont
présentés pour des langues de poissons ; des dents de
cheval pour des dents d'hippopotame. Toutes ces erreurs proviennent de ce qu'on ignorait alors l'anatomie comparée.

On peut en dire presque autant de David Sigismond
Buttner qui avait adopté une opinion contraire. Son
livre, intitulé : *Ruinæ diluvii testes,* et imprimé à
Leipsick en 1710, contient tout un système sur le déluge, sur les causes qui ont pu produire cette révolution, et les effets qui en sont résultés. Les planches
de ce livre qui ont quelque valeur, sont surtout celles
qui représentent les poissons, les reptiles et les plantes fossiles que contiennent certaines contrées de
l'Allemagne. Buttner confond souvent, comme
Lang, des jeux de la nature avec des débris organiques :
ainsi, il donne des pierres qui offraient quelques rap-

ports avec des têtes d'hommes ou de chevaux, pour des pétrifications de têtes de ces animaux.

Plusieurs Allemands ont aussi publié des travaux sur les pierres figurées. Nous citerons les trois Baier.

Le premier, Jean-Guillaume Baier, était né à Nuremberg en 1675, et professait la théologie à Altorf. Il a donné, en 1712, un livre intitulé : *Fossilia diluvii universalis monumenta.*

Le deuxième Baier, Jean Jacques, qui était né à Iéna en 1677, et mourut en 1735, après avoir été aussi professeur à Altorf, composa un ouvrage imprimé en 1708, qui a pour titre : *Oryctographia norica,* et d'un supplément à cet ouvrage qui ne parut qu'en 1730.

Enfin, Ferdinand-Jacques Baier donna, en 1753, un ouvrage posthume de son père, Jean-Jacques Baier qui a pour titre : *Monumenta rerum petrificatarum præcipua.* Ces divers ouvrages sont remarquables par le grand nombre de figures de corps organiques qu'ils renferment.

Scheuchzer (Jean-Jacques), dont nous avons fait connaissance en géogonie, publia en 1708 un ouvrage sur la même matière, fort singulier par la manière dont les faits y sont exposés : cet ouvrage est intitulé : *Piscium querelæ et vindiciæ.* L'auteur s'y sert de prosopopées ; il y fait parler les poissons pétrifiés pour se plaindre d'avoir été victimes du déluge universel, bien qu'ils fussent innocens des crimes qui l'ont motivé. Les poissons se plaignent aussi de l'injustice des hommes, qui ne veulent pas les reconnaître pour les ancêtres des poissons actuels, et les rabaissent à la catégorie des pierres brutes.

Cet ouvrage, comme ceux dont j'ai déjà parlé, n'a de mérite que celui de ses planches qui représentent de fort beaux ichtyolithes. Quatre localités, dont Scheuchzer ne connaissait que trois, sont renommées en Europe pour contenir abondamment de ces débris organiques : ce sont, 1° les mines cuivreuses de la Thuringe qui présentent, comprimés entre les lames d'une ardoise noire, des poissons dont les espèces et même les genres n'existent plus aujourd'hui (1) ; 2° un prolongement du Jura, près d'Eichstedt, dépendant du comté de Pappenheim, dans les marnes blanches duquel on trouve en quantité considérable, des squelettes de poissons et d'autres animaux marins qui sont parfaitement conservés ; ils appartiennent presque tous à des genres bien connus de nos jours. La troisième localité où l'on rencontre des charpentes de poissons, est le mont Bolca, situé près de Vérone ; une partie de son immense épaisseur est comme pétrie de très-grands poissons parfaitement conservés, mais presque tous inconnus. Enfin, un petit village de Souabe, nommé OEningen, et situé près du lac Constance, offre des schistes marneux qui renferment des squelettes de poissons d'eau douce parfaitement conservés, et très-nombreux. Ces derniers fossiles sont fort répandus dans les cabinets, et ce sont aussi ceux que Scheuchzer a le mieux connus. Les figures en ont paru pour la première fois dans son *Piscium querelæ*.

Scheuchzer a publié sous le titre : *Homo diluvii testis et theoscopos*, une dissertation sur un fossile qui

---

(1) Du moins ou n'a pas encore retrouvé leurs pareils.

(*Note du Rédacteur.*)

présentait une tête de la grosseur de celle d'un enfant, deux grandes cavités simulant des orbites, et une partie de l'épine du dos. Quoique médecin, et par conséquent anatomiste, ou du moins devant l'être, Scheuchzer prit ce fossile pour un fragment de squelette humain. Cependant les apparences étaient bien suffisantes pour faire reconnaître que les ossemens dont il s'agit, n'avaient jamais appartenu à un être de notre espèce. Après Scheuchzer, des naturalistes s'aperçurent de son erreur; quelques-uns prétendirent que le squelette qu'il avait découvert était celui d'un poisson; d'autres, celui d'un mammifère; mais généralement il continua de passer pour un anthropomorphite, jusqu'au temps où je reconnus que c'était un squelette de salamandre gigantesque dont l'espèce n'existe plus maintenant. J'avais tracé d'avance la figure entière que devait présenter cet animal, et lorsqu'on le dégagea de la pierre où il était incrusté, on reconnut que les parties cachées avaient exactement la forme que j'avais dessinée. Depuis lors on a découvert deux autres salamandres bien complètes, et elles sont de tous points conformes à la première.

Baier était tombé dans la même méprise que Scheuchzer à peu près, en donnant des vertèbres d'ichtyosaurus pour des vertèbres humaines.

Au surplus, la question des fossiles humains n'en était pas encore une à cette époque, et ce n'est que dans des temps assez peu éloignés des nôtres qu'on a eu l'idée, et qu'on a reconnu que les couches régulières des montagnes ou des terrains anciens qui renferment une grande quantité de coquilles, souvent des poissons, et quelquefois des mammifères, ne contiennent jamais de squelettes humains incrustés dans leur épaisseur et contemporains de leur formation. On ne rencontre même pas d'ossemens humains dans les fentes de certaines montagnes , comme, par exemple, celles de Gibraltar , de Cette et de l'intérieur de la France, qui ont été remplies soit par des matières tombées d'en haut, soit par des transsudations calcaires, bien qu'elles présentent beaucoup de débris de mammifères. S'il en a été trouvé quelques-uns , c'est seulement à la partie supérieure de la fissure, mais jamais complètement engagés dans la pâte qui a réuni les deux parois de la brèche. Quant aux ossemens humains qu'ont présentés des terrains meubles , des alluvions, etc., il n'y a pas lieu à difficulté ; ce sont des faits tout simples. On peut donc affirmer avec assurance que l'espèce humaine n'a habité la surface du globe , du moins les parties qui sont maintenant découvertes , que fort long-temps après des espèces dont nous ne retrouvons plus d'individus , et seulement, quoique ce soit moins bien prouvé, à l'époque où elle y fut accompagnée par les animaux actuels, à la suite des divers bouleversemens de la surface terrestre.

Scheuchzer s'est aussi occupé, des végétaux fossiles ; le premier même, il en a donné de bonnes figures , dans un ouvrage intitulé : *Herbarium diluvianum*, et imprimé à Leyde en 1709. On y remarque que les végétaux fossiles , comme les débris des animaux, appartiennent les uns à des espèces entièrement détruites , les autres à des espèces étrangères à nos climats.

Depuis Scheuchzer, la connaissance des végétaux fossiles a fait de grands progrès par les travaux d'A-dolphe Brongniart et autres modernes, mais c'est toujours à lui qu'il faut remonter pour trouver la véritable origine de cette science.

Le professeur de Berlin a publié un troisième ouvrage intitulé : *Musæum diluvianum*, et imprimé à Zurich en 1716 , qui n'est guères qu'un catalogue des collections de fossiles qu'il avait formées.

A peu près à la même époque, il parut quelques autres ouvrages sur le même sujet, qui ne méritent pas d'analyse. Mais nous devons mentionner la thèse soutenue à Wurtzbourg par un étudiant, nommé Georges-Louis Huber, et qui avait été composée par son professeur Barthélemy Beringer. Elle est accompagnée d'un certain nombre de figures qui ne représentent ni des coquilles, ni des pseudomorphoses, ni même des jeux de la nature, mais des pierres taillées de main d'homme, et représentant non-seulement des parties d'êtres organisés, mais des comètes, des étoiles, des lettres hébraïques, des Christs, des ustensiles domestiques. On avait fabriqué et envoyé tous ces objets au pauvre professeur pour le mystifier. Il en reçut tant, et on en rit si généralement, qu'il finit par s'apercevoir des plaisanteries qu'on lui avait faites, et s'efforça de retirer tous les exemplaires de la thèse que son élève, aussi crédule que lui, avait bien voulu soutenir; mais il en resta pourtant encore assez pour la malice de ses ennemis, et la crédulité des amis du merveilleux.

Je ne ferai que citer les titres et les auteurs de quelques autres ouvrages sur les fossiles, parce qu'ils ne renferment rien de neuf, et n'ont de mérite que quelques-unes de leurs figures : *Amœnitates Hassiæ inferioris subterraneæ ; Historia naturalis Hassiæ inferioris*, sont des ouvrages de Wolfart, professeur à Hanau ; *Discursus de Diluvio universo* est de J. Georges Liebknecht, qui était professeur à Giessen.

Le mémoire le mieux fait sur les fossiles, quoique très-restreint, est celui de Antoine de Jussieu, intitulé : *Recherches physiques sur les pétrifications de plantes et d'animaux étrangers que l'on trouve en France*. Ce mémoire fut présenté à l'Académie en 1725; jusque-là, on s'était borné, pour assigner des noms aux fossiles, à examiner les principaux points de ressemblance qu'ils offraient avec certains objets naturels. Antoine de Jussieu apporta plus d'exactitude et d'étendue dans cet examen. Il découvrit, ainsi, que les fougères renfermées dans les schistes cuivreux des environs de Lyon, ressemblaient aux fougères arborescentes, rapportées de l'Amérique par le P. Plumier, beaucoup plus qu'aux fougères actuelles de la France. Il obtint le même succès pour les débris animaux : il reconnut dans des os fossiles, des dents d'hippopotame. Mais, comme l'anatomie comparative n'était encore que fort peu avancée, il ne s'aperçut pas que l'hippopotame existant aujourd'hui, était d'une autre espèce que l'hippopotame fossile dont on trouve maintenant beaucoup de débris en Toscane. Aussi, se livra-t-il à beaucoup de conjectures inexactes pour expliquer le prétendu transport de cet animal dans nos contrées. Sa présence y est le résultat de causes beaucoup plus puissantes que celle d'un transport.

Vers la fin de la période que nous parcourons, les différens travaux dont je viens de vous entretenir furent résumés par divers auteurs. Un des plus connus est Dezallier d'Argenville, maître des comptes. En 1755, il publia une *Orictologie*, accompagnée d'un grand nombre de figures. L'une de ces figures représente une tête humaine fossile, trouvée près de Reims, et remarquable par sa grosseur. Cette tête passait pour être un vestige et un témoignage d'une race de géants complètement anéantie. Un examen attentif de cette tête, qui est aujourd'hui dans la collection de M. de Jussieu, a fait reconnaître que son excessif volume est le résultat d'une hypertrophie des os, qui elle-même a occasioné l'oblitération ou le rétrécissement des ouvertures qui donnaient passage aux vaisseaux sanguins et aux prolongemens du cerveau, de manière que l'individu a dû éprouver d'horribles souffrances, et tomber dans une paralysie affreuse avant d'arriver à une mort inévitable. Les dents ont appris que cet individu était un enfant, et en effet, ce n'est que dans cet état de la vie, à l'époque de la dentition, que les os de la tête sont susceptibles de maladies aussi cruelles. On a d'ailleurs trouvé dans un ossuaire de Munster, une tête semblable, qui est dans le cabinet de M. Sœmmering, et que les mêmes caractères démontrent avoir aussi appartenu à un enfant. Il est donc bien certain que ces têtes ne sont point des témoignagnes de l'existence d'une race de géants aujourd'hui anéantie ; et cependant, tant on aime le merveilleux, ou tant les progrès de la science se propagent lentement, on mentionne encore ces têtes, comme du temps de d'Argenville, dans des ouvrages publiés tout récemment !

A peu près à l'époque de la publication de l'ouvrage dont je viens de parler, parurent la *Sciagraphia lithologica curiosa* de Klein, qui forme un supplément aux ouvrages de Scheuchzer; le *Traité des pétrifications* de L. Bourguet, dédié à Reaumur en 1742; enfin, le *Tractatus physicus de petrificatis* de J. Gessner.

Ce dernier auteur essaie d'expliquer la formation des pétrifications, qui est encore aujourd'hui un phénomène inexpliqué. Pour les pseudomorphoses, on ne comprend pas bien déjà comment a disparu, d'une cavité close de toutes parts, la coquille qui en formait le noyau : un liquide l'a-t-il dissoute et entraînée dans cet état ? mais alors comment la roche matrice, qui est aussi de composition calcaire, n'a-t-elle pas été dissoute, ou au moins altérée sensiblement par le liquide dissolvant? Pour les pétrifications, la difficulté, comme je l'ai dit, n'est pas encore surmontée. Dans ce dernier cas, ce n'est plus une substance homogène qui a été déposée dans un moule; mais c'est l'objet lui-même qui s'est reproduit avec d'autres élémens dans tous ses détails. Si vous sciez un morceau de bois pétrifié, vous y voyez les rayons qui vont du centre à la circonférence, les fibres circulaires qui coupent ces rayons, enfin, les trachées quelque fines qu'elles soient; chacune de ces parties a même encore des couleurs différentes; le végétal, en un mot, est reproduit jusque dans ses plus intimes récès. On suppose

11

que la matière minérale a remplacé molécule à molécule la matière végétale, et a pris ainsi exactement la
même disposition. Mais on ne sait pas comment cette
succession s'est opérée, d'après quelle loi et sous l'influence de quelle cause.

L'ouvrage le plus complet qui ait paru sur les pétrifications, et par lequel je terminerai l'histoire de
la minéralogie pendant la première moitié du XVIIIe
siècle, est celui de George Wolfgang Knorr, intitulé : *Lapides diluvii testes*, qui parut par livraisons
de 1755 à 1772. Knorr était graveur et peintre à Nuremberg, et les figures seules sont son ouvrage. Le
texte a été rédigé par un professeur d'Iéna, appelé
Emmanuel Walch. Il avait en minéralogie beaucoup
d'érudition, car il cite tous les auteurs antérieurs
à lui.

Nous avons maintenant, Messieurs, à vous exposer
l'histoire des êtres organisés pendant la première
moitié du dix-huitième siècle. Cette histoire peut
être générale ou particulière ; nous commencerons
par ce qu'il y a de plus général, c'est-à-dire par la
physiologie.

Le mot physiologie, d'après son étymologie, signifie la science de la nature, et chez les anciens Grecs
il signifiait souvent la science de la nature en général, la physique. Mais dans notre Europe actuelle,
on ne l'applique qu'à la science des êtres organisés,
considérés uniquement sous le rapport de la vie. Ce
dernier terme lui-même est un peu vague et susceptible de plusieurs sens ; je le définirai. Quelques mé-
taphysiciens déduisent l'idée de vie de l'identité entre

l'existence et l'activité. D'autres, comme les philosophes de la nature, entendent par vie tout le mouvement de l'univers. Ils admettent une vie générale
d'où chaque être sort et qui l'absorbe lorsqu'il cesse
d'exister : chacun de nous, par exemple, est un phénomène de la vie universelle, comme les phénomènes
intérieurs et extérieurs de notre corps appartiennent
à notre vie particulière. En voulant ainsi rapporter
à la vie générale notre existence, on n'a rien défini ;
car si nous comprenons le rapport des petits phénomènes de notre corps avec l'ensemble de notre être,
lorsque nous voulons rapporter notre existence indi-
viduelle à la vie générale, nous n'avons plus qu'une
abstraction qui n'explique rien. Nous ne considérerons
donc point la vie des individus comme une émanation
de la vie universelle. Nous étudierons la vie dans chaque être en particulier; nous rechercherons les circonstances et les dispositions qui la rendent possible, les
phénomènes successifs ou simultanés qu'elle produit,
enfin les causes de ces phénomènes.

L'heure étant avancée, nous ne traiterons ce sujet
que dans la prochaine séance.

ONZIÈME LEÇON.

MESSIEURS,

Ainsi que nous l'avons dit dans la dernière séance,
nous ne considérerons pas la vie des êtres comme un
phénomène dérivant de la vie universelle ; nous l'étudierons dans chaque espèce, ou plutôt dans chaque
classe en particulier. Ainsi limitée, la physiologie
nous offre encore le plus grand intérêt.

Lorsque nous examinons un corps vivant, à l'état le
plus rapproché de son origine qu'il soit possible à nos
sens de distinguer, nous ne voyons, soit dans les
mammifères, soit dans les oiseaux, que quelques molécules demi-fluides, présentant bien pourtant une
forme, mais une forme différente de celle que l'animal
doit avoir un jour. A mesure que l'accroissement s'effectue, les premiers linéamens se développent, la

forme primitive se complique, les différentes parties
qui doivent saillir, germent, pour ainsi dire, et sortent
de l'ensemble, au lieu de s'y ajouter extérieurement à
la manière des minéraux. Toute la suite de l'accroissement se fait de la même manière, c'est-à-dire du
dedans au dehors, bien que les molécules extérieures
pénètrent par des voies différentes dans l'intérieur du
corps. L'introduction de nouvelles molécules extérieures détermine la sortie, sous forme d'excré-
mens, de transpiration ou d'expiration, de celles qui
avaient pénétré auparavant dans le corps, et ces
mouvemens se combinent pendant un certain temps
de telle manière que la quantité des élémens sortant
est inférieure à celle des molécules entrées. C'est pendant cette période que l'animal acquiert de l'accroissement dans tous les sens ; mais bientôt ce développement
diminue ou se fait autrement, et dans ce dernier cas
les nouvelles molécules qui entrent dans le corps ne
servent plus qu'à augmenter la densité des parties
dont l'étendue est fixée. Enfin, il arrive que tout
mouvement cesse, et, dès-lors, les liens qui retenaient
ensemble les parties du corps vivant, cessent aussi
d'agir ; les molécules de ce corps sont abandonnées à
l'action ordinaire des élémens. La fermentation, la
putréfaction, ou tout autre mouvement de ce genre,
dissolvent, séparent les diverses molécules, et chacune
d'elles rentre dans l'ordre auquel elle avait été empruntée : les unes reprennent leur état aqueux, d'autres
se répandent en gaz dans l'atmosphère, d'autres
enfin, d'une nature plus fixe, tombent comme le
caput mortuum et rentrent dans la terre.

Telle est l'analyse générale des phénomènes qui
constituent la vie. Vous voyez que celle-ci n'est autre
chose qu'une suite de mouvemens plus ou moins ac-
célérés ; mais ces mouvemens supposent l'existence
d'un corps animé dans lequel ils s'effectuent, car,
autrement, on ne comprendrait pas comment ils pourraient se produire. La vie donc, je le répète, suppose
toujours un corps ; néanmoins, il n'est pas impossible
que, dans le corps vivant, le mouvement universel
qui y produit tant de sécrétions, tant de parties diverses, ne produise le germe d'un nouvel être : c'est
là la grande question de la génération que nous traiterons plus loin. Maintenant, nous devons seulement
examiner le sujet même de la vie, c'est-à-dire la machine ou l'être dans lequel les mouvemens vitaux s'effectuent, la diversité et la complication de ces mouvemens, enfin les forces qui les produisent. Des
opinions différentes ont été émises sur ces forces ; nous
les discuterons d'abord, car les causes motrices constituent la partie la plus essentielle de la physiologie.

Nous avons vu, dans l'histoire de cette science,
pendant le XVIIe siècle, qu'une école particulière,
sortie du système de Descartes, et ayant pour chef
Sylvius ou Leboë, s'était attachée à expliquer, par les
doctrines de la chimie, les phénomènes physiologiques ; elle admettait des fermentations, résultant de
ce qu'une partie des fluides était acide et l'autre alca-
line. Par la rencontre de ces fluides, doués de propriétés chimiques spéciales, elle cherchait à expliquer
la production de la chaleur, les différentes sécrétions, etc. Degraaf, Tackenius et d'autres médecins

adoptèrent ce système et tâchèrent de l'adapter à la médecine ; mais on s'aperçut qu'il ne reposait que sur des suppositions chimériques, et deux hommes surtout le ruinèrent par leurs recherches sur les fluides animaux et végétaux : ce furent Bohnius, professeur à la faculté de Leipsig, et Boerhaave, qui démontrèrent qu'il n'y avait ni acides ni alcalis dans les corps où l'on prétendait qu'ils existaient, et qu'ils s'y développaient seulement après la vie, sous l'influence de la fermentation. On ne peut donc dire que le système chimique ait conservé un grand nombre de partisans pendant le XVIIIᵉ siècle ; on le trouve tout au plus rappelé par Vieussens, professeur à Montpellier, dont je reparlerai en traitant de l'anatomie du cerveau et du système nerveux. Cet auteur, dans un *Traité nouveau de la structure du cœur*, qui parut à Toulouse en 1715, attribuait la circulation à une fermentation produite par le principe nitreux du sang artériel, et le principe sulfureux du sang veineux.

Les systèmes qui prévalurent furent principalement le système mathématique, le système psychique, où toutes les actions du corps étaient attribuées à l'âme, et le système de l'excitabilité, nommé plus tard de l'irritabilité.

Ces trois systèmes ont dominé successivement. Le premier avait commencé en Italie, dans l'école de Borelli, et s'est terminé à la physiologie de Boerhaave. Le principe de l'Archée, qui avait paru d'abord dans les ouvrages de Van Helmont, donna naissance à la doctrine psychique de Stahl, et, après avoir changé de forme, est devenu le principe vital de Sauvages.

(168)

Le troisième système, celui de l'excitabilité, avait commencé à paraître dans le livre de Glisson; continué par Frédéric Hoffmann et par Gorter, il a reçu de grands développemens de Haller, qui s'est trop attaché à l'irritabilité proprement dite et a trop fait abstraction de l'influence qu'exercent sur les fibres les nerfs qui sont répandus dans les parties musculaires. D'autres physiologistes ont reproduit ce système, et il est maintenant le système qui domine parmi nous. Nous allons examiner, plus complétement que nous n'avons pu le faire l'année dernière, les ouvrages des auteurs qui ont soutenu ces trois systèmes.

Les Iatro-mathématiciens étaient des philosophes qui cherchaient à appliquer aux mouvemens du corps les règles générales de la mécanique, et qui tâchaient d'apprécier mathématiquement les forces qui président à ces divers mouvemens.

Le premier de tous, comme nous l'avons vu, a été Alphonse Borelli (1), qui était élève de Gallilée. Son traité *De motu animalium* renferme les recherches qu'il avait faites sur l'appréciation des forces motrices des animaux. Il avait reconnu que, pour mouvoir un poids assez léger, la nature avait donné aux muscles qui produisent ce mouvement une force infiniment supérieure à celle du poids lui-même, parce que cette force était placée d'une manière désavantageuse. Son livre est presque entièrement consacré à cette démons-

(1) Voyez page 435 de la 2e partie de ce cours.

(*Note du Rédacteur.*)

tration, qui était alors une vérité nouvelle, mais qui, aujourd'hui, est triviale. Pour expliquer comment agissent les fibres des muscles, il admet une espèce de fermentation due à la combinaison de l'air et du sang dans les poumons, et qui ferait circuler avec abondance les fluides dans les fibres musculaires. Il se représentait, en quelque façon, ces fibres comme une suite de vésicules qui se renflaient et se raccourcissaient au moment de l'afflux des fluides occasionée par la fermentation. Il explique les sécrétions par la dimension des vaisseaux ; mais il admet aussi pour elles un ferment ; de sorte que sa théorie est évidemment en partie chimique et en partie mathématique.

Dans ses appréciations des forces musculaires, aussitôt qu'il sort des données qu'on peut obtenir par l'application de la théorie du levier, il arrive à des résultats impossibles à démontrer. Ainsi, pour établir la force du cœur, il compare son poids avec celui d'un autre muscle, avec celui du muscle biceps par exemple, organe principal de la flexion du bras, et, estimant combien il faut de force à ce dernier muscle pour soulever un poids donné, il établit un rapport qui attribue au cœur une force suffisante pour faire équilibre à cent trente-cinq mille livres. Ce raisonnement manque de justesse, car des forces différentes peuvent être attachées à deux muscles pour soulever un poids semblable. Du reste, toutes les estimations des Iatro-mathématiciens ont considérablement varié ; leurs résultats prouvent combien nos moyens sont insuffisans pour atteindre la vérité dans le genre de recherches auquel ils se sont livrés.

Borelli, qui avait fait, comme nous l'avons vu, un mélange du système chimique et du système mathématique, emprunta aussi quelque chose au système psychique, car il dit que le mouvement du cœur pourrait être un résultat de la volonté et de l'habitude, de même que celui de la poitrine, qui est d'ailleurs sous l'influence de l'air. Mais cette comparaison cloche, comme on dit vulgairement, car nous ne pouvons pas arrêter le mouvement du cœur par notre volonté, tandis que nous sommes maîtres de suspendre notre respiration.

Après Borelli vint Pitcarne, qui fut professeur à Leyde et un des maîtres et aussi un des collègues de Boerhaave (1). Pitcarne fait dépendre la vie de la circulation ; c'est une vérité qui n'est pas absolue, car il existe beaucoup d'animaux chez lesquels il n'y a pas d'organes de circulation.

Selon Pitcarne, la chaleur animale est l'effet du frottement que le sang éprouve en se mouvant dans les vaisseaux ; la force vitale est purement la force du cœur, et la faculté animale est le résultat d'une sécrétion particulière du sang qui s'effectue dans le cerveau. Cette sécrétion produit le fluide nerveux qui ébranle les nerfs, lesquels mettent les muscles en action. L'air, dit Pitcarne, ne se mêle pas avec le sang ; la respiration n'existe que pour faciliter le passage de ce dernier au travers des poumons. Comme le système

_____

(1) Voyez page 440 de la 2e partie.

(*Note du Rédacteur.*)

vasculaire s'élargit à mesure que les vaisseaux se divisent, c'est-à-dire que la réunion des petits vaisseaux présente une surface plus considérable que les gros troncs dont ils viennent, la circulation se ralentit dans les premiers, l'air qui passe àtravers les poumons presse le sang dans ces petits vaisseaux, et de cette pression résultent toutes les sécrétions. C'est au moyen de cette même pression de l'atmosphère que Pitcarne explique la transformation dans les poumons du sang veineux en sang artériel.

Laurent Bellini, autre médecin de l'école de Borelli (1), pense, comme Pitcarne, que c'est par le ralentissement du sang dans les petites artères que sont occasionés les changemens qui surviennent dans les molécules, c'est-à-dire les sécrétions. Il suppose, avec Borelli, que la contraction des fibres musculaires est le résultat d'un afflux de liquides qui se raréfient subitement; et, selon lui, le cœur est l'agent général de ces mouvemens.

Jacques Keill, né à Édimbourg en 1673, et mort en 1719, après avoir professé l'anatomie à Oxford et à Cambridge, a aussi adopté les idées des Iatro-mathématiciens. Dans un livre intitulé *Tentamina medicophysica*, et imprimé en 1708, il évalue à cent livres la quantité de sang renfermée dans un corps pesant cent soixante livres, ce qui est exagéré, et il estime que la vitesse du sang est de cinq mille deux cent

(1) Voyez page 439 de la 2e partie de ce cours.
(Note du Rédacteur)

trente-trois pieds par minute dans l'aorte, et d'un pied seulement dans les petites artères capillaires.

Dans un autre traité, Keill a cherché à estimer la force du cœur, et a pesé, pour y parvenir, le cylindre de sang que ce muscle peut soulever. Voici comment il a opéré et le résultat auquel il est arrivé : il a adapté un tube de verre à une artère; le sang est monté jusqu'à une certaine hauteur à laquelle il est resté stationnaire; Keill a pesé cette colonne de sang qui faisait équilibre à la force du cœur, et il a trouvé que son poids était de cinq onces. La force du cœur, par cette expérience, est, comme vous le voyez, réduite presque à rien. Le résultat de Borelli, qui portait à cent trente-cinq mille livres la puissance du cœur; était fort exagéré en plus; celui de Keill l'est autant dans le sens inverse.

Ce dernier médecin-mathématicien explique aussi les sécrétions par le ralentissement du sang dans les petites artères, et les mouvemens musculaires par un gonflement vésiculaire résultant de l'afflux du fluide nerveux. Ce système, dans lequel les fibres musculaires sont considérées comme creuses, a dominé pendant presque toute la première moitié du XVIIIe siècle. Ce n'est que dans des temps assez rapprochés des nôtres qu'on s'est aperçu que les fibres musculaires se raccourcissaient en serpentant.

Jacques Jurin, Anglais comme Keill, né à Londres en 1680 et mort en 1750, après avoir été président du collége des médecins et membre de la Société royale de Londres, a cherché aussi à reconnaître la force du cœur. Le résultat de son calcul fut différent de celui

de Keill; il trouva que la colonne de sang, soutenue
par le ventricule gauche, pesait neuf onces, et celle
soutenue par le ventricule droit, six onces. Ses calculs sur la vitesse du sang ne sont pas moins différens
de ceux de Keill et autres de la même école. Ce sont
ces divergences qui ont discrédité l'application des
mathématiques à la physiologie. Tous les auteurs
dont nous venons de parler cherchaient à faire faire
à la physique vivante des progrès analogues à ceux que
les géomètres avaient procurés à la physique ordinaire
et surtout à l'astronomie. Gallilée, Képler, Newton,
avaient dirigé par leurs découvertes tous les esprits
vers la géométrie; il était naturel que les médecins
essayassent de l'appliquer à l'objet particulier de leurs
études. L'astronomie se prêtait parfaitement à l'application des mathématiques, parce qu'elle est extrêmement simple, parce que les astres se meuvent dans un
milieu vide où ils n'éprouvent pas de résistance (1),
et que, comme on peut négliger l'attraction des petits astres, qui n'a été évaluée que dans ces derniers
temps par Laplace, le calcul des mouvemens planétaires se réduit presque alors à la combinaison de l'attraction du soleil avec la force tangentielle. Mais la
difficulté est insurmontable lorsqu'il s'agit d'estimer
le mouvement d'un liquide à travers un muscle creux
comme le cœur, dont la grandeur n'est pas calculable,

---

(1) J'ai fait voir, dans une note de la 2e partie de ce cours, qu'il
n'existe pas de vide absolu dans le monde. Le retard de la dernière comète, sur le calcul des astronomes, est une nouvelle preuve de la vérité de mon opinion.　　　　　(*Note du Rédacteur.*)

géométriquement parlant, et que le liquide poursuit
son cours à travers une infinité de vaisseaux dont la direction varie continuellement. Pour résoudre un problême aussi compliqué que celui-ci, il faudrait des
méthodes bien supérieures à celles que la géométrie
possède aujourd'hui. C'étaient donc des efforts complétement inutiles que ceux que faisaient les médecins
pour obtenir de l'application des mathématiques à la
physiologie les mêmes progrès que cette application
avait fait faire à la physique, à l'optique, à l'astronomie.

On retrouve les mêmes difficultés et les mêmes erreurs dans Baglivi, professeur à Rome, qui était né
en 1668, et mourut prématurément en 1706, épuisé
par ses travaux. Son ouvrage intitulé *De fibrá motrice
specimen*, imprimé en 1702, présente cependant un
assez grand avantage sur ceux que nous avons vus
jusqu'à présent, c'est de démontrer l'action des solides
dans les phénomènes vitaux. Aussi, Baglivi est-il le
chef de cette secte médicale qu'on appelle les *solidistes*.
Il fesait de la dure-mère un organe moteur, antagoniste du cœur. C'est une erreur, car la dure-mère n'a
pas de fibres contractiles, et d'ailleurs elle est partout
adhérente au crâne.

Dominique Santorini, Vénitien, né en 1680 et
mort en 1736, a fait aussi un ouvrage où les mathématiques sont appliquées à la physiologie L'idée
principale de cet ouvrage, qui a pour titre *De struc-
turá et motu fibræ*, et a été imprimé à Venise en 1705,
est que chaque fibre est formée d'un filet nerveux prolongé. Cette opinion n'a pas eu de succès, car la dif-

férence entre les fibres et les nerfs est essentielle.

Ici, nous rencontrons un homme qui mérite d'être distingué par ses vastes connaissances, et dont nous avons déjà parlé comme chimiste et comme botaniste, c'est Hermann Boerhaave. Nous allons le considérer comme physiologiste. Vous savez qu'il était né à Woorhoot, en 1668; son père, qui était pasteur, prit soin de sa première éducation : à onze ans, il savait déjà parfaitement le latin et le grec. Un ulcère incurable, qu'il avait dès sa première jeunesse, lui suggéra l'idée de se faire médecin, pour se traiter lui-même. Il commença ses études à Leyde, en 1682 ; il fut reçu docteur à Harderwick en 1693. En 1701, il fut nommé doyen à la place de Drelincourt, qui était professeur à l'université de Leyde, et qui avait été son maître principal pour la médecine. En 1709, il devint professeur de clinique, et, en 1718, professeur de chimie. Il réunit ensuite ces trois chaires à celle de physiologie, et les conserva pendant le reste de sa vie. Aucun professeur de son temps ne fut plus éloquent que lui, et plus célèbre comme médecin. Il avait, en cette qualité, une réputation telle que, de toutes les parties du monde, on venait lui demander des consultations. Sa fortune s'accrut ainsi rapidement, et elle dépassa quatre millions, dont il fit, pendant sa vie, le plus noble usage.

Ordinairement, les physiologistes font marcher de front avec leurs études les recherches anatomiques. Boerhaave ne s'est pas livré à ce double travail ; il a peu disséqué. Mais chaque année, pendant les vacances, il allait à Amsterdam pour étudier les découvertes anatomiques de Ruysch ; c'était ainsi qu'il acquérait des connaissances sur la structure du corps humain. Chose singulière! Boerhaave adopta les idées de Malpighi, dont nous reparlerons plus tard, de préférence à celles de Ruysch sur les sécrétions.

Mais Boerhaave eut un grand mérite, c'est celui d'avoir achevé de détruire les hypothèses chimiques. Son livre, intitulé *Institutiones rei medicæ*, et dont la première édition parut en 1708, servit pendant long-temps de base à tous les cours publics de l'Europe. Il y avait pour cela deux raisons, la mode et la clarté de l'ouvrage. Cette dernière qualité était telle que le livre de Boerhaave fut même traduit en arabe pour les écoles turques, où furent adoptées, jusqu'à un certain point, ses idées principales sur le phénomène de l'inflammation, qui, suivant lui, est déterminée par le passage du sang dans les vaisseaux lymphatiques, lequel passage s'opère sous l'influence de l'action nerveuse exaltée. Boerhaave a cherché à expliquer les sécrétions par la forme des *couloirs*, par leur plus ou moins de diamètre, par la plus ou moins grande facilité que les molécules du sang trouvaient à s'y distribuer. Mais toutes ces idées sont trop mécaniques.

Boerhaave a de plus donné, sur l'action propre des parties, beaucoup de détails qui eurent de la vogue. Nous verrons plus tard toutes ces opinions développées par le célèbre Haller, son élève. Nous terminerons cet examen des médecins qui se rattachent à l'école mathématique par quelques auteurs d'une moindre importance.

Nous citerons d'abord Bernouilli, professeur à Bâle et ensuite à Groningue. De son temps les chaires se tiraient au sort, et il arrivait ainsi quelquefois qu'un philosophe obtenait la chaire de médecine et un géomètre celle d'histoire. Il paraît que c'est à cet usage qu'est due sa thèse intitulée : *De motu musculorum et fermentatione,* où il admet que les esprits nerveux dégagent l'air du sang des fibres au moyen d'une fermentation qui produit le gonflement des vésicules fibreuses. Il se livre à cet égard à beaucoup de calculs et construit tout un système. La famille Bernouilli a été extrêmement célèbre par ses travaux mathématiques ; mais en physiologie, elle n'a rien laissé de remarquable.

Je nommerai seulement Michelotti et Pacchioni qui étaient aussi des médecins appartenant à l'école de Borelli, et sur lesquels nous reviendrons en parlant de l'anatomie. Je ne ferai également que mentionner Hales, l'auteur de l'Hémastatique. Nous le reverrons quand nous traiterons de la physiologie végétale.

Les ouvrages des autres jatro-mathématiciens ne sont que des répétitions de ceux que nous avons analysés.

Maintenant nous allons examiner le système psychique.

Le corps vivant est évidemment régi par des lois distinctes de celles des corps bruts ordinaires, puisque à l'instant où la vie cesse, le corps lui-même change d'état, se dissout, se résout en molécules diverses. La question était de savoir si les lois particulières du corps vivant tenaient à sa structure ou à quelque principe étranger à cette même structure et qui la dominait, en un mot quelle était la nature du principe du corps vivant. Vanhelmont pensait que les molécules, ou élémens qui composent le corps, étaient retenues ensemble par un principe spécial; que ce principe dominait et dirigeait leurs mouvemens de manière non-seulement à conserver leur ordre, mais encore à rétablir cet ordre quand il n'avait été détruit que jusqu'à un certain point. Il citait à l'appui de son opinion ce que depuis lui on a appelé *l'épine de Vanhelmont*. Tout le monde sait que quand un corps étranger pénètre dans la peau, à l'instant les mouvemens du corps se modifient en ce sens que les fluides se portent vers le point irrité, qu'il s'y produit une inflammation de laquelle résulte une suppuration, et que cette suppuration produit l'isolement et l'expulsion du corps irritant; après quoi la plaie se guérit rapidement et l'ordre primitif se rétablit. Ce fait se renouvelle dans mille maladies. Vanhelmont nommait Archée la cause de ce phénomène qui a lieu indépendamment de notre volonté. Il la supposait demi-matérielle et demi-spirituelle, et la regardait comme le conservateur du corps.

Il est clair qu'en parlant ainsi on ne dit rien; car il faut bien distinguer un principe occulte, un principe inexpliqué qui fait clairement comprendre le détail des phénomènes, d'avec un principe général, que l'on donne sous un nom quelconque, et avec lequel on n'a la faculté de rien expliquer. Cette distinction est essentielle dans la philosophie de la science des êtres vivans, et je vais développer davantage ma pensée. Je vous prie de me prêter un instant d'attention.

Les auteurs qui admettent soit un archée, soit l'âme raisonnable, soit un principe vital, comme pouvant expliquer les phénomènes du corps vivant, prétendent s'appuyer de l'exemple des astronomes qui reçoivent comme principe du mouvement des astres, la gravitation universelle, bien qu'ils ne sachent pas expliquer la cause de cette gravitation. Ce raisonnement serait juste si le phénomène physiologique résultait aussi clairement du principe auquel on l'attribue, que le phénomène astronomique résulte du principe de la gravitation.

Or on a reconnu que la gravitation universelle s'exerce entre les corps en raison directe de leurs masses, et en raison inverse du carré des distances; par conséquent la masse des corps, la distance qui les sépare, et le mouvement imprimé à chacun d'eux étant donnés, on peut trouver, au moyen du calcul, quels seront les mouvemens de ces corps dans l'éternité, s'il ne survient pas de masses perturbatrices. L'intelligence est ainsi satisfaite; les phénomènes sont rationnellement et mathématiquement expliqués; on n'a pas besoin pour rendre compte de leur existence de chercher une cause ultérieure, car en la trouvant on n'expliquerait pas mieux les phénomènes, on expliquerait la cause de leur cause, ce qui serait sans doute fort curieux, mais ce qui n'est pas indispensable.

L'archée, l'âme raisonnable, le principe vital expliquent-ils les phénomènes physiologiques d'une manière aussi satisfaisante que la gravitation explique tous les mouvemens planétaires? Peut-on se passer, avec eux des causes secondaires, comme avec la gravi-

tation on peut se passer d'une explication ultérieure ?
Peut-on de leur vague généralité descendre aux phénomènes particuliers soit par le calcul, soit par un raisonnement quelconque ? aucunement. Dire, comme
Vanhelmont, que les mouvemens ordinaires et extraordinaires des corps sont produits par un principe spécial
qu'il appelle archée, c'est prononcer un mot, c'est exprimer une idée abstraite par un terme abstrait. Pour
satisfaire l'intelligence, il faudrait démontrer quelles
sont les propriétés de cet archée et comment au moyen
de ces propriétés on peut expliquer tous les mouvemens organiques. Or on n'a rien fait de tout cela.

Aussi les idées de Vanhelmont furent-elles perdues
de vue pendant un certain temps. Les chimistes
cherchèrent à expliquer les mouvemens du corps par
des fermentations; les mathématiciens cherchèrent à
les expliquer par l'hydrostatique, et tous supposèrent
que le corps était formé d'une certaine manière, et
avait un certain mécanisme dont la cause restait en dehors de leurs recherches; ils évitèrent presque tous
d'employer le principe abstrait et général de l'archée.

La physiologie psychique ou stahlienne, fut produite
par le système de Descartes, dans lequel les corps étaient
considérés comme incapables de mouvement par eux-
mêmes, et l'esprit comme ayant seul la puissance de les
faire entrer en action. Ce système était l'inverse de
celui qui fut seulement soutenu par Leibnitz, car il
ne l'avait pas inventé, et d'après lequel chaque monade avait une force propre, une certaine énergie, au
moyen de laquelle elle se mouvait et pouvait impri-

mer du mouvement à d'autres monades. Le système de Leibnitz eut ses partisans comme celui de Stahl, et nous verrons F. Hoffmann en faire sortir une doctrine où il attribue aux corps vivans une énergie propre, cause productrice de leurs mouvemens réguliers.

Stahl n'est pas plus que Leibnitz l'inventeur de l'idée fondamentale de son système, elle est due à Borelli qui, comme vous pouvez vous en souvenir, avait dit que le mouvement du cœur pouvait bien être le résultat de la volonté et de l'habitude.

Le système de Stahl étant considérable par lui-même, il me serait impossible de vous l'exposer en entier aujourd'hui. Nous en ferons l'histoire, ainsi que celle de ses développemens, dans la séance prochaine.

DOUZIÈME LEÇON.

La théorie médicale ou la physiologie de Stahl est contenue dans un ouvrage intitulé *Theoria medica vera*, qui fut imprimé pour la première fois à Hall en 1708, et dont Juncker, son élève en chimie, sur lequel nous reviendrons comme physiologiste, a donné une autre édition. Stahl y attribue les phénomènes ordinaires et extraordinaires du corps à l'âme, telle que nous l'entendons quand nous la considérons comme le principe de la sensibilité, du raisonnement et de la volonté. Les anciens employaient ce mot d'âme pour désigner tout principe de mouvement intérieur : ainsi certaines sectes de philosophes admettaient une âme du monde qui fesait mouvoir toutes les parties de l'univers dans un ordre régulier, une âme végétative qui était le principe intérieur des mouvemens des végétaux, qui fesait monter la sève dans leurs tissus et

développait ainsi leurs feuilles et leurs fruits ; ils admettaient une troisième âme nommée sensitive, qui
était commune à tous les animaux, et enfin une âme
raisonnable qui était propre à l'homme. Les progrès
de la philosophie donnèrent sur l'âme des idées plus
nettes et susceptibles d'être exprimées d'une manière plus particulière. On en vint à considérer le
principe qui nous donne la faculté de sentir, comme
distinct de celui qui nous donne la faculté de mouvoir nos muscles, de celui de concevoir des idées,
et de les combiner pour former des raisonnemens.
Les uns, appelés idéalistes, supposèrent même que
rien n'existe, que rien n'est démontré, si ce n'est
l'existence du *moi*, qui seul a conscience de soi, et
qu'ainsi le corps n'est qu'une vaine apparence, une espèce de rêve de l'âme. D'autres, désignés par le nom
de matérialistes, attribuèrent au contraire à la matière seule l'existence, et admirent que les mouvemens
intérieurs et extérieurs du corps, les sensations que
nous éprouvons, nos idées et les actes volontaires que
nous exécutons conformément à ces idées, ne sont que
des modifications de cette matière. Un troisième système qui participe des deux précédens, admit l'existence de la matière comme réelle, et supposa que le
principe qui éprouve des sensations, qui se forme des
idées, qui les combine pour en tirer des conclusions,
et qui ensuite fait exécuter au corps des mouvemens,
doit être appelé âme plus spécialement, dans une acception définie. Ce système donna naissance à une
difficulté, celle de savoir comment le principe distinct
du corps agit sur ce corps, et comment celui-ci agit

sur l'âme. Diverses opinions furent exprimées à cet égard. Leibnitz, par exemple, rejeta l'action du corps sur l'esprit et celle de l'esprit sur le corps, et admit que l'un et l'autre éprouvaient des modifications parallèles et analogues; ce système est connu sous le nom d'harmonie préétablie. D'autres philosophes, comme Mallebranche, supposèrent que l'action de l'esprit sur le corps, et réciproquement, n'était le résultat ni de l'un ni de l'autre, mais le résultat de l'intervention de la divinité. Toutes ces hypothèses et autres importent assez peu; si je les rappelle, c'est pour faciliter l'intelligence de ce que nous allons dire de Stahl.

Selon ce physiologiste, qui part du principe de la philosophie de Descartes, aucun mouvement spontané ne peut exister dans la matière. S'il y a un mouvement général du monde, ce mouvement a été déterminé dès l'origine par le créateur; et toutes les phases particulières, dont se compose ce même mouvement, sont le résultat de la différence de forme des parties de la matière. Il ne peut se manifester de mouvement nouveau qu'autant qu'un être immatériel le produit. Comme les mouvemens vitaux ne sont pas tous des mouvemens communiqués, comme ils ne résultent pas tous directement de la masse générale de mouvement qui anime la création entière, mais que plusieurs naissent spontanément par l'action de notre volonté, ainsi qu'il arrive par exemple lorsque nous passons subitement et librement d'un état de repos à l'agitation, et même à l'état le plus violent (changement que les matérialistes sont pourtant obligés d'attribuer à des mouvemens antérieurs exécutés dans l'ensemble de l'u-

nivers), Stahl plaça dans l'âme la cause de tous les
mouvemens qui sont produits dans le corps , sans même
que l'âme en ait connaissance. C'est une difficulté inex-
pliquée que le mode d'action de l'âme sur la matière ;
mais cette difficulté n'est pas particulière au système
de Stahl , elle existe aussi dans celui de Descartes. Stahl
donc concevant que la matière n'a aucune force active, que l'organisation a un but déterminé, considéra
l'âme comme la source de toute l'activité volontaire et
involontaire du corps, et prétendit même que c'est
elle qui se construit son corps dès le sein de la mère
avec les matières qui y sont à sa disposition. Suivant lui
elle nourrit convenablement chaque partie, détermine
les sucs à s'y rendre et à s'y distribuer, opère les sécrétions et envoie sur chaque point les particules convenables. Il expliquait ainsi les effets de l'imagination de
la femme sur le fœtus, ce qui alors ne fesait pas l'objet
d'un doute. Les prétendus esprits animaux qui, d'après
Descartes, étaient la source presque essentielle des
mouvemens du corps vivant, sont totalement rejetés
par Stahl. L'âme , suivant lui, n'a pas besoin d'eux
pour instrumens ; dans son système , elle est immédiatement présente dans toutes les parties du corps;
elle est étendue, et son activité est divisible, c'est-à-
dire qu'elle peut agir d'une certaine manière sur un
point, et autrement dans une autre partie. Cependant
il regarde la glande pinéale comme le centre de sa substance.

Suivant Stahl, les efforts de la nature, dans nos maladies, efforts que tous les médecins ont reconnus, qui
ont été remarqués même par *Hippocrate*, et plus tard

par Vanhelmont qui cherchait à les expliquer par son archée, sont des mouvemens raisonnables qui repoussent les causes des maladies, et qui essaient de réparer les erreurs antérieures. Souvent l'âme fait des efforts semblables pour réparer les effets de l'ignorance des médecins. Si l'on demande à Stahl d'expliquer comment l'âme exécute des actes pareils, sans en avoir la conscience, il répond qu'elle agit sans avoir des idées nettes, par une espèce d'instinct et d'habitude. Il est certain, en effet, que nous exécutons beaucoup de mouvemens, et de mouvemens assez compliqués, sans précisément nous en rendre compte. Dans chacun de ces mouvemens nous mettons en jeu une multitude de muscles différens, dont personne, à part les anatomistes, ne sait l'existence. Mais il y a à répondre qu'on est long-temps avant d'exécuter sûrement même le mouvement le plus simple, et qu'excepté peut-être les premiers mouvemens de la respiration et de la succion, et ensuite les mouvemens qui sont déterminés par des causes irritantes, l'enfant a besoin d'apprendre, pour ainsi dire, tous ses mouvemens. Ce n'est pas par une étude des muscles, mais par des essais répétés, qu'il arrive à être sûr de leur usage. Les animaux ont aussi besoin d'une certaine expérience; il n'est personne qui ne sache que les petits oiseaux, par exemple, battent des ailes et s'exercent sur le bord de leur nid quelque temps avant de s'en éloigner.

A l'appui de la doctrine de Stahl, on peut citer un homme, par exemple, qui touche du piano. Cet homme est obligé de reconnaître les notes de son cahier et de porter chacun de ses doigts sur une touche spéciale, avec une vitesse déterminée ; il a ainsi, dans un instant presque indivisible, plusieurs idées, et il exécute quelquefois, dans le même temps, des mouvemens volontaires extrêmement nombreux, et qui demandent beaucoup de précision, car autrement il jouerait faux ou mal. Il en est de même de l'action de danser, de beaucoup d'autres actes qui exigent des mouvemens très-compliqués, et qu'on exécute sans y penser. Dans certains cas, ces mouvemens ne sont pas seulement la traduction d'une sensation ; mais ils exigent des raisonnemens multipliés. Cela arrive lorsque nous nous défendons en faisant des armes, et lorsque nous lisons. Dans ce dernier exercice, il faut que nous nous rendions compte des formes des lettres, des sons qu'elles représentent, suivant la langue dans laquelle le livre est écrit, et en même temps, pour lire convenablement, du sens des différens mots. Tous ces actes se font d'une manière si rapide et tellement indivisible, que personne ne s'aperçoit ni ne se souvient de la multitude des petites sensations, des petits raisonnemens, des petites conséquences qui en sont les conditions indispensables. Cette vérité est encore plus palpable dans l'écriture que dans la lecture ; car celui qui écrit sous la dictée a de plus que le lecteur à se rappeler toutes les règles de l'orthographe qui sont souvent si arbitraires, et varient presque avec toutes les langues, de telle sorte que le même son y est la plupart du temps exprimé par des lettres différentes.

Stahl se fondait sur ces divers phénomènes pour soutenir que l'âme pouvait exécuter une infinité de mouvemens à son insu. Mais, comme je l'ai déjà fait, il

faut répondre à Stahl que tous les mouvemens qu'il
invoque à l'appui de sa doctrine sont des mouvemens
appris. Avant d'écrire rapidement sous la dictée, ou
sous sa propre inspiration, l'homme est obligé d'apprendre les règles de l'orthographe, l'ordre suivant lequel les lettres doivent être placées pour représenter les
mots, et ce n'est même qu'après un exercice de plusieurs années, qu'il parvient à la possession et à l'usage
rapide de cette connaissance. Ce talent n'a rien d'extraordinaire ; il n'y a aucune raison pour que l'esprit
qui n'est pas soumis aux mêmes règles de mouvement
que la matière, ne puisse concevoir et produire des
milliers d'idées dans un temps qui, pour les mouvemens corporels, paraît être un temps presque indivisible. Le temps le plus court, physiquement parlant,
est encore divisible à l'infini intellectuellement, comme
l'espace le plus petit. Ce qui produit l'idée contraire,
c'est que la rapidité avec laquelle l'habitude nous fait
agir dans les cas que j'ai cités, ne nous permet pas de
nous rendre compte et de nous souvenir du travail de
notre pensée. Ce n'est guère que d'actes exécutés lentement que nous nous souvenons : nous nous rappelons
rarement des paroles prononcées avec rapidité, et l'on
ne retiendrait même pas un discours qu'on n'aurait
préparé qu'à la hâte.

Ainsi donc les faits invoqués par Stahl ne sont nullement concluans. Il n'en résulte point que l'âme agisse
par instinct dans tous les mouvemens corporels, et
qu'avant d'avoir un corps, elle pénètre dans le sein de
la mère pour y présider à la distribution des élémens
qui doivent le composer, et cela sans l'avoir jamais ap-

pris, sans aucune idée du but vers lequel elle doit tendre. Tous les efforts de Sthal, à cet égard, sont absolument vains, quoique son principe pourtant soit moins
vague que l'Archée de Vanhelmont.

L'étrange idée de Stahl de se représenter l'âme comme
le principe formateur du corps, comme dirigeant la
circulation et comprimant et dilatant le cœur alternativement; comme dirigeant la digestion stomacale et
refoulant la bile dans le duodénum pour achever la digestion; comme défendant le corps à la manière d'un
général d'armée, toutes les fois que l'ennemi se présente
sous forme de maladie, cette étrange idée, dis-je, eut
pourtant une assez grande vogue, parce qu'elle était
une espèce de formule au moyen de laquelle on croyait
s'expliquer tous les faits physiologiques et pathologi-
ques. Les médecins, les thérapeutistes, les pathologistes,
la multitude, tout le monde, en un mot, s'en empara
comme d'une règle de conduite, la physique ordinaire
ne rendant pas compte alors de tous les phénomènes.

L'instrument que l'âme employe, suivant Stahl,
dans ses actes, est la tonicité qui tend les parties cor-
porelles. Cette tonicité devint un terme général dans
le langage des médecins de l'école de Stahl. Elle a quelque analogie avec l'irritabilité de Glisson, développée
par Hoffmann et par Haller. Mais celle-ci offre cette
différence qu'elle est une propriété de la matière organisée, qui s'exerce par des corps excitans ou irritans,
indépendamment de l'âme, tandis que dans le système
de Stahl, c'est l'âme elle-même qui produit la tonicité.

Si l'on demandait à Stahl comment les végétaux qui

sont privés d'âme pouvaient vivre, il était réduit à admettre que pour eux les forces physiques extérieures suffisaient au développement, par conséquent qu'il préexistait chez eux un germe qui occasionnait l'action de ces mêmes forces extérieures, ce qui ruinait de fond en comble sa doctrine; car s'il existe un germe dans les végétaux, il n'y a pas de raison pour ne pas admettre quelque chose de semblable dans les animaux.

Les partisans de Stahl exagérèrent ses idées et les portèrent beaucoup plus loin que lui. L'un d'eux, Jean-Daniel Gohl, qui était médecin à Berlin, a publié à Hall, en 1739, un ouvrage allemand, intitulé : *Pensées sur l'esprit débarrassé de préjugés, et particulièrement sur la nature des esprits animaux.* Les efforts des Stahliens avaient pour objet de renverser le système de ces esprits introduits par Descartes. Suivant Gohl, il existe un principe plastique qui préside à la formation de l'embryon ; c'est une espèce d'âme végétative. Cette âme agit d'après des idées innées, et avant que la raison soit développée. Il la compare à la faculté qu'ont les insectes de former des constructions admirables, sans que nous puissions nous imaginer qu'ils les aient raisonnées. L'abeille, par exemple, construit un édifice assez compliqué, fort ingénieux, et conforme à la plus exacte géométrie, bien qu'elle ne connaisse aucun principe de cette science. Gohl se figurait que le principe plastique qu'il admettait avait en lui-même l'idée innée du travail qu'il devait faire, et qu'il agissait d'après cette idée comme un maçon construit une maison d'après un plan qu'il a dans la tête. Les nerfs, suivantGohl, ne sont pas creux, et ne con-

duisent point d'esprits animaux ; l'âme agit sur eux en
les tendant ; celle-là n'est pas répandue dans tout le
corps, elle est placée dans le cerveau, et c'est de là
qu'elle agit sur tous les points du corps. Il n'y a pas
jusqu'aux menstrues qui ne soient soumises à sa volonté.

Juncker adopta aussi les idées de Stahl, et c'est lui
qui leur donna le plus d'ordre. Nous avons déjà parlé
de ce savant, dans la catégorie des chimistes. Il a publié un ouvrage intitulé : *Conspectus Physiologiæ*,
dans lequel il émet l'opinion que l'intellect pur agit
sans conscience, sans sensation, dans les phénomènes
du corps, et, d'un autre côté, il prétend que cet intellect, ou l'âme, prévoit ce qui doit arriver au corps, et
agit de manière à lui éviter la pléthore : ce qui constitue évidemment une contradiction.

Michel Alberti, autre partisan de Stahl, qui était né
à Nuremberg en 1682, professait à Hall, en 1710, et
mourut en 1757, a publié, suivant l'usage du temps,
une multitude de thèses sur cette doctrine Stahlienne.
Son principal ouvrage est intitulé : *Nova Para-
doxa,* ou Traité de l'âme de l'homme et des plantes.
Alberti y porte la superstition jusqu'à dire qu'il a souvent été averti par des éternuemens de l'arrivée de ses
amis, ou de lettres : tant il est facile de passer du stahlianisme au mysticisme et à toutes les absurdités que
la superstition peut enfanter ! A cette époque, beaucoup de médecins croyaient à ces superstitions et à
celle de liaisons entre l'âme humaine et les phénomènes
généraux de l'univers. On pourrait même dire qu'a-
lors le panthéisme dominait dans certaines écoles, et

jusqu'à certain point dans des pays entiers. Suivant
Alberti, les âmes des bêtes sont immortelles comme
celle de l'homme ; elles peuvent pécher comme elles.
Il prétend que le père maigrit quand le fœtus prend
son plus grand accroissement, ce qu'il fixe au huitième
mois, et qu'à partir de ce temps, c'est toujours aux
dépens du père qu'il se développe. Vous voyez à
quelles folies peut conduire le système de l'intervention
directe de l'âme dans les mouvemens corporels dont
nous ne connaissons pas la cause. Frédéric Hoffmann,
qui avait été prédécesseur de Stahl, émit toujours des
opinions opposées à ces idées.

Leibnitz attribua d'abord à la matière une énergie
propre. Adoptant ensuite la doctrine de Glisson et
d'autres philosophes plus anciens du dix-septième
siècle, il arriva par degrés à l'irritabilité hallérienne,
opinion qui était aussi rationnelle que celle de Stahl
était enfoncée dans la superstition et le mysticisme. Les
idées de Leibnitz prévalurent, et après cinquante ans,
les idées stahliennes tombèrent dans l'oubli. Mais la
doctrine de Leibnitz ne se répandit que lentement en
Angleterre et en France.

En Angleterre, quelques philosophes combinèrent
les idées de Stahl avec celles des iatro-mathématiciens,
ce qui se conçoit facilement. Ainsi Georges Shell, qui
était né en 1671, qui fut élève de Pitcarn, médecin à
Bâle et à Londres, publia en 1725, un livre qui présente cette combinaison et qui est intitulé : *De naturâ
Fibræ*. Les fibres y sont considérées, comme l'avait fait
Pitcarn, d'une manière mathématique, et l'auteur y
soutient que l'âme agit, même dans les mouvemens

que nous nommons involontaires. Il cite, entre autres exemples, à l'appui de son assertion, celui d'un colonel nommé Tompshin, qui, surtout à la fin de sa vie, pouvait arrêter momentanément les mouvemens de son cœur. Ce pouvoir de la volonté existe très-rarement; cependant Shell en tire une conclusion générale qui est certainement fausse (1). Il suppose avec Gohl que l'âme est à l'origine du système nerveux, et qu'elle peut transmettre sa volonté aux nerfs, comme un joueur d'orgue en pressant chaque touche y fait porter l'action de l'air comprimé.

L'auteur qui, en Angleterre, a étendu le plus la doctrine de Stahl, est François Nichols, lecteur et professeur d'anatomie à Oxford. Il est célèbre par ses injections, qui approchent de celles de Ruisch. Dans un livre intitulé *De animâ medicâ prælectio*, imprimé en 1750, et où il combat les anti-stahliens, et les accable d'injures, il va jusqu'à prétendre que l'âme agit non-seulement d'après des idées innées, mais qu'elle a des passions et de la politique; ainsi elle se fâche quand le médecin la contrarie par l'application de remèdes qui ne sont pas convenables et l'empêche de faire ce qu'elle juge nécessaire pour la guérison du corps. Dans ce cas, elle se met quelquefois tellement en colère, qu'elle abandonne le malade au malheureux sort que le médecin lui a attiré. D'autres fois, elle agit plus politiquement;

(1) Le fait de ce pouvoir est faux, en effet, généralement parlant; mais sa possibilité ne l'est pas : comme tous les nerfs sont en communication, on conçoit l'influence de la volonté sur ceux des organes, en admettant certaines conditions. (*Note du Réd.*)

13

elle fait en sorte de ménager ses forces. Ainsi, dans l'é-
ruption de la petite-vérole, elle s'arrange de manière
à la faire durer plusieurs jours, afin de ne pas l'affaiblir
trop promptement, et quand un enfant meurt, sa nourrice perd son lait. Enfin, le découragement des malades
vient de ce que l'âme ne sait plus que faire ; dans son
impuissance, elle se croise les bras, pour ainsi dire.
Aussi le découragement des malades est-il toujours
d'un mauvais augure. La putréfaction du corps, suivant Nichols, est le résultat du départ, de l'absence
de l'âme ; mais elle s'en va un peu auparavant, lorsqu'elle prévoit que le corps va tomber en putréfaction,
pour éviter les inconvéniens d'une demeure aussi dés-
agréable. A coup sûr, ce Nichols est un des auteurs
les plus extravagans de l'école stahlienne.

On trouve encore dans Portfield et Robert Whyte
les principes du stahlianisme, mais modérés, restreints
dans des limites qui n'excèdent pas tout-à-fait celles
de la raison.

Guillaume Portfield est auteur d'un traité sur l'œil,
qui parut à Edimbourg en 1754, et qui est très-remar-
quable pour le temps. Il y attribue à la volonté les
mouvemens de la pupille, qui se rétrécit en présence
d'une vive lumière et se dilate dans l'obscurité, de
manière que la rétine soit impressionnée d'une manière
égale dans les deux cas. Mais nous ne savons pas cela
par nous-mêmes, nous n'en avons pas le sentiment ou
la conscience, ce n'est qu'en voyant les yeux des autres
que nous l'apprenons. Il est certain qu'il y a quelque
chose de volontaire dans les variations de la pupille ;
car, par les expériences de Spallanzani et de Fontana,

on voit qu'un chat plongé dans l'eau dilate ses pupilles
à un degré extraordinaire, quoiqu'il soit en pleine lumière. On suppose qu'il y a, dans ce cas, influence de
l'âme sur l'organe de la vision, la peur qu'éprouve le
chat étant un sentiment de son âme. Ce fait est peut-
être un des plus forts argumens que l'on puisse employer en faveur du stahlianisme. Physiologiquement,
on pourrait l'expliquer par les rapports de la choroïde
avec la rétine ; mais c'est une question qu'il faut mettre
à part.

Robert Whyte, professeur à Edimbourg, mort en
1766, a donné, en 1761, un essai, en anglais, sur les
mouvemens involontaires des animaux. Il y considère
l'âme comme la cause générale de la contraction des
muscles ; il se la représente comme déterminant nos
impressions de plaisir et de douleur, comme agissant
dans le sommeil sans réflexion, sans prévision de l'a-
venir. Elle agit aussi dans les convulsions, par l'in-
termède des nerfs, et même dans les muscles détachés
du corps. Il est dificile de se représenter comment il
concevait cette dernière action. Il faut qu'il ait imaginé une âme distribuée dans tout le corps, et dont des
fragmens seraient arrachés en même temps que les parties musculaires, ce qui diffère beaucoup du stahlianisme primitif. Il est certain qu'il faut un principe puissant pour produire les mouvemens particuliers de toutes
les parties du corps. Mais l'emploi du mot âme, pour
exprimer ce principe général, constituerait un abus de
terme ; car alors il aurait un sens bien différent de celui où on l'emploie ordinairement.

Il y eut d'autres sectateurs de Stahl en Angleterre ;

mais comme ils n'ont pas donné de formes particulières à son système, il serait inutile de les citer.

Les stahliens de France prirent une autre voie ; ils employèrent des formes plus abstraites, plus générales; l'âme changea de dénomination parmi eux, et il en résulta le système du principe vital qui, en conservant son nom, a lui-même presque toujours changé de forme.

Dans la prochaine séance, nous exposerons l'histoire de ce système en France, et nous commencerons par les irritabilistes.

TREIZIÈME LEÇON.

MESSIEURS,

Le premier qui introduisit les idées de Stahl dans les écoles françaises de médecine fut François Boissier de Sauvages de La Croix, né à Alais en 1706. Sa famille était noble, et son père avait été capitaine d'infanterie. Il étudia à Montpellier vers 1723, sous Astruc, professeur célèbre de ce temps, sous Deidier, Haguenot, Chicoyneau et autres professeurs moins célèbres. Il vint à Paris en 1730 pour y compléter ses études, et retourna en 1731 à Montpellier, où il fut nommé professeur avec dispense de concours. Il mourut en 1767. Sauvages fut célèbre comme botaniste et comme médecin. Il a donné un Traité de Nosologie où les maladies sont classées d'après certains caractères, à la manière des naturalistes, et un système des plantes dans lequel il les classe d'après les feuilles, sans avoir égard aux organes de la fructification. Ce dernier ouvrage, intitulé *Methodus foliorum*, parut en 1751. Sa Physiologie élémentaire fut imprimée à Avignon en 1755. Le stahlianisme de Sauvages n'est pas pur ; il ressemble plus à celui de Whyte qu'à Stahl lui-même. Sauvages se représente l'âme comme le premier principe du mouvement, mais non comme agissant immédiatement dans chaque partie. Il déduit les mouvemens volontaires les uns des autres, et applique les principes des mathématiques comme Whyte. Il cherche à expliquer aussi les mouvemens involontaires par l'action de l'âme, et se représente cette action comme déterminée par des impressions sensibles qui occasioneraient des sentimens confus de plaisir ou de peine, et qui produiraient ainsi une action immédiate. Il s'appuie d'actions qui sont des actes de la volonté, quoique nous ayons à peine le temps de nous en apercevoir, et, par analogie, il suppose que c'est aussi l'âme qui agit dans les mouvemens physiologiques. C'est à peu près ce qu'avait dit Stahl ; il y a seulement cette différence qu'il admet l'intermédiaire des nerfs. Sauvages cite des exemples où l'action de l'âme est incontestablement involontaire ; ce sont ceux où des mouvemens extérieurs sont déterminés par l'imagination. Cela a lieu dans la peur, lorsqu'un homme est frappé d'une terreur subite. Sauvages considère l'habitude comme la cause de la continuation de certains mouvemens, et il prend pour exemple les mouvemens de la poitrine, qui sont, dit-il, le résultat de l'habitude et de la volonté. Il applique ce prétendu fait au cœur, et prétend que ses mouvemens peuvent être aussi le résultat d'une combinaison de la volonté avec l'habitude. Mais il y a

cette différence entre les orgànes qu'il rapproche que
les mouvemens du cœur ne peuvent être arrêtés, tandis que les mouvemens respiratoires peuvent l'être par
notre volonté pendant un certain temps. C'est ainsi que
Sauvages a modifié le système de Stahl pour le rendre
moins choquant.

Théophile de Bordeu est aussi un des physiologistes
qui ont modifié d'une manière spéciale le stahlianisme.
Il était né à Iseste, d'une ancienne famille du Béarn,
en 1722. A l'âge de vingt ans il fut reçu docteur, et
subit une thèse intitulée *De sensu genericè conside-
rato*, dont l'idée mère l'occupa jusqu'à sa mort, comme
il arrive à beaucoup de savans qui, dès leur jeunesse,
saisissent une idée et la poursuivent le reste de leur vie.
Bordeu y représente chaque organe comme un être particulier, doué d'une sensibilité spéciale, qui ne se communique point avec conscience au *sensorium commune*,
et y produit une réaction que l'on peut comparer à la
volonté générale de l'animal dans la sensibilité ordinaire. Le concours des sensibilités particulières et des
volontés diverses de chaque organe constitue la volonté
purement physiologique, à laquelle Stahl avait donné
le nom d'âme, et que, d'après Bordeu, il faudrait appeler différemment.

Ce physiologiste a publié, en 1743, un autre ouvrage intitulé *Chylificationis historia;* nous le citons
seulement; il n'appartient pas à notre sujet. Bordeu
s'occupa ensuite des eaux minérales des Pyrénées, dont
il fut nommé intendant; il en fit connaître les vertus,
et rendit ainsi un service aux malades. En 1749, il devint médecin de l'hospice de la Charité de Versailles.

Quatre ans après il donna l'article *Crise,* qui parut
dans l'Encyclopédie, ainsi que ses recherches sur le
pouls (1). En 1754 il fut reçu docteur à Paris, et il eut
alors avec ses confrères de cette ville des querelles qui
témoignent contre son caractère : il fut rayé de la liste
des médecins de Paris. En 1752, il avait publié des *Recherches anatomiques sur les positions des glandes et
sur leur action.* Son but, dans cet ouvrage, est d'établir
que les glandes ne sont pas soumises à la pression des
organes qui les contiennent, ainsi que l'avaient supposé
les iatromathématiciens. Il explique toute l'action des
glandes au moyen de son idée primitive, d'une sensibilité particulière à chacune de ces glandes.

On retrouve ce système de sensibilité locale dans une
infinité d'écrits qui ont suivi ceux de Bordeu. Quand
on l'examine de près, on reconnaît qu'il n'est fondé que
sur un jeu de mots. Une sensibilité dont il n'y a pas de
conscience présente une contradiction dans les termes,
et ne peut servir à rien expliquer. En effet, appliquons
cette idée à un organe quelconque, à l'estomac, par
exemple, et vous allez voir qu'il n'en résultera aucun
éclaircissement.

Lorsque certaines substances sont portées dans l'estomac, il résulte de leur action un bien-être pour ce
viscère, qui agit alors conformément à sa nature, et pro-

---

(1) Bordeu pensait que le pouls, bien observé, indiquait la nature des
maladies, et il était arrivé à distinguer plus de quatre cents espèces de
pouls indiquant un nombre égal d'affections différentes.
(*Note du Rédacteur.*)

duit ce commencement d'opération qu'on appelle la
digestion stomacale; les intestins continuent et achèvent
cette digestion. Mais si l'on porte dans l'estomac certaines substances contraires, l'estomac se soulève et les
rejette. L'explication de ce mouvement est fort difficile,
parce qu'il résulte de beaucoup d'actions particulières :
dans le vomissement, les glandes, les extrémités ner-
veuses, les vaisseaux, les fibres sont affectés. Il serait,
je le répète, fort difficile de donner une explication
physique d'une action aussi compliquée. On peut seulement se représenter d'une manière générale un effet
physique quelconque produit par certaines substances
sur l'estomac, et une réaction des nerfs modifiés par ces
substances, de laquelle réaction il résulte une convul-
sion des fibres dans lesquelles se rendent les nerfs affectés.
Beaucoup de faits sont ainsi inexplicables en physiologie, ou leurs explications restent dans des termes généraux et vagues. Mais aurait-on des idées plus nettes
à l'égard de l'estomac, en disant qu'il éprouve des
sensations de la part des substances ingérées, que ces
sensations produisent en lui des mouvemens de réaction, et en comparant ces sensations et ces réactions aux
sensations que nous éprouvons par les sens ordinaires,
et aux mouvemens que notre volonté exécute à la suite
de ces sensations, lorsqu'elles sont agréables ou désa-
gréables? Nous ne pouvons pas démontrer comment les
sensations arrivent à notre *moi* philosophique, comment ce moi produit une réaction qui nous donne un
sentiment de plaisir ou de peine, et communique à nos
muscles de certains mouvemens qui nous sortent de ce
dernier état ou nous maintiennent dans l'autre ; mais

c'est un fait dont nous ne doutons pas, parce qu'à chaque minute nous en avons le sentiment. Rien de semblable
n'a lieu dans un autre organe que le cerveau, et il faudrait supposer que l'estomac a son moi, son esprit ; que
toute glande, toute autre partie du corps a aussi son esprit particulier, un moi métaphysique comme notre être
entier, pour qu'on pût admettre une analogie entre eux
et le cerveau. Or cette supposition absurde, personne
ne voudrait la faire sérieusement. Je pense donc que
ces termes de sensibilité propre à chaque organe, et de
réaction résultant de cette sensibilité, n'expliquent
point l'action de nos viscères. Ils ne constituent qu'une
formule vicieuse, en ce qu'elle exprime une analogie entre des phénomènes qui sont fort différens. Nous concevons l'un de ces phénomènes parce que nous le sen-
tons ; mais les autres, nous ne les concevons nullement ;
on devrait se borner à les expliquer par l'analyse des
actes dont ils se composent, parce qu'ainsi on ne trom-
perait personne, on n'aurait pas l'air de vouloir expliquer par des expressions équivoques des faits qu'en
réalité on n'explique point.

J'ai cru devoir me livrer à cette discussion, parce que
c'est la première fois que le terme de sensibilité se présente dans des physiologistes. Bordeu l'a employé avec
esprit dans son ouvrage ; mais il n'a fait ainsi que montrer combien il est facile en physiologie de trouver
des analogues pour toutes les hypothèses. Bordeu en
était venu à trouver dans le corps humain les différens
règnes de la nature. Au règne végétal, par exemple,
appartenaient, suivant lui, les ongles, les cheveux, le
poil, etc. Bordeu reproduisit ces idées dans un ou-

vrage sur le tissu muqueux, imprimé à Paris en 1768.

Louis de Lacaze, physiologiste du même temps, professait les opinions de Bordeu. Né à Lambeye en Béarn, en 1703, il fut reçu docteur à Montpellier en 1724. Il devint ensuite médecin de Louis XV, et mourut en 1765. Nous avons de lui un ouvrage intitulé *Specimen novi medicinæ conspectûs*, qui parut en 1749, et que quelques auteurs ont même attribué à Bordeu. Il a laissé un autre ouvage intitulé *Institutiones medicæ ex novo medicinæ conspectu*, imprimé en 1755; enfin deux ouvrages en français portant, l'un, le titre d'*Idées de l'homme physique et moral*, et imprimé en 1755; l'autre, le titre de *Mélanges de physique et de morale*, publié en 1661.

Lacaze a joint à l'idée de sensibilité propre à chaque glande, une idée qui lui est particulière sur le centre du mouvement animal. C'est le centre nerveux du diaphragme, le milieu tendineux, qui, selon lui, est le centre des mouvemens animaux. Il en fait aussi le centre des sensations au préjudice du cerveau, parce qu'on éprouve un sentiment très-prononcé au creux de l'estomac lorsque l'âme est agitée et éprouve de vives craintes. Le diaphragme est ainsi le centre de l'âme physiologique, qui a été séparée peu à peu de l'âme raisonnable. La vitalité, selon Lacaze, dépend de l'action et de la réaction du diaphragme avec le cerveau. C'est de leur bonne proportion que résulte la santé. Ces idées sont développées avec plus ou moins d'esprit; mais quoique adoptées par Buffon, qui faisait alors paraître plusieurs volumes de son Histoire naturelle, il était évident qu'elles ne pouvaient résister à un examen sérieux, et aussi furent-elles abandonnées.

Une autre altération ou application du stahlianisme, car chaque auteur entendait le système de Stahl d'une manière différente, appartient à Claude-Nicolas Lecat. Il était né à Blérancourt en Picardie, en 1700. Il s'adonna par goût à la chirurgie, et devint, en 1731, chirurgien en chef de l'Hôtel-Dieu de Rouen. Ce fut avec beaucoup de peine qu'il obtint, en 1736, l'autorisation de faire dans cet hôpital des leçons publiques d'anatomie, qu'il continua avec beaucoup de succès. Il concourut aussi avec distinction pour des prix de médecine et de chirurgie. Il fonda même, en 1744, l'Académie des Sciences de Rouen, dont les travaux ont été suspendus pendant la révolution de 1789, mais qui subsiste encore. En 1762, au moment où il jouissait de la plus grande faveur, il perdit dans un incendie les manuscrits auxquels il travaillait depuis vingt-cinq ans. Cette perte l'affligea tellement que sa santé s'en affaiblit, et il mourut quelques années après, en 1768.

Nous avons de lui des écrits sur les mouvemens musculaires, un Traité des Sensations et des Passions; en un mot, plusieurs ouvrages qui ont pour objet la résolution du problème des forces générales qui président aux mouvemens des corps vivans. Lecat cherche à expliquer la différence des mouvemens volontaires et des mouvemens involontaires par les ganglions, qui, suivant lui, seraient autant de petits cerveaux propres à détourner l'action du grand cerveau sur le corps, à arrêter les sensations qui y arriveraient sans ces espèces de diverticulum, et engendreraient ainsi eux-mêmes, sans la participation du cerveau, des réactions, des mouvemens qui sont ceux que nous nommons involontaires. L'âme raisonnable, selon Lecat, agit de loin sur l'ensemble des nerfs au moyen de l'âme sensible qui remplit tous les nerfs, les muscles, etc. Il y aurait entre ces deux âmes une espéce de polarisation. L'âme sensible serait une substance étendue, présente partout, ainsi que l'admettait Stahl, et elle agirait à la manière de l'instinct, c'est-à-dire, par une espèce de volonté confuse.

Il y a toujours dans ce système la contradiction dans les termes, et par conséquent l'absence d'explication que nous avons déjà signalée dans les systèmes du même genre.

Les glandes, selon Lecat, étaient les vicaires des ganglions.

Pour achever l'histoire du stahlianisme ou de la doctrine dans laquelle on attribue à l'âme toutes les fonctions de la vie, j'excéderai les limites de la première moitié du XVIIIe siècle, et j'arriverai à Paul-Joseph Barthez, chancelier de la Faculté de médecine de Montpellier.

Ce physiologiste polarisa aussi les deux âmes, et donna à son nouveau principe le titre de principe vital. Son livre est de 1773, et a pour titre : *De principio vitali hominis.* Il a développé davantage son système dans un ouvrage de 1774, intitulé *Nova doctrina de functionibus corporis humani,* puis dans ses *Nouveaux élémens de la science de l'homme,* imprimés en 1778. Selon Barthez, les phénomènes du corps vivant sont produits par un principe vital qui est différent du corps et de l'âme,

qui est doué de la force sensitive et de la force motrice,
et conserve aux êtres organisés leurs formes intérieures
et extérieures. Sans entrer dans les détails, je demande
si cette définition signifie autre chose que ce fait, que
les êtres organisés ont des formes extérieures et intérieures qu'ils conservent plus ou moins long-temps.
Nous savons tous que le corps vivant a une forme déterminée qui se développe dans la conception et arrive
par différentes phases jusqu'à sa perfection ; qu'elle se
conserve dans cet état, qu'elle résiste même à certaines
attaques, et qu'enfin un temps arrive où elle se détruit.
Ce sont ces faits que les physiologistes voudraient expliquer par les lois générales de la nature. Mais
énonce-t-on quelque chose d'intelligible, d'explicatif,
quand on attribue ces faits à un principe vital qui diffère du corps et de l'âme, qui est doué de forces sensitives
et motrices, et qui donne et conserve aux êtres leurs
formes intérieures et extérieures? On ne fait ainsi que
reproduire le stahlianisme avec un être nouveau qui
exécute les actions attribuées par Stahl à l'âme proprement dite ; et qu'est-ce que cet être? il n'a pas de conscience, il ne peut agir d'après un plan, et cependant il
produirait ce que nous connaissons de plus admirable
dans la nature, c'est-à-dire, le corps compliqué de
l'homme et de tous les animaux! Tout cela, comme je l'ai
dit, n'est qu'un jeu de mots, une série de termes qui
n'expriment aucune idée plausible. Le fait n'est expliqué que par le fait, c'est-à-dire, qu'il n'est point expliqué. Par exemple, dire que le principe vital subsiste
dans le foie, et qu'il tire du sang par la veine porte un
liquide vert jaune qu'on appelle bile, est-ce expliquer

quelque chose? c'est seulement énoncer le fait de la sécrétion de la bile en y ajoutant le mot de principe vital,
sans qu'il en résulte la moindre clarté sur la manière
dont la bile est séparée du sang.

Barthez se demande si son principe vital est matériel
ou immatériel. S'il est matériel, il fait partie du corps,
et, dans ce cas, il y aurait à examiner quelle est la nature de sa matière. Que s'il est immatériel, on rentre
dans la difficulté métaphysique de savoir comment un
être immatériel agit sur la matière. Ainsi ce système ne
mène à rien.

Barthez répète qu'on ne doit point chercher à expliquer le principe vital, qu'on doit l'admettre comme une
chose démontrée par l'expérience, de même que les astronomes admettent l'attraction et la gravitation universelles. Mais il y a une grande différence entre ces
deux principes : l'attraction appliquée à la terre, aux
planètes, aux comètes, en un mot à tous les corps célestes, explique leurs mouvemens, et avec l'aide du
calcul permet de les prédire à une minute près; on peut
adopter une cause occulte de cette espèce : il est inutile de lui chercher une cause supérieure. Si on trouvait
la cause de la gravitation, il n'y aurait aucun inconvé-
nient à la faire connaître; mais, je le répète, on peut s'en
passer.

Le principe vital tel que Barthez se le représente,
s'il expliquait tous les phénomènes du corps vivant, il
est clair qu'il serait aussi inutile d'en rechercher la cause :
ce pourrait être seulement l'objet de recherches plus
profondes, et les physiologistes éprouveraient sans
doute une grande satisfaction de la découverte d'un

principe analogue à celui de la gravitation, qui expliquerait plusieurs des phénomènes du corps, qui pourrait
même les mettre à portée de prédire ce qui arriverait
dans un être privé de tel ou tel organe, ou de telle ou
telle fonction. Mais ce que nous supposons est-il réel?
aucunement; il est clair que le principe vital n'explique
aucun phénomène physiologique. Barthez se borne à
rapporter un fait et à dire que c'est le principe vital qui
le produit. Ainsi les sécrétions, suivant ce physiologiste,
sont dues au principe vital; le rétablissement des plaies
est dû au principe vital. Voilà une énumération de phénomènes, et rien de plus.

Mais Barthez soutient avec raison que les mouvemens involontaires ne sont pas dus à l'âme, puisqu'elle
ne les perçoit pas; il emploie ainsi les mêmes argumens
que ceux qui combattent le système de Stahl.

Lorsqu'il veut prouver l'existence de son principe
vital il n'a autre chose à dire, si ce n'est que quand la vie
d'un être est détruite sans altération apparente, il y a
nécessairement quelque principe invisible qui a disparu.
Les anciens savaient cela aussi bien que lui, et c'est ce
qu'ils appelaient la disparution de l'âme. Mais, encore
un coup, les phénomènes du corps, les sensations sont-ils
ainsi expliqués? aucunement. Il n'y a dans ces termes
aucune explication saisissable pour l'esprit, et qui soit
fondée sur les lois générales de la physique. Au fond,
Barthez abandonne son principe quand il en vient aux
faits physiologiques connus. Mais pour peu qu'un fait
l'embarrasse (et tous les faits sont embarrassans en physiologie, aucun d'eux ne pouvant se rapporter aux lois
de la physique ordinaire), il en revient à son principe

vital, qui nourrit et pénètre chaque partie, même fluide, qui produit l'embryon, qui produit la chaleur ; car il rejette l'origine admise de la chaleur animale. Enfin, suivant lui, ce sont les sympathies du principe vital qui forment l'harmonie générale du corps.

Ces idées, présentées avec esprit et avec éloquence, car il paraît qu'il en eut assez pour faire adopter son système à ses auditeurs, ont été soutenues par plusieurs élèves et sectateurs de Barthez ; nous les retrouvons dans Cabanis et quelques autres écrivains.

Maintenant que j'ai suivi dans toutes ses phases, jusque dans sa dernière expression, l'école psychique ou stahlienne, je rentre dans la première moitié du XVIIIe siècle et je reviens à la troisième école de physiologistes, celle des irritabilistes.

Les irritabilistes n'ont pas cherché, comme Barthez, une cause générale ou commune, une cause occulte qui n'expliquât rien. Supposant l'existence du corps, et ne cherchant pas, pour le moment, les causes qui ont pu le produire, ils ont analysé les élémens dont il se compose, et ont cherché seulement à se rendre compte des forces qui appartiennent à chacun de ces élémens. Ils n'étaient pas ainsi gênés, comme les stahliens, par la métaphysique de Descartes ; ils n'attribuaient pas aux substances immatérielles le pouvoir de remuer la matière, mais ils concevaient que les différentes parties de la matière devaient jouir d'une certaine énergie particulière.

Leibnitz, comme vous vous le rappelez sans doute, distinguait dans le monde des êtres simples purement métaphysiques, qu'il appelait monades, et des êtres composés qui résultaient de la réunion de ces monades.

14

Les monades simples ont, suivant lui, un sentiment
confus des autres monades, ou de leurs rapports avec
l'univers, bien qu'elles n'aient aucune dimension ni rien
de commun avec la matière; seules, elles sont susceptibles d'éprouver des sensations, de s'élever au raisonnement, et d'agir quand elles sont placées au centre
d'un système de monades différentes. Suivant Leibnitz
encore, la matière n'existe pas dans le sens des cartésiens, c'est-à-dire, comme espace impénétrable; elle
n'a pas d'existence réelle, mais seulement une existence
apparente produite par la combinaison des monades,
qui toutes ont une énergie propre dont le degré dépend
de l'ensemble du système dont elles font partie. On a
rattaché à cette métaphysique les premiers germes de
l'irritabilité qui sont dans les auteurs du XVIIe siècle.

Le premier qui ait employé ce mot d'irritabilité est
F. Glisson, médecin anglais, né à Rampisham en 1597.
Il fut pendant quarante ans professeur à Cambridge, et
l'un des premiers membres de la Société royale de
Londres. Il mourut en 1677. Son premier ouvrage est
intitulé *Tractatus de naturá substantiæ energeticæ*.
Glisson n'y considère pas la matière, ainsi que l'a fait
Descartes, comme uniquement douée d'étendue et
d'impénétrabilité; il lui attribue d'autres propriétés, indépendamment de celle qu'il nomme irritabilité. Elles
sont au nombre de trois, perceptive, appétitive et
motive, c'est-à-dire, la faculté de sentir, celle de désirer
et celle de se mouvoir. Toute substance, selon lui, a
une énergie qui peut être le principe d'un mouvement,
mais dont le désir est la condition; en cela consiste la
vie essentielle qui ne peut se partager; elle existe dans

toutes les molécules individuellement. La forme des
êtres n'est point essentielle, elle est déterminée par le
mouvement.

Glisson combat par son système l'axiome des cartésiens, qui prétendent que la matière ne peut se donner
de mouvement, que l'univers a reçu le sien de Dieu, et
qu'il n'y a que l'âme qui produise des mouvemens spon-
tanés ne dérivant pas du mouvement universel.

Dans un traité intitulé *De ventriculo et intestinis*,
Glisson analyse très-bien la contraction des fibres, et
lui donne le nom d'irritabilité; il en fait une propriété
intrinsèque de la fibre. Suivant lui, la perception et
l'appétit sont les volontés en vertu desquelles les muscles
se contractent, c'est-à-dire que la fibre a un sentiment
et une volonté qui lui sont propres. Glisson rentre ainsi
dans l'un des systèmes stahliens; aussi distingue-t-il la
perception de la sensation. Comme les médecins de
Montpellier qui ont admis une sensibilité particulière à
chaque organe, il dit que la fibre a une perception et
n'a pas de sensation. Il refait ainsi les phénomènes de
manière à embrouiller les idées.

Hoffmann, qui tendait à ramener les idées physiques
et générales de forces élémentaires des corps, peut être
considéré, après Glisson, comme le premier fondateur
de la physiologie des irritabilistes. Nous verrons comment ses doctrines ont été modifiées et développées par
Gorter et Haller. Ce sera l'objet de notre séance prochaine; après quoi nous passerons aux phénomènes particuliers de la physiologie.

QUATORZIEME LEÇON.

Messieurs,

Les médecins dont nous allons maintenant examiner les doctrines, sans remonter aussi haut que les précédens, ont cherché, dans l'analyse des forces du corps, quelques principes dont ils pussent déduire au moins une partie de ses phénomènes. Nous avons vu que cette méthode remontait à Glisson, médecin du milieu du XVIIe siècle.

F. Hoffmann est le physiologiste qui en a obtenu le plus de résultats, quoique dans ses ouvrages ils présentent de la confusion. Celui de ses écrits qui nous concerne est le tome Ier de sa *Médecine rationelle*.

Hoffmann ne cherche point la cause de la vie dans l'âme, ou dans un principe quelconque d'une nature métaphysique, ou, ce qui est pire, inintelligible, mais dans la structure du corps, dont il présuppose l'exis-

tence (et par conséquent celle des germes), et dans les
mouvemens dont cette structure est susceptible. Selon
lui, les artères produisent des mouvemens qui sont entretenus par une substance subtile et nerveuse portée
par la circulation du sang. La sécrétion de cette substance nerveuse lui sert à expliquer, d'une manière assez
vague, les contractions du cœur. Il admet deux sortes
de mouvemens vitaux ou dispositions des fibres à la
contraction, savoir : le mouvement de systole et celui
de diastole. Le ton général de la fibre dépend de l'état
de l'atmosphère; mais la systole et la diastole dépendent
du sang et des nerfs. L'usage de la respiration est de mé-
langer les parties du sang. C'est aussi par la respiration
que le chyle est transformé en sang. L'air, selon
Hoffmann, affecte différemment les poumons, et c'est
de là que vient son influence sur la santé.

La circulation de Hoffmann est la nature des anciens,
cette puissance qui rétablit la santé dans une infinité
de cas, qui guérit les plaies, et produit une multitude
d'autres changemens dont l'effet est de repousser les
causes morbifiques.

Pour les détails, Hoffmann rentre dans les idées
mécaniques. Il cherche à expliquer les sécrétions par
le diamètre des canaux ; il suppose qu'un fluide nerveux ténu parcourt les nerfs, bien qu'il n'admette pas
que ceux-ci soient creux.

On commençait alors à avoir quelque idée de l'électricité, c'est-à-dire, d'un fluide qui traversait les solides
sans qu'ils fussent canalisés : ce fut probablement cette
notion qui conduisit Hoffmann à admettre quelque chose
d'analogue pour les nerfs. D'autres ont admis de plus

en plus la même hypothèse, en comparant le fluide nerveux à l'électricité. Hoffmann considérait le fluide nerveux comme la principale cause des mouvemens volontaires et involontaires. C'était à ce fluide qu'il attribuait le phénomène de la nutrition, au moyen de l'action qu'il exerce sur la fibre. La force dont celle-ci jouit dans les contractions, suivant lui était due au sang.

Hoffmann a déjà, pour ainsi dire, le principe pur de la physiologie *hallérienne* et de ses perfectionnemens, d'une manière implicite, assez peu détaillée, et par conséquent un peu confuse ; mais cela ne l'empêche pas, chose singulière ! d'admettre une âme sensitive distincte de l'âme raisonnable, dans laquelle résideraient la perception, l'imagination, la mémoire, etc., et qui serait l'agent de l'âme raisonnable. Comment a-t-il entendu tout cela? Il est difficile de nous en rendre compte. Nous admettons une action directe du corps sur l'âme et de l'âme sur le corps ; nous attribuons au cerveau les phénomènes de la mémoire, des sensations, des perceptions, de l'imagination, et c'est à l'action directe du cerveau sur l'âme qu'est due la connaissance proprement dite. Dans cet état de choses, on ne voit pas la nécessité d'introduire une âme sensitive qui servirait d'intermédiaire à l'âme et au cerveau, et qui n'expliquerait aucun phénomène. L'action du corps sur l'âme est un problème insoluble, absolument hors de la portée de l'esprit humain, et il est même facile de démontrer en philosophie que cette incompréhensibilité existera toujours. L'admission d'une âme sensitive ne jette aucune lumière sur cette question ; car cette âme serait comme le principe vital et autres agens analogues, ou matérielle, ou immatérielle : dans le premier cas, la difficulté de ses rapports directs avec l'esprit subsisterait en entier ; dans l'autre cas, la difficulté de concevoir ses rapports avec le corps serait également insoluble.

L'âme sensitive, selon Hoffmann, se sert du fluide nerveux, ce qui explique la grande influence que le sang, qui produit ce fluide, exerce sur l'âme sensitive ; mais l'âme raisonnable peut aussi employer le fluide nerveux ; il y a par conséquent double emploi quelque part.

Il existe cette différence entre l'âme sensitive de Hoffmann et le principe vital des autres physiologistes, que ceux-ci attribuent à leur principe, non seulement les modifications produites par l'imagination et par les passions, mais encore des actions purement matérielles, tandis que Hoffmann attribue ces dernières actions à la contraction de la fibre et à l'action nerveuse seulement.

Du reste, Hoffmann et ses partisans n'ont pas distingué le sujet de l'irritabilité. Glisson l'admettait, soit dans la fibre musculaire, soit dans plusieurs autres sortes de fibres. Nous verrons que chacun des successeurs de Hoffmann a continué de l'admettre aussi d'une manière confuse. Ce n'est que des expériences de Haller qu'il est sorti des distinctions plus précises ; mais Haller n'a peut-être pas assez distingué l'action nerveuse de la contractilité propre ; ses successeurs seuls ont établi cette distinction.

Jean de Gorter, Hollandais, né à Enckhuisen en 1688, qui fut élève de Boërhaave, devint professeur à Harderwich, en Gueldre, et mourut en 1762, a écrit à peu près dans le sens de Hoffmann. Son ouvrage intitulé *De motu vitali, de somno et vigiliá, de fame, de siti, et Exercitationes medicæ quatuor,* imprimé à Amsterdam en 1737, est dirigé contre ce qu'il y avait de trop mécanique dans Boërhaave, de trop dérivé des idées des hydrauliciens. Le premier de ses *exercitationes, De motu vitali,* a le mérite de prouver qu'il y a dans les végétaux un principe intérieur de mouvement plus ou moins analogue à celui qui existe dans les animaux, du moins dans les animaux les plus imparfaits. Dans l'école de Stahl, comme vous savez, et même jusqu'à Sauvages, on admettait que les phénomènes des végétaux étaient dus à l'action des élémens extérieurs, comme de l'humidité, de l'air, de la chaleur; Hoffmann aussi distinguait la vie des animaux, et prétendait que les végétaux n'ont pas de vie, ou du moins n'en ont pas une de même nature que celle des animaux. Gorter, disais-je, a établi qu'il existe un principe intérieur de mouvement dans les végétaux comme dans les animaux. Le mouvement vital et animal lui paraît exister principalement dans la fibre solide; mais il ne distingue pas celui qui a lieu dans la fibre rouge de celui qui existe dans la fibre blanche. Il attribue l'inflammation à l'activité excessive des artères, qui portent le sang avec trop d'abondance vers certaines parties du corps.

Dans une cinquième *exercitatio,* intitulée *De actione viventium particulari,* et imprimée à Amsterdam en 1748, il indique la manière dont on doit abstraire les phénomènes particuliers pour en tirer des lois générales. Il cite comme exemples les recherches sur la gravitation, sur l'électricité, sur le galvanisme, et explique

bien comment on doit en faire l'application aux phénomènes de la vie. Il applique particulièrement sa méthode à l'irritabilité, et cherche à en déduire quelques
conséquences relatives à la physiologie.

Un autre physiologiste hollandais qui était encore
demi-stahlien, est Jérôme-David Gaubius, né à Hei-
delberg, dans le bas Palatinat, en 1705. Il fut professeur à Leyde en 1734, et est mort presque de nos
jours, en 1780. Son livre intitulé *Institutiones medi-
cinalis pathologiæ* parut à Leyde en 1758. Gaubius y
établit deux facteurs, comme nous l'avons déjà vu,
une *réceptivité*, qu'il appelle quasi-perception, et une
énergie ou réaction. Ce ne sont pour lui que des figures ou des idées représentant l'influence des corps extérieurs, de laquelle résulte la contraction de la fibre par
voie de réaction. Gaubius attribue l'irritabilité ou la
quasi-perception à toutes les parties du corps sans distinction; seulement, il la suppose plus particulièrement
dans les nerfs. Vous voyez comme on arrive par degrés
à une détermination positive.

Parmi ceux qui ont le plus contribué à cette détermination, nous remarquons Jacques Kaau, qui prit ensuite le surnom de Boërhaave, parce qu'il était le fils de
la sœur de Herman Boërhaave, mort sans enfans. Kaau
était né à La Haye en 1713. Il devint premier médecin
de la cour à Pétersbourg, et mourut à Moscow en
1753. Nous avons de lui un ouvrage intéressant sur la
respiration, intitulé *Perspiratio dicta Hippocratis per
universum corpus anatomiæ illustrata.* Leyde, 1738.
Il renferme de bonnes observations sur les fonctions de
la peau.

Nous avons du même auteur un autre ouvrage sur une âme intermédiaire, intitulé *Impetum faciens, etc.*, et imprimé en 1745. Il y fait remarquer la faculté qu'ont les corps vivans de faire effort pour résister aux causes de destruction. Il y exprime aussi des idées utiles sur la fibre, sur l'action musculaire; mais en même temps il y laisse percer une autre idée qu'il avait puisée dans les manuscrits de Boërhaave, c'est celle que l'*impetum faciens* est un être mitoyen entre le corps et l'âme, placé comme par instinct pour défendre le corps.

Un auteur qui mérite encore d'être cité, à cause de la singularité de ses conceptions, est David Hartley, médecin anglais, né à Ilingworth en 1705. Il exerça sa profession en différens endroits, à Bath, à Londres, à Newark, et mourut à Bath en 1757. Nous avons de lui un ouvrage, imprimé à Bath en 1749, sous ce titre : *Observations sur l'homme, son organisation, ses devoirs et ses espérances*. Ce même ouvrage a été traduit en français par un abbé, et publié à Reims en 1751, sous le titre : *Explications physiques du sens des idées et du mouvement*. On y trouve une espèce de philosophie matérialiste, dans laquelle on suppose que l'éther, substance extrêmement déliée, puisée par le corps dans l'air extérieur, traverse les nerfs et y produit un mouvement d'oscillation. Ce mouvement oscillatoire, déterminé par les corps extérieurs, et continué jusque dans les fibres du cerveau, y produit la sensation; celle-ci subsiste pendant un temps plus ou moins long, mais en s'affaiblissant graduellement, comme il arrive aux oscillations imprimées à une corde sonore. Hartley suppose que les vibrations ou oscillations des fibres qu'il pense

exister dans le cerveau peuvent être facilement reproduites par les corps extérieurs, et c'est cette reproduction qui constitue la mémoire, suivant lui. Il compare
l'association des idées, phénomène physiologique si remarquable, dans lequel une idée en rappelle successivement, et sans que nous le voulions, une infinité d'autres qui ont des rapports entre elles, à la vibration
qu'une corde sonore mise en mouvement imprime à
d'autres cordes dans un rapport harmonique.

Ces idées grossières, et cependant ingénieuses, ont été
adoptées par Bonnet et Priestley, et rapprochées des
idées religieuses, avec lesquelles elles ne sont pas en
contradiction directe, comme on l'a cru. Mais la comparaison des oscillations des cordes sonores avec celles
des fibres de l'intérieur du cerveau ne peut pas être admise comme une comparaison physique, quand on sait
que le cerveau n'est pas composé de fibres élastiques,
mais d'une espèce de bouillie molle, qui présente, à la
vérité, des stries qu'on pourrait considérer comme des
fibres, mais qui n'ont aucunement les propriétés des
cordes sonores. La comparaison de Hartley est tout
au plus une approximation vague et métaphysique ;
aussi son système n'a-t-il pas eu plus de succès que ceux
dont nous avons déjà parlé.

Les idées sur l'irritabilité continuaient cependant à
s'éclaircir, et vers le milieu du XVIIIe siècle on distingua l'action nerveuse, la sensibilité proprement dite,
de l'irritabilité de la fibre musculaire et de la contractilité des autres élémens du corps. On peut dire que
c'est Haller, par ses expériences, qui y a le plus contribué. Il n'a laissé à expliquer que les rapports des

(220)

facultés entre elles. Haller commença à faire connaître ses idées de 1729 à 1743, dans les publications qu'il fit des leçons de Boërhaave accompagnées de commentaires. Je ne présenterai pas aujourd'hui l'histoire de cet homme célèbre, sur lequel je dois revenir; je ne veux seulement qu'indiquer les idées qu'il a jetées en avant sur l'irritabilité. Haller la considère comme une force propre à la fibre musculaire, entretenue par les nerfs, et cependant différente de l'action nerveuse. Ce ne fut qu'en 1752 qu'il présenta ce système appuyé sur des expériences. Nous y reviendrons lorsque nous serons arrivés vers le milieu du XVIIIe siècle, époque à laquelle Linnée, Buffon, Bonnet et autres savans donnèrent aux sciences naturelles une nouvelle face.

Maintenant nous allons passer à l'histoire des recherches relatives à l'anatomie. Je considérerai d'abord l'anatomie dans son ensemble; ensuite je passerai aux recherches spéciales sur chaque organe. Je terminerai par l'histoire des systèmes physiologiques sur la génération, sur la reproduction des corps vivans.

Je me bornerai presque à nommer les principaux ouvrages qui ont paru sur l'anatomie.

Le *Compendium* de cette science qui eut le plus de succès, pendant la première moitié du XVIIIe siècle, est celui de Heister. Heister était né à Francfort, en 1683, d'un aubergiste. Il fut disciple de Ruysch, de Rau, de Boërhaave, d'Albinus, et devint professeur d'anatomie à Altorf. Il mourut à Helmstadt en 1758. Lorsque nous serons arrivés à l'histoire de la botanique, nous verrons qu'il a aussi enseigné cette science, et qu'il a été l'antagoniste de Linnée. Son *Compendium*

anatomicum, publié en 1717, a été réimprimé un grand
nombre de fois, et traduit en France par Senac. Il
présente le résumé le plus complet, non-seulement des
idées précédentes, mais encore des travaux de Heister.
La dernière édition parut à Nuremberg en 1741.

Peu après vint l'anatomie de Jacques Winslow, qui
domina pendant près de cinquante ans dans presque
toute l'Europe.

Jacques Winslow, né dans l'île de Funen, en Da-
nemark, en 1669, était petit-neveu de l'anatomiste
Sténon. Etant venu à Paris, il se fit catholique à la
suite d'entretiens avec Bossuet, et adopta le surnom
de Bénigne, prénom qui appartenait à Bossuet. Il fut
professeur au Jardin des Plantes, membre de l'Académie des Sciences, et mourut à Paris en 1760, après
avoir enseigné l'anatomie pendant près de cinquante
ans.

Les Mémoires de l'Académie des Sciences sont pleins
de ses observations. Son ouvrage le plus remarquable
pour le temps est une *Exposition anatomique de la
structure du corps humain,* imprimée à Paris en 1732.
Elle fut traduite dans presque toutes les langues, et l'on
peut dire que la plupart des ouvrages anatomiques qui
ont été faits depuis ce temps l'ont été à peu près sur ce
modèle. On a fait plusieurs abrégés de ce livre, et il est
si connu, qu'il n'est pas nécessaire que j'en parle bien
longuement. Le premier volume, qui traite de l'ostéologie, contient une infinité de détails sur les petits ori-
fices des os, observations qui n'avaient pas été faites par
les anatomistes précédens. Il y est traité d'une manière
particulière des os considérés dans l'état frais et encore

revêtus de leur périoste, de leurs cartilages inter-articulaires, choses qui avaient été négligées jusqu'à lui.
Sur les muscles, Winslow n'a été surpassé que par
Albinus, qui lui est tellement supérieur, qu'il n'a
peut-être été surpassé par personne. Winslow avait
aussi étudié la myologie d'une manière plus philosophique que ses prédécesseurs. Il considère chaque articulation comme mobile dans ses deux parties. On sait
que nous pouvons mouvoir notre corps entier sur nos
talons, ou mouvoir seulement notre avant-bras sur le
coude, et ainsi de suite : les prédécesseurs de Winslow
n'avaient considéré que la partie la plus mobile des
articulations. Aussi Winslow ne leur a-t-il pas donné
les mêmes noms que ses prédécesseurs. C'est d'après
lui qu'Albinus a classé les muscles.

Les artères, les veines, les nerfs, font l'objet du
troisième volume de l'édition in-12. Les personnes qui
connaissent l'anatomie savent qu'il est plus aisé de disséquer les artères que les veines, parce qu'on peut les
injecter. Cependant les veines sont déjà mieux indiquées dans Winslow. Les meilleurs auteurs de névro-
logie du XVIIe siècle étaient Vieussens et Willis; mais
Winslow les a surpassés.

Dans sa Splanchnologie, qui fait le sujet du quatrième
volume, il donne beaucoup d'attention aux petits muscles des organes, et exprime sur les viscères des observations nouvelles. Il ne parle pas du fœtus et de ses
enveloppes.

Winslow avait projeté un plus grand ouvrage qui
n'a pas vu le jour.

César Verdier, démonstrateur à l'école de chirurgie

d'Avignon, et qui mourut en 1759, a donné un abrégé de Winslow en 2 volumes.

Sabatier a publié une édition de Verdier, et a donné lui-même une anatomie conçue sur le plan de Verdier et de Winslow, mais plus parfaite, à cause des nouvelles découvertes faites par Albinus.

Je mets au rang des abrégés sur lesquels il n'est pas nécessaire de s'étendre celui de Joseph Lieutaud, né à Aix, en Provence, en 1703. Lieutaud était neveu de Garidel le botaniste. Il fut appelé à Versailles et devint médecin des enfans de France en 1755. Nous avons de lui une anatomie qui est de 1750, et qui fut réimprimée en 1766. C'est peut-être de tous les ouvrages de ce temps celui qui est le plus original et se rapproche le moins de l'anatomie de Winslow. Feu M. Portal en a donné une édition avec des observations en 1776.

Petit (Antoine), né à Orléans et professeur d'anatomie au Jardin des Plantes, a publié en 1753 une anatomie chirurgicale de Palfin. Ce célèbre praticien y a joint des observations qui lui sont propres. On lui doit aussi plusieurs établissemens en faveur des pauvres et de la science.

Passant rapidement sur ces abrégés qui n'ont pas pour nous un intérêt direct, nous allons examiner les anatomistes qui, par leurs recherches, ont ajouté à la science. Ces anatomistes sont en grand nombre. Je me bornerai aux principaux, Santorini, Morgagni et Albinus.

Santorini (Jean-Dominique), dont j'ai parlé comme iatro-mathématicien, auteur d'un opuscule sur les muscles et sur la contraction des fibres, a été l'un des *dis-*

séqueurs les plus délicats, et qui ont su le mieux distinguer les petites parties du corps. Né à Venise en
1681, il devint professeur dans cette ville et premier
médecin de la république de Venise. Il cessa de vivre
en 1736. Ses *Observationes anatomicæ* furent imprimées à Venise en 1724, et réimprimées à Leyde en
1739. Elles contiennent une multitude de découvertes
importantes sur les petits faisceaux musculaires et notamment sur les muscles de la face, de l'oreille, du nez,
du larynx et du pharynx, sur la structure de la peau des
nègres, sur le vomer et l'ethmoïde qui n'avait pas encore été étudié. Toutes ces parties ont eu besoin de
siècles pour être connues, et ne le sont pas même complètement encore.

Santorini a aussi reconnu un petit cartilage situé
au-dessus du cartilage arythénoïde, et qui porte encore
le nom de cartilage de Santorini. Dix-sept peintures
qu'il avait laissées en mourant furent publiées en 1775
par Girardi, professeur à Parme et son élève, qui a aussi
fait connaître plusieurs découvertes que Santorini n'a-
vait pas publiées.

Le croisement des fibres de la moelle allongée, qui a
été reproduit par Galle et autres, était déjà connu de
Santorini.

Cependant cet anatomiste a été surpassé de beaucoup
par un autre Italien, Morgagni, duquel, suivant Haller,
date l'anatomie *doctior*, et d'Albinus, suivant le même,
l'anatomie *perfectior*.

Jean-Baptiste Morgagni était né à Forli en 1682. Il
fut élève de Valsalva, devint professeur à Padoue, et
mourut en 1771. Il paraît avoir été un homme d'une

grande instruction et avoir reçu de la nature une mémoire prodigieuse. Tout ce qu'on avait écrit sur l'anatomie depuis les temps les plus anciens lui était parfaitement connu ; de telle sorte que dans ses recherches
on peut trouver sur chaque objet ce qui s'y rapporte.
Il avait une grande habitude de dissection, qualité sans
laquelle on ne peut être anatomiste. Son premier ouvrage, intitulé *Adversaria Anatomica prima*, parut à
Bologne en 1706. C'était alors un travail presque entièrement neuf par les observations subtiles qu'il présentait, notamment sur les glandes du larynx, sur les
sinus muqueux de la vessie, sur les glandes sébacées de
la face sécrétant une matière analogue au suif, sur
l'hymen et sur les pores de l'utérus.

Son second recueil, de 1717, renferme beaucoup de
détails intéressans sur les muscles, sur leur variété, sur
les cartilages inter-articulaires, par exemple, sur celui de l'articulation de la mâchoire inférieure et du
genou.

Le troisième recueil traite de l'appendice du colon,
de sa valvule, des sinus de l'anus, des brides du colon,
en un mot des gros intestins, qui avaient à peine été
considérés par les anatomistes antérieurs.

Dans le quatrième recueil, qui date de 1719, il est
traité des sinus muqueux du pénis ; des corps jaunes
contenus dans les ovaires des femelles ; des vésicules
des ovaires, que l'on prenait pour des œufs, et qu'il dé-
clare n'en point être ; enfin des mamelles et du cœur.

Le cinquième recueil est consacré aux fibres du cerveau, dont il indique la direction, à la glande pituitaire,
au foie, au sinus occipital.

Les observations de Morgagni ont fourni à l'anatomie non-seulement des ouvrages extrêmement importans et nombreux, mais elles ont encore dirigé les
efforts des anatomistes vers les détails de la structure
des organes, sans lesquels il est impossible d'arriver
à aucune explication physiologique raisonnable, sur
lesquels cependant les anciens anatomistes passaient
avec légèreté, et que les physiologistes qui ne s'attachaient qu'aux principes universels méprisaient; car
plusieurs, et Stahl surtout, tournaient en ridicule les
recherches de l'anatomie. Morgagni, en remettant en
honneur les détails, inspira une émulation nouvelle
aux anatomistes, qui reprirent alors leurs travaux avec
plus d'activité.

Les *Epistolæ Anatomicæ* de Morgagni parurent à
Venise en 1740, avec les œuvres de Valsalva, éditées
par Morgagni. Elles renferment l'histoire exacte de
chacune des découvertes anatomiques qui ont conduit
la science jusqu'à sa perfection.

Nous arrivons maintenant au troisième des hommes
de l'époque que nous explorons qui ont contribué singulièrement au perfectionnement de la science anatomique : Bernard-Sifroy Albinus était né à Francfort-
sur-l'Oder en 1697. Il étudia à Leyde, où il avait été
conduit par le désir de se perfectionner dans la médecine. Il fut élève de Boërhaave, et fut nommé, à sa
recommandation, successeur de Rau, en 1722. Il en-
seigna à Leyde pendant cinquante ans, et mourut en
1770. Pendant sa vie il ne s'occupa que d'anatomie,
cherchant le moyen de perfectionner la connaissance
des organes, leur description et la manière de les re-

présenter. Il eut le bonheur d'avoir à sa disposition des peintres sans pareils. Le plus célèbre est celui qui a gravé les planches de sa myologie. Cet ouvrage est un chef-d'œuvre d'anatomie. L'*Index supellectilis anatomiæ ravianæ* publié par Albinus parut en 1725. Albinus avait été un préparateur extrêmement habile, et, dans son catalogue, il fait voir qu'une prétendue tête de géant n'est autre chose qu'une tête humaine malade, semblable à celle dont j'ai déjà parlé.

En 1726, Albinus donna un autre ouvrage intitulé *de Ossibus corporis humani*. C'est dans cet ouvrage que les os du carpe ont reçu un nom pour la première fois, et que l'articulation de la mâchoire inférieure a été bien décrite.

Dans une histoire des muscles de l'homme, qui parut en 1734, il fait connaître les moyens qu'il employa pour étudier la composition de chaque muscle; les faisceaux de fibres qui le composent, les différentes directions de ces faisceaux et leur action particulière. Il montre ensuite parfaitement les liaisons des tendons avec les muscles proprement dits, et l'insertion des tendons dans les os, faits qui jusqu'à lui n'avaient été indiqués que d'une manière grossière.

Un autre beau travail d'Albinus, quoiqu'il soit peu considérable, est celui qu'il a fait sur les artères et les veines des intestins de l'homme. Il parut à Leyde en 1733, avec des planches coloriées. Ruysch avait injecté les vaisseaux des intestins, mais il n'avait pas distingué ceux qui appartiennent aux différentes tuniques des intestins : c'est à Albinus qu'est due cette importante distinction.

Voltaire et Maupertuis ont rendu célèbre la dissertation d'Albinus sur la couleur des nègres. Albinus
avait fait macérer la peau d'un nègre; et, le premier,
il fit voir que son épiderme n'a pas d'autre couleur que
le nôtre, que le derme est aussi blanc, et que la couleur noire réside dans le tissu muqueux intermédiaire
à la peau et à l'épiderme.

Les figures qu'Albinus a données des os du fœtus
humain, accompagnées d'une ostéogénie, sont aussi
très-remarquables. Elles parurent en 1727. Mais l'ostéogénie fut prise sur un fœtus trop avancé. D'autres
travaux plus curieux ont été faits sur l'ostéogénie primitive, si l'on peut ainsi parler. Il existe même des travaux de M. Serres, encore inédits, qui font remonter
plus haut l'ostéogénie ; mais ces travaux présentent
moins de certitude que les autres.

Les planches d'Eustachi, publiées par Albinus, sont
aussi très-intéressantes. Eustachi est un homme de la
classe de Morgagni, Santorini et Albinus, pour l'anatomie. Nous avons parlé du texte de son ouvrage avec
les éloges qu'il mérite. Les planches en étaient restées
inédites. Lancisi en a donné d'abord une édition avec
des explications imparfaites. L'édition d'Albinus est de
beaucoup supérieure à celle de Lancisi, parce que,
dans l'intervalle de ces deux éditions, on avait fait des
découvertes qui rendaient intelligibles celles d'Eustachi.

L'ouvrage capital d'Albinus se compose de planches
du squelette et des muscles de l'homme. Il parut à Leyde
en 1749, sous forme d'atlas. Trois planches sont con-
sacrées au squelette, neuf aux muscles pris dans leur

ensemble, seize aux muscles séparés. Haller dit que
rien de plus parfait n'avait encore été fait. Albinus y
avait travaillé près de vingt ans. Pour montrer le
rapport des parties et leur ensemble, Albinus a fait
tous les muscles sur une même échelle. Il en résulte un
peu de confusion dans les petits muscles; mais, quant
à l'ensemble, on peut l'appeler classique, car Albinus
s'est approché de la perfection autant que cela lui était
possible.

Nous avons encore de ce grand anatomiste sept planches sur la situation du fœtus dans l'utérus; un traité
du squelette, qui parut à Leyde en 1762, et qui est
une ostéologie plus complète que celle qu'il avait donnée auparavant; enfin, quatre volumes in-4° intitulés
Annotationes anatomicæ. Il y démontre que la vésicule
ombilicale existe dans le fœtus humain comme dans les
quadrupèdes, mais qu'elle disparaît presque dans les
premiers momens de la grossesse, fait qui n'avait pas
encore été constaté. On y remarque encore des observations intéressantes sur l'artère centrale du cristallin,
sur la membrane pupillaire, qui ne s'ouvre qu'après la
naissance, sur les dents, et il est le premier qui ait bien
fait connaître les différentes phases par où elles passent,
depuis leur germe jusqu'à leur entier développement.
Enfin, d'autres bonnes observations sont relatives au
réseau du pénis, à ses parties cutanées, à la rétine, à
la peau du dessous des ongles, à l'organe de l'ouïe, aux
canaux excréteurs des vésicules séminales et à l'hymen.

Albinus eut le tort de poursuivre Haller, qui travaillait de la même manière que lui, qui avait été son
élève reconnaissant, et dont il paraît qu'il devint ja-

loux. Néanmoins, Haller a rendu justice à son mérite.

Nous avons vu, Messieurs, les principaux auteurs qui ont étudié et représenté la structure humaine pendant la première moitié du dix-huitième siècle. Je dois m'arrêter ici. Après avoir traité des auteurs généraux, je traiterai des auteurs spéciaux, de ceux qui ont écrit sur l'ostéologie, l'ostéogénie, la myologie, l'angiologie, les organes des sens, les différens viscères; enfin, je terminerai par l'histoire des observations, ou même des systèmes qui ont été faits sur la génération.

QUINZIEME LEÇON.

Messieurs,

Les os formant la base, la charpente du corps, c'est nécessairement par l'ostéologie que nous devons commencer l'examen des ouvrages d'anatomie.

Le premier auteur que nous mentionnerons est Guillaume Cheselden, célèbre chirurgien anglais, qui était né, en 1688, à Burrow on the Hill, dans le comté de Leicester, et mourut en 1752. Il avait acquis une telle habitude de l'anatomie, qu'à vingt-deux ans il faisait des cours de cette science. Mais ce qui concourut le plus à sa célébrité, ce furent les observations qu'il fit sur un aveugle de naissance parvenu à l'âge de quatorze ans, par conséquent possédant toute sa raison, mais qui n'avait et ne pouvait avoir d'idée de la lumière ni de la vue. Cheselden lui avait fait l'opération de la cataracte; et les sensations que ce jeune homme éprouva,

les différens perfectionnemens que ses sens acquirent
par degrés, la manière dont il fut obligé de corriger
les premiers jugemens de sa vue, formèrent une suite
d'observations intéressantes, moins encore pour la physiologie que pour la psychologie. Un grand nombre de
philosophes en firent l'objet de leurs méditations, et
Locke, Diderot, et Berkeley surtout, en ont fait d'heureuses applications. Nous n'en parlerons pas plus long-
temps. Nous ne ferons aussi que citer son anatomie du
corps humain, qui eut beaucoup de succès. L'ouvrage
qui nous intéresse particulièrement est son *Ostéogra-
phie*, qui parut à Londres, en 1733, sous forme d'atlas. Cet ouvrage contient à peine du texte ; il n'y existe
que quelques mots sur les os ; ce sont les planches qui
en font tout le mérite : elles sont magnifiques, et antérieures à celles d'Albinus. Cheselden a fait représenter
dans les vignettes un grand nombre d'animaux rares
qui n'étaient pas connus de son temps, et il y en a
même plusieurs qui ne se voient que dans cet ouvrage,
entre autres des squelettes de petits animaux, des parties osseuses de poissons, ce qui fait qu'on est obligé de
recourir à ces vignettes.

Monro père, qu'il faut distinguer de son fils, que
nous citerons plus tard avec éloge, a aussi écrit un ouvrage sur l'anatomie. Monro était né à Londres en
1697. Il étudia à Edimbourg sous Cheselden, et à
Leyde sous Boërhaave. En 1719, il devint démonstrateur d'anatomie à Edimbourg. C'est lui qui a commencé
plus particulièrement la réputation de cette université
pendant le dix-huitième siècle, sous le rapport de la médecine. Il y conserva son emploi de démonstrateur

pendant près de quarante ans; après quoi, il donna sa chaire à son fils Alexandre Monro, dont j'ai parlé plus haut. Sa mort survint en 1767. Nous avons de lui une anatomie du genre humain dont je ne parlerai pas. Je ne mentionnerai que son anatomie des os, qui faisait partie de son anatomie du corps humain, mais qui a reparu séparément. On en a en français une magnifique édition, avec de grandes planches sous forme d'atlas. La traduction ne porte pas le nom de son véritable auteur : elle est de madame d'Arconville. L'ostéologie est mieux représentée dans ces deux ouvrages que dans celui d'Albinus. Quant aux descriptions, elles y sont fort courtes.

Mais on a un excellent ouvrage, sans figures, où les diverses parties, les développemens, les variétés, les proéminences, les petits trous des os, sont décrits avec un soin dont on n'a pas d'exemple : c'est celui de Bertin.

Joseph-Exupère Bertin était né en Bretagne en 1712. Il fut reçu docteur à Paris en 1741, et à Rennes en 1744. Pendant quelque temps, il fut médecin de l'hospodar de Moldavie; et on dit qu'en arrivant, le premier spectacle qu'il eut fut celui du supplice de son prédécesseur (1). Il revint à Paris en 1747, où il fut atteint de maladies singulières, qui l'obligèrent de se retirer à la campagne. Il retourna ensuite à Rennes, où il mourut, vers 1781, des suites d'une fluxion de poitrine. Son traité d'ostéologie, en quatre volumes

(1) Condorcet rapporte cela; mais les manuscrits de Bertin contredisent cette assertion.　　　　(*Note du Rédacteur.*)

in-12, parut en 1754. Il est rempli d'observations mi-
nutieuses sur la nature des os, sur leur tissu, leur accroissement, et sur différens phénomènes relatifs aux
cavités de la moelle. Il n'y a que Sœmmering qui s'en
soit approché pour la méthode.

F. Joseph Hunauld, né en 1701 à Châteaubriant,
en Bretagne, et qui professa l'anatomie au Jardin du
Roi, a donné dans le même temps des observations
assez intéressantes, qui sont insérées dans les mémoires de l'Académie des Sciences.

Quant à l'ostéogénie, c'est-à-dire, la description du
mode de développement et de succession des lamelles
ou fibres osseuses dans l'épaisseur du cartilage qui fait
d'abord leur base, il parut, vers 1709, une dissertation sur ce sujet de Louis Lemery, fils du chimiste dont
nous avons parlé l'année dernière.

Nous en avons une autre de Duhamel-Dumonceau,
qui s'est occupé d'une infinité de branches d'histoire
naturelle. Duhamel était né à Paris en 1700. Il était
riche, et ne s'adonnait aux sciences naturelles que
par goût. Son penchant à cet égard était tel, qu'il vint
se loger près du Jardin des Plantes. Il s'y lia avec Dufay et Bernard de Jussieu, devint membre de l'Académie des Sciences, et mourut en 1782, à quatre-vingt-
deux ans. Les Mémoires de l'Académie renferment près
de soixante de ses mémoires, et il a publié en outre
plusieurs ouvrages, dont un est classique : c'est sa
Physique des arbres. Tout le monde sait qu'il a aussi
donné un traité d'agriculture et un traité des arbres et
des arbustes ; mais notre sujet étant l'ostéogénie, nous
ne nous occuperons pas de ces deux ouvrages.

On avait découvert, en Angleterre, que les animaux qui se nourrissaient de garance avaient le tissu des os rouge, et qu'aucune autre partie du corps, pas même les cartilages des os, ne prenaient cette couleur. Duhamel ayant été informé de ce fait par Hans Sloane, fit des expériences pour le vérifier, et il vit que quand on nourrissait un animal de garance, il se formait dans ses os, mais surtout dans ses dents, une couche rouge; que si on discontinuait de donner de la garance à l'animal, il se formait dans ses os une autre couche qui n'avait plus la couleur rouge, et que si on revenait à la garance quelque temps après, il se formait une troisième couche qui était colorée en rouge. Duhamel fonda sur ces expériences un système de développement des os analogue à celui du bois des arbres. On sait que le tronc des arbres ordinaires croît par des couches qui se succèdent en s'enveloppant chaque année. Les dents présentent à peu près le même mode de formation : il y a seulement cette différence que leurs couches se développent en dedans les unes des autres. Quant aux os ordinaires, leur mode de formation n'est pas aussi bien démontré. Duhamel prétend que c'est le périoste qui produit les couches des os, comme l'aubier se transforme en couches de bois ; mais cette théorie a été contestée, et n'est pas adoptée par les physiologistes.

Il existe une autre expérience sur le développement des os qui mérite de fixer notre attention : c'est celle de la greffe animale. Les ménagères, les fermières, avaient fait cette expérience ; mais elle n'avait jamais été examinée par un philosophe. Voici en quoi elle consiste. Lorsqu'on fait un chapon, on prend ordinairement le grain qui est sur le derrière de la jambe, ou plutôt du tarse du poulet, et on insère ce grain dans la peau qui recouvre le crâne de l'animal. Si on avait laissé croître le grain implanté, il serait devenu un ergot. Il continue également de se développer sur la tête du poulet, et y devient même plus grand quelquefois qu'il ne le serait devenu s'il était resté à sa place naturelle. Il s'articule aussi avec le crâne par un renflement qui résulte de la cellulosité, c'est-à-dire qu'il a de la mobilité comme un ergot ordinaire. Ce phénomène, le plus vulgaire de l'anatomie, en est en même temps le plus remarquable. Duhamel a donné des détails sur ce genre d'expériences, dans ses mémoires de 1742 et 1743, insérés dans les Mémoires de l'Académie des Sciences. Ses expériences sur les animaux nourris de garance mériteraient d'être refaites aujourd'hui que l'on a des moyens plus certains de les constater. Nous reviendrons plus tard sur Duhamel, à l'occasion d'autres travaux.

Jean Palfin, né à Courtray en 1650, donna en 1701 un traité d'ostéologie allemande qui fut traduit en français en 1730.

Ce traité n'approche pas de celui qui fut donné quelques années après par un médecin de Pétersbourg, Weitbrecht Josué, né en 1702 dans le Wurtemberg. Il avait été appelé à Pétersbourg en 1725 pour y être membre de l'académie de cette ville, qui se composa depuis d'étrangers. Son livre intitulé *Syndesmologia sive Historia ligamentorum corporis humani* parut en 1742. Tarin en fit une traduction française en 1752. C'était alors un ouvrage à peu près nouveau, quant à la classification des objets qui y sont traités. On peut même dire qu'il était tellement parfait, que, depuis lors, les auteurs qui ont traité de l'ostéogénie se sont bornés à le copier, et ceux qui ont fait faire des planches ont peu ajouté à ce qu'il avait observé dès 1742. Weitbrecht mourut en 1747, âgé de quarante-cinq ans.

Après avoir parlé des ouvrages qui se rapportent au squelette, soit sec, soit frais, nous allons dire quelques mots des ouvrages publiés sur les muscles.

Un médecin écossais, Jacques Douglas, célèbre comme opérateur de la pierre, a publié à Londres, en 1707, un petit ouvrage intitulé *Myographiæ comparatæ Specimen.* Le chien y est pris pour objet de comparaison, même avec l'homme. Cet ouvrage est supérieur aux myologies précédentes, et tout-à-fait neuf quant à la comparaison du chien avec l'homme.

Nous avons des chirurgiens français, entre autres Garengeot, qui ont publié des ouvrages du même genre. Garengeot était né à Vitré, en Bretagne, en 1688, et mourut à Cologne en 1759. Il avait été élève de Winslow. Sa *Myotomie humaine* et *canine* contient de bonnes observations sur le chien; mais la myologie de l'homme est plus approfondie, et rentre dans l'ouvrage de Douglas.

Parmi ceux qui se sont livrés au même genre de recherches en Hollande, on peut citer David-Corneille de Courcelles, qui a donné un traité spécial sur les muscles de la plante du pied. C'est un sujet rétréci ; mais, en anatomie, il n'est rien qui ne donne lieu à des recherches intéressantes. On trouve dans cet ouvrage, qui est de 1739, des détails sur les muscles des pieds, qui avaient échappé jusque-là.

Nous devons en dire autant d'un ouvrage de Jacques
Parsons, médecin anglais, né à Barnstable en 1705, et
mort à Londres en 1770. Son livre est intitulé *Croonian
Lectures,* ou Leçons sur les mouvemens musculaires.
Dans l'histoire de plusieurs anatomistes, vous verrez souvent cette épithète *croonian,* tirée de Croon, nom d'un
médecin qui affecta une somme à récompenser le chirurgien qui publierait un mémoire nouveau sur le mouvement musculaire. Ce médecin espérait que sa fondation amènerait la découverte des causes du mouvement
musculaire. Chaque année encore, un anatomiste choisi
par la Société royale de Londres reçoit la somme affectée par Croon à l'auteur d'un mémoire sur le mouvement musculaire ; mais le secret de la motion des muscles n'a pas été trouvé. Parsons a donné dans son ouvrage deux faits assez curieux sur les fibres de l'utérus.

Nous avons encore de lui un ouvrage de 1746, intitulé
de la Physionomie humaine expliquée, dans lequel il décrit tous les muscles de la face. Il s'est attaché à rechercher quels sont ceux de ces muscles qui agissent dans les
différentes passions, dans les différens mouvemens de
l'esprit, par exemple quand la joie nous anime, qu'elle
nous fait rire, ou quand nous sommes accablés de tris-
tesse et que nous versons des larmes, ou bien encore
dans la haine, dans la colère, etc. Un bon observateur,
qui connaît parfaitement les muscles pour les avoir
disséqués souvent, ou pour les avoir vus dans l'état de
nudité, peut toujours distinguer sur le visage vivant
quel est le muscle qui se gonfle ou quel est celui qui
s'affaisse : il est donc possible de reconnaître les passions
qui ont le plus affecté un individu, par le gonflement

ou l'affaissement de certains muscles; car ceux qui ont
été beaucoup exercés sont plus développés que ceux
qui l'ont été moins. Ainsi, les danseurs ont les muscles
des gras des jambes plus forts que ceux des hommes
qui ne marchent presque pas; les hommes qui exercent
leurs bras à des travaux rudes les ont plus gros que s'ils
les avaient laissés en repos. L'individu qui est souvent
agité de passions qui donnent à la face un certain mouvement, doit donc aussi gonfler et faire développer
davantage les muscles qui agissent dans ces occasions.
D'après ces faits, Parsons a établi des règles ingénieuses
pour distinguer les caractères d'après la physionomie,
et les divers sentimens qu'on a éprouvés d'après les
altérations qui existent sur la figure. Les enfans, comme
tout le monde sait, sont assez jolis comparativement
aux adultes, parce qu'ils n'ont aucun muscle saillant;
c'est à mesure que des passions, soit bonnes, soit mauvaises, agitent leur esprit, que leurs traits prennent
une expression particulière plus ou moins belle, plus
ou moins vilaine, plus ou moins ignoble et repoussante.
Parsons est original en son genre, et c'est pourquoi je
suis entré dans quelques détails à son égard.

Il existe quelques autres ouvrages de Parsons, notamment sur la propagation des animaux et des plantes.
Nous y reviendrons en temps convenable.

Maintenant, Messieurs, que nous connaissons les
ouvrages relatifs à l'ostéologie ou à la myologie qui ont
paru pendant la première moitié du dix-huitième siècle, nous allons passer aux auteurs qui ont traité des
organes des sens pendant la même période.

Jacques Hovius a donné des observations très-curieuses sur l'œil, dans un traité qu'il a publié à Lyon en 1703, et qui est intitulé *de Circulari humorum Motu in oculis.*

François Pourfour Du Petit a considéré l'œil sous un point de vue plus intéressant. Du Petit était né à Paris en 1664. Après avoir été médecin d'armée, il revint à Paris, où il fut nommé membre de l'Académie en 1722. Nous avons de lui un opuscule intitulé *Lettre d'un médecin des hôpitaux du roi à un autre médecin de ses amis sur un nouveau système du cerveau ;* Namur, 1710. Dans cette lettre, on trouve une multitude d'observations sur l'intérieur du cerveau, sur ses fibres particulièrement, et sur le croisement de celles de la moelle allongée, qui ont été reproduites par un anatomiste moderne. Mais celui des ouvrages de Du Petit que nous devons examiner maintenant est son mémoire sur les yeux. Il contient des recherches mathématiques sur la courbure des diverses parties de l'œil, qui est, comme on sait, un instrument de dioptrique. Presque personne ne s'était occupé de la partie mathématique de la vision avant Du Petit, et ce qu'il a fait à cet égard est à peu près ce que nous avons de meilleur. Il avait fait beaucoup de recherches sur les yeux des oiseaux, des grenouilles, des tortues et des poissons : une partie de ces travaux est restée manuscrite. Du Petit avait remarqué que les yeux de l'oiseau qui vit dans un milieu rare devaient être plus convexes que ceux des quadrupèdes ; que les yeux de ces derniers, qui vivent dans un air plus dense que celui où volent les oiseaux, devaient être moins convexes ; enfin, que l'œil des poissons, qui vivent dans un milieu beaucoup plus dense que l'air, devait

être plan. Cette opinion est en effet confirmée par l'expérience : les yeux des animaux sont parfaitement con-
formés pour les milieux qu'ils habitent. L'oiseau, par-
exemple, qui s'élève à des distances immenses, a reçu
de la nature un organe érectile placé dans l'œil qui en
change la disposition suivant l'éloignement des objets.
Tous ces faits sont exprimés jusqu'à un certain point
dans Du Petit.

Nous devons ajouter aux auteurs qui ont traité de
l'œil, Guillaume Porterfield, médecin écossais. Il a publié en anglais un traité sur l'œil et sur les phénomènes
de la vision, qui a été imprimé à Edimbourg en 1759,
par conséquent postérieurement à la plupart des mémoires de Du Petit. Mais il a porté ses recherches plus
loin que ce dernier. On lui doit une anatomie comparée des yeux. Il a examiné quels sont les causes ou les
moyens par lesquels la pupille se rétrécit ou se dilate ;
et il prétend avoir remarqué que ce n'est pas par des
moyens musculaires qu'elle éprouve l'une ou l'autre de
ces modifications, et que cependant c'est par des causes
qui dépendent jusqu'à un certain point de la volonté ou
de l'imagination. Cet auteur est évidemment Stahlien,
et il a appliqué les principes de Stahl aux phénomènes
particuliers de la physiologie. Selon lui, l'œil est dis-
posé pour voir de loin ; c'est un télescope naturel. Les
modifications que nous éprouvons dans cet organe sont
purement accidentelles, et n'ont lieu que lorsque nous
avons besoin de regarder certains objets placés près de
nous. La pupille se contracte alors de manière à devenir plus convexe, et ce mouvement est opéré par l'âme
elle-même.

Il a paru, dans la période que nous examinons, d'excellentes recherches sur l'organe de l'ouïe. Les premières sont celles d'Antoine Marie Valsalva, né en Italie, à Imola, en 1666. Il fut disciple de Malpighi, dont j'ai parlé l'année dernière, et devint professeur à Bologne. C'était, dit Haller, un anatomiste infatigable. Son livre intitulé *De aure humanâ tractatus*, parut à Bologne en 1704. Il y a, dit-on, travaillé 16 années, et a disséqué plus de mille têtes pour le terminer. Il fut réimprimé avec des notes de Morgagni, en 1740. Il y est traité de la trompe d'Eustache, des muscles du palais et du pharynx. On y trouve sur les petits muscles de l'oreille des observations nouvelles, et une description des canaux semi-circulaires du limaçon, qui sont, avec la pulpe, le siége essentiel du sens de l'ouïe. Mais il ne paraît pas avoir vu ces parties dans un état suffisant de fraîcheur, car il les appelle *zones*; ce qui indique qu'il ne les a eues sous les yeux que lorsqu'elles étaient desséchées, et réduites à l'état de filamens.

Raymond Vieussens, auteur d'une Névrographie universelle publiée en 1685, a peu ajouté, par son Traité de la structure de l'oreille, de 1714, à ce qu'avait fait Valsalva. C'est par sa Névrographie qu'il occupe un rang distingué parmi les anatomistes. Sa description du cerveau est quelque chose d'original pour le temps. Après Varole, il est celui qui a le mieux décrit cet organe par sa base, en suivant les fibres de la moelle allongée, à travers la protubérance annulaire, jusqu'aux couches optiques.

Des ouvrages plus importans sur l'ouïe sont ceux de Jean Cassebohm, né à Hall au commencement du dix-

huitièm esiècle, et qui mourut le 7 février 1743. Pendant
quelque temps il suivit à Paris les leçons de Winslow ;
il devint ensuite professeur à Hall, puis il fut appelé
à Berlin pour y être membre de l'académie, et occuper
une chaire. C'est un des anatomistes les plus exacts et
les plus délicats. Il 1 d'abord publié une thèse docto-
rale intitulée *Disputatio de aure interná*. Ensuite il a
donné six autres traités intitulés *De aure humaná*, et
imprimés à Hall en 1730, 34 et 35. On trouve dans ces
écrits la description de tous les changemens que l'oreille
éprouve depuis le fœtus jusqu'à l'adulte ; on y voit que
ses parties osseuses intérieures sont les premières formées, et que le rocher se durcit par degrés. L'auteur y
suit le passage des nerfs avec un détail qui n'avait pas
encore été donné. Il décrit la membrane pulpeuse des
canaux semi-circulaires de l'intérieur du limaçon, qui
a plus tard été décrite avec tant de soin par Scarpa et
Comparetti.

Nous allons maintenant examiner les travaux principaux qui ont eu pour objets les viscères. Je commencerai par ceux qui sont relatifs à la circulation.

Le principal de tous est le Traité de la structure
du cœur, de Senac, dont j'ai déjà parlé comme chimiste. Il a bien décrit le péricarde, le cœur, ses fibres,
ses valvules, ses vaisseaux propres, et la direction de
ses mouvemens. Il a prouvé que le cœur se raccourcissait
dans le mouvement de systole, ce qui était alors une
nouveauté. Les contractions du cœur sont produites,
selon Senac, par l'afflux irritant du sang sur ses parois :
il abandonne ainsi les idées mécaniques et chimiques
pour adopter celles des irritabilistes qui dominaient de

sou temps. Une question encore problématique est résolue par Senac affirmativement ; c'est celle de savoir si la contraction des artères contribue au mouvement du sang. Il réfute les calculs faits à cet égard par les iatromathématiciens. L'ouvrage de Senac est capital pour l'anatomie du cœur et pour sa physiologie. Nous verrons, à cet égard, dans la deuxième moitié du dix-huitième siècle, plusieurs observations nouvelles de Wolf et autres, principalement sur la direction des fibres du cœur. Quant aux nerfs de cet organe, ils ont été décrits avec plus de détail par Scarpa, dont les recherches appartiennent aussi à la seconde moitié du dix-huitième siècle.

Je dirai maintenant quelques mots des travaux qui furent faits sur l'organe de la voix. Deux systèmes dominaient alors sur le mécanisme de la voix : celui de Dodart et celui de Ferrein.

Dodart, dès le commencement du siècle, avait attribué les modifications de la voix aux ouvertures de la glotte ; il prétendait que, suivant que la glotte s'ouvrait ou se resserrait, il en résultait des sons plus ou moins aigus, plus ou moins graves.

Vers la fin de la période que nous explorons, Antoine Ferrein, anatomiste à Paris, prétendit que le ton de la voix était déterminé par le plus ou moins de tension des cordes vocales, et non par des dilatations de la glotte. Ferrein était né à Fresquepêche, en Agenois, en 1693 ; il avait étudié sous Vieussens et sous Deidier. Il s'établit à Montpellier, et devint ensuite médecin d'armée, puis membre de l'Académie des Sciences, et professeur au Collège de France et au Jardin du Roi. Il mourut en 1769, âgé de 76 ans. Ses ouvrages firent beaucoup de bruit dans leur temps, et ses Mémoires sont insérés dans ceux de l'Académie (année 1741). Il y décrit les expériences qu'il avait faites sur le larynx humain. Au moyen d'un soufflet, il avait fait pénétrer de l'air dans la glotte, et il prétendait que, suivant qu'il avait ainsi tendu ou relâché les ligamens ou cordes vocales qui existent de chaque côté de la glotte, au-dessous des ventricules, la voix était devenue aiguë ou grave. Ses expériences furent contestées par plusieurs anatomistes; et aujourd'hui même, on n'est pas encore d'accord à cet égard.

Bertin, dont j'ai parlé en ostéologie, fut un de ceux qui combattirent le plus le système de Ferrein. Dans des lettres écrites en 1745, il chercha à soutenir le système de Dodart, et à réfuter celui de son adversaire. Ferrein lui fit, en 1748, une réplique qu'on peut lire utilement.

Nous verrons à la fin du dix-huitième siècle des recherches nouvelles et plus exactes sur la voix; elles sont fondées principalement sur la physique musculaire.

Je passe aux recherches qui furent faites sur la digestion. Les chimistes attribuèrent d'abord cette fonction aux acides de l'estomac : c'était l'opinion de Sylvius. Un médecin français, Philippe Hecquet, chercha à réfuter cette opinion. Hecquet était né à Abbeville en 1661. Par dévotion, il s'était fixé à Port-Royal, retraite des jésuites, en 1688. Il vint ensuite à Paris, où il se fit recevoir docteur, et y professa la médecine en 1712. Il mourut dans le couvent des Carmélites de la rue

Saint-Jacques, en 1737. Son système de la digestion
et des maladies de l'estomac, suivant le système de la
trituration, est de 1712. Hecquet y nie l'existence de
tout ferment, de toute liqueur acide dans les opérations de la digestion.

Jean Astruc, professeur à Montpellier, qui devint
ensuite professeur au Collége royal, a combattu ce
système. Astruc était né à Sauves en 1684. Il avait
été reçu docteur à Montpellier en 1703. Il est célèbre
pour avoir soutenu, en 1722, la nature contagieuse de
la peste. L'ouvrage dont nous devons nous occuper
particuliérement, est celui dans lequel il prouve que la
digestion se fait au moyen d'un levain, et où il réfute
par conséquent le système de la trituration. Ce livre
est de 1714. Pitcarn avait déjà, comme Hecquet, attribué la digestion à la trituration. Astruc attaqua les estimations que Pitcarn avait données de la force de l'estomac, et il réduisit même la force de cet organe à un
poids de trois onces.

En 1720, Astruc publia un autre ouvrage intitulé
Traité de la Sensation, dans lequel il soutient l'existence
d'un fluide nerveux qui oscille comme par vagues, et
produit la sensation, en se dirigeant vers les fibres *sen-
tantes* du cerveau. En 1753, il publia aussi ses conjectures
sur les mémoires originaux dont Moïse avait dû se servir
pour composer la Genèse. Il y fait remarquer cette vérité, que la Genèse se compose de plusieurs morceaux
écrits de styles différens, et dont les faits ne sont pas
parfaitement les mêmes. Cet ouvrage fut imprimé à
Bruxelles.

Quelque temps après l'ouvrage d'Astruc sur la digestion, cette question fut reprise par Réaumur. Ce fut en 1752 qu'il publia ses expériences. Elles eurent pour sujet l'estomac des oiseaux granivores et carnivores. Réaumur fit des découvertes remarquables sur la force prodigieuse du gésier dans les oiseaux granivores. Chez les poules et autres oiseaux granivores, il existe, après l'estomac proprement dit, qu'on appelle jabot ou ventricule succenturié, et qui est pourvu de glandes nombreuses, un autre organe qu'on nomme gésier, et qui est garni à l'intérieur d'une membrane coriace, plus dure que le cuir, et enveloppée de deux muscles énormes. Ce dernier organe a une force de trituration telle, que des globes de verre et de fer y sont réduits en poudre. Réaumur prouva, par ces faits étonnans, que la trituration était pour beaucoup dans la digestion des oiseaux granivores. En introduisant une graine dans un tube de métal suffisamment fort pour n'être pas écrasé, Réaumur remarqua aussi qu'il ne se dissolvait pas dans l'estomac de l'oiseau, mais qu'il y prenait seulement de l'humidité, et y éprouvait l'effet qu'il aurait subi dans un liquide tiède. Par cette nouvelle expérience, il prouva encore que, dans les granivores, la trituration était une des conditions essentielles de la digestion. Cette trituration y est exercée par un organe doué d'une vigueur dont peut-être rien n'approche dans la nature.

Par d'autres faits, Réaumur prouva que dans les oiseaux carnivores, la trituration stomacale n'était pas une condition de la digestion. En effet, dans les faucons, les aigles et autres oiseaux de proie, l'estomac n'a pas les énormes muscles que possède celui des

oiseaux granivores ; la digestion y est une dissolution produite par les sucs que versent dans l'estomac
les glandes dont sa surface est garnie.

Après ces recherches sur la digestion, je dirai quelques mots des observations qui ont été faites sur la
structure des viscères qui l'exécutent. Je citerai d'abord
le *Traité de Splanchnologie* de Garengeot. Cet ouvrage
médiocre est accompagné de petites figures qui ne sont
pas toutes originales.

Des travaux beaucoup plus importans sur la structure des viscères digestifs, sont ceux de Jean Nathanaël
Lieberkuehn, né à Berlin en 1711. Devenu docteur
à Leyde, il retourna à Berlin, où il mourut prématurément, en 1756. Il est, après Ruysch, le plus habile
injecteur qui ait existé, et il paraît même qu'il a surpassé Ruysch à quelques égards ; il a fait des préparations d'une finesse incomparable. La grande collection
qu'il avait formée a presque toute passé dans le cabinet
de M. Bereis ; mais on ne sait ce qu'elle est devenue ensuite. Elle avait fait l'admiration des contemporains,
et Haller cite Lieberkuehn comme l'anatomiste le plus
habile qui se soit occupé de préparations. Il a laissé un
traité intitulé *De fabricâ et actione intestinorum par-
vorum hominis*, où sont consignés les résultats de sa
délicate anatomie sur les artères, les veines et les vaisseaux lymphatiques des intestins. Cet ouvrage, qui parut à Leyde en 1745, est encore classique.

Un autre ouvrage de Lieberkuehn parut en 1739 ; il
y est traité de la valvule du colon, et du procès ver-
miculaire du cœcum.

Nous devons des recherches sur la rate à G. Stukeley, médecin anglais, qui était aussi membre de la Société des antiquaires de Londres et de celle des belles-lettres. Il finit par devenir ecclésiastique, et mourut curé de Saint-Alban en 1730. Son livre, fort remarquable, intitulé *De la rate, de ses usages et de ses maladies*, est le produit d'une de ces fondations de *lectures* qui existaient en Angleterre. Stukeley a aussi examiné la structure de l'éléphant.

Jean-Georges Duvernoy, qui devint membre de l'académie de Pétersbourg et professeur à Tubingue, a fait des recherches sur les canaux salivaires et sur les vaisseaux lactés; mais elles n'ont pas assez d'importance pour devoir être placées dans une histoire aussi générale que celle qui nous occupe.

Je terminerai cette histoire de l'anatomie par les ouvrages qui traitent de l'anatomie comparée. Un célèbre anatomiste, dont j'ai dit quelque chose dans le siècle précédent, a beaucoup contribué à remettre cette science en honneur pendant la première moitié du 18e siècle. A une certaine époque, les anatomistes, surtout ceux de Padoue, s'étaient livrés à l'anatomie des animaux, faute d'avoir à leur disposition assez de corps humains. Il en était résulté plusieurs erreurs, parce qu'on avait pensé que ce qui se présentait dans l'animal devait aussi exister dans l'homme. Mais, d'un autre côté, l'anatomie humaine est singulièrement éclairée par celle des animaux; car il n'est pas possible de décrire la structure de l'homme exactement, si l'on n'a pas vu celle des animaux. Duverney, dont je vais vous entretenir, sentit cette vérité, et se livra à de nombreux travaux d'anatomie comparée.

Joseph-Guichard Duverney était né à Fleurs en Fo-
rez, en 1648. Il était célèbre par son éloquence, et
inspira ainsi tant de goût pour la science qu'il cultivait,
que des personnes même de la cour l'étudièrent, et que
Louis XIV s'y intéressa. Il devint professeur d'anatomie du dauphin, fils de ce roi. On lui confia ensuite le
soin de disséquer les animaux de la ménagerie de
Louis XIV. Enfin il fut nommé professeur au Jardin du
Roi en 1679, et y resta jusqu'en 1730, faisant des cours,
mais publiant peu d'ouvrages. Aussi arriva-t-il souvent
que des plagiaires, dont il ne se plaignit point, publièrent comme nouvelles des découvertes qui lui appartenaient. De son vivant, il publia l'anatomie des animaux de Versailles, dont les dépenses furent faites par
l'Académie des Sciences, et dont la rédaction appartient à Perrault. En 1683, il fit paraître un traité de
l'ouïe. Outre les animaux de la ménagerie de Versailles, il disséqua aussi les poissons de nos côtes. On trouve
encore des dessins de ces dissections dans la bibliothèque de M. Huzard de Paris. Duverney a donné le premier l'anatomie des organes de la respiration des poissons, et de la carpe particulièrement, qu'on peut regarder
comme une merveille ; car le nombre des osselets, des
cartilages et des vaisseaux de tous genres, que l'on peut
y compter, parce qu'ils présentent de la symétrie, est
effrayant pour l'imagination ; il s'élève à des milliers,
pour les vaisseaux seulement. A 80 ans, Duverney faisait encore des observations sur les limaçons ; il se traî-
nait par terre pour étudier leurs mouvemens et leurs
accouplemens. Il en faisait faire des dessins qui existent encore dans les Mémoires de l'Académie des Scien-

ces, et qui n'ont pas été publiés, quoique extrêmement curieux. Duverney mourut en 1730, sans avoir presque rien publié. Senac, qui était premier médecin du roi, et assez fortuné, changea Bertin, en 1734, de la publication des ouvrages de Duverney. Comme tous les ouvrages posthumes, ils sont incomplets; mais on y voit d'excellentes figures, notamment du cerveau et de la coupe verticale de cet organe. Il y existe aussi une infinité de recherches sur toutes les parties du corps humain, comparées aux parties correspondantes des animaux. Ces mêmes ouvrages posthumes, indépendamment des cours de Duverney, contiennent des traités spéciaux, sur la génération entre autres, et sur la circulation du sang dans le fœtus, à l'égard de laquelle Duverney eut les plus grandes disputes avec Méry. L'un prétendait que cette circulation se faisait dans un sens; l'autre prétendait qu'elle se faisait dans un sens tout inverse. Pour éclaircir la question, Duverney eut recours aux reptiles où la circulation se fait comme dans le fœtus. On eut ainsi l'anatomie de la tortue et du crocodile. Duverney a fait encore des recherches sur les reins des quadrupèdes, sur les estomacs des oiseaux, sur les muscles de la paupière interne des oiseaux. Ceux-ci ont, indépendamment des deux paupières ordinaires, une paupière transparente ou rideau, avec lequel ils couvrent leur œil, lorsque, élevés dans l'atmosphère, ils regardent le soleil dans toute sa clarté. Cette membrane est tirée par des muscles, placés derrière le globe de l'œil, qui opèrent un mouvement de poulie. C'est une des belles observations que l'on doit à Duverney. Elle fut recueillie par Valentini dans son Anatomie comparée.

Michel-Bernard Valentini, professeur à Giessen en 1657, a publié une anatomie sous le titre de *Amphitheatrum zootomicum* : elle parut à Francfort en 1720. C'est un recueil de mémoires sur l'anatomie, qui avaient été publiés les uns avant, les autres après Blasius, anatomiste du dix-septième siècle. Ce recueil est incomplet, et les planches en sont grossières ; cependant elles peuvent être utiles pour une foule de recherches.

Le premier petit traité *ex professo*, qui ait paru sur l'anatomie comparée, après celui de Severinus, porte le nom de Monro père. Il parut en 1744, et est le travail d'un de ses élèves, qui le publia sans son aveu.

Je pourrais vous citer aussi plusieurs descriptions isolées ou monographies : ainsi Patrice Blair, écossais, a donné l'ostéologie de l'éléphant, en 1718 ; un Français, nommé Michel Sarrasin, a publié l'anatomie du castor et du porc-épic.

Le cheval a été l'objet des recherches anatomiques de Bertin. Il a donné une anatomie des fibres de son estomac et du sphincter qui est à son entrée, au cardia. Il a ainsi expliqué pourquoi le cheval ne peut pas vomir. Ces recherches sont de 1746.

Quant aux auteurs qui ont fait beaucoup d'observations sur toutes les sciences naturelles, je n'en citerai que trois : Réaumur, Needham et Trembley.

Réaumur a été pendant 50 ans un des membres principaux et des plus actifs de l'Académie des Sciences. Il

a rempli les mémoires de cette académie de ses écrits
sur toutes les parties des sciences naturelles. Je l'ai cité
en chimie comme ayant travaillé sur le verre et l'acier;
je l'ai cité en physiologie comme s'étant occupé de la
digestion. Nous verrons qu'il est l'auteur d'un ouvrage
sans pareil sur les insectes, sur leurs mœurs, leur industrie. Il a fourni à l'Académie des Sciences une dou-
zaine de mémoires sur l'anatomie des insectes et des
mollusques. Il a découvert que les coquilles des testacés se forment par couches. La torpille a été décrite par
lui pour la première fois avec détail, quoiqu'il n'en ait
pas donné une bonne théorie, parce que de son temps
on ne connaissait pas encore la cause des commotions
électriques qu'elle fait éprouver. Il a aussi décrit la
pourpre avec laquelle les anciens teignaient en couleur
de ce nom; il a fait connaître qu'elle est sécrétée par le
manteau de certains coquillages. Il a traité de la matière
argentée qui revêt les écailles des poissons, et qu'on en
détache pour faire les fausses perles; il s'est occupé de
la lumière répandue par les pholades et autres animaux
marins. Il a constaté la reproduction des pattes enle-
vées aux écrevisses.

Les travaux les plus remarquables peut-être de cette
époque sont les expériences de Needham sur les infusoires. En parlant des expériences microscopiques de
Leuwenhoeck sur les infusoires, j'ai dit que c'était lui
qui avait découvert les animalcules ou monades que
l'on voit dans l'eau, après l'avoir répandue sur des matières organiques, telles que le poivre par exemple. Ces
expériences furent suivies avec détail par Needham.
Jean Tuberville Needam était né à Londres en 1713.

Il avait étudié au collége anglais de Douai. Il devint professeur de rhétorique à Douai, ensuite professeur de philosophie au collége des anglais de Lisbonne. Il fut rappelé par les missionnaires catholiques en Angleterre, et accompagna ensuite des voyageurs anglais. Passant à Genéve, il se prit de querelle avec Voltaire au sujet des miracles. On sait comment Voltaire l'a tourné en ridicule; mais il ne le méritait pas. Needham est mort à Bruxelles en 1781, où il avait été appelé pour concourir à l'organisation de l'académie fondée par Marie-Thérèse. Pendant son premier voyage à Paris, en 1748, il aida Buffon dans ses recherches sur les animaux spermatiques. La principale de ses observations est celle qu'il fit sur la laite du calmar, grand mollusque du genre de la seiche, qui acquiert quelquefois deux à trois pieds de longueur. Dans cette laite, Needham remarqua non-seulement des animaux spermatiques, comme dans les autres animaux, mais encore un organe d'une nature indéchiffrable; ce sont des filamens longs d'un pouce, qui, quand ils restent dans la laite, conservent leur intégrité, mais se brisent, se cassent en entrant dans l'eau. Ils contiennent un ressort en tire-boudin qui s'écarte à leurs extrémités, et qui répand une autre laite qui paraît être la véritable. Cette observation reste encore à expliquer; on ne conçoit pas comment se forment ces êtres, machines organisées, pour ainsi dire, dans un but singulier. C'est aussi Needham qui a découvert les hybrions existant dans la colle de farine aigrie. L'eau contient des animalcules plus grands que les animalcules spermatiques; et il y en a aussi dans le vinaigre. Needham leur donna le nom de petites anguilles : on l'en plaisanta; car ce ne sont que des vers microscopiques extrêmement simples. Need- ham arriva, par ses observations sur les animaux spermatiques, à croire leur formation spontanée, et il est un de ceux qui ont déterminé Buffon à adopter cette opinion, comme nous le verrons.

Abraham Trembley, le dernier des trois auteurs dont nous ayons à parler, était né à Genève en 1700. C'est en se promenant à La Haye autour d'un lac, et en observant les plantes aquatiques, qu'il aperçut de petits corps verts semblables à des végétaux. Pour savoir si c'étaient en effet des plantes, il en coupa un et en fit une bouture; les deux parties séparées reproduisi- rent ce qui leur avait été enlevé; mais il vit qu'elles provenaient cependant d'un animal, car ces êtres se mouvaient, changeaient de place, se tournaient vers les endroits où ils pouvaient trouver de la lumière et de la nourriture. Il s'aperçut même qu'ils saisissaient des insectes, de petits êtres avec leurs bras, leurs fila- mens, pour les introduire dans leur cavité digestive; c'étaient donc des animaux qui se reproduisaient de bouture, comme certaines plantes. On avait déjà bien vu des animaux reproduire quelques parties de leur corps ; on savait que les écrevisses, l'étoile de mer, re- produisaient une patte ou un lobe enlevés; mais une écrevisse coupée en deux ne se complettait pas, ni même une salamandre : l'animal, dans ce cas, ne con- servait pas la vie. Ainsi, ce que l'on savait n'appro- chait pas de la découverte de Trembley sur les polypes. Trembley ne coupa pas seulement une petite partie d'un polype; il en coupa aussi un en deux, et la tête

reproduisit la queue, et la queue la tête. Il en coupa
encore deux longitudinalement et les greffa, et au lieu
d'un polype à huit bras, il en eut un à seize. Tout ce
qu'on peut faire sur les plantes, se fait donc sur le
polype, qui cependant est un être doué de la faculté de
sentir, qui se nourrit non par des racines comme les
plantes, mais par un estomac où il introduit les animaux qu'il a saisis. Cette découverte extraordinaire
fut parfaitement expliquée et développée en 1744, dans
un vol. in-4° accompagné de belles planches gravées par
Lyonnet, dont j'ai déjà parlé comme auteur de la
peinture et de l'anatomie la plus merveilleuse que l'on
ait de la chenille du saule. Il voulut bien graver ces
planches, qui sont même son premier travail rendu public. Trembley acquit une réputation universelle par
sa découverte extraordinaire, qui changeait pour ainsi
dire toutes les idées qu'on avait eues sur la physiologie
et l'anatomie animales. Il se retira à Gênes, où il
écrivit sur la religion naturelle, et mourut en 1784.

Il nous reste à traiter de la grande question physiologique relative à la reproduction des êtres : ce sera
l'objet du commencement de notre prochaine séance.

SEIZIÈME LEÇON.

Messieurs,

La question que nous allons examiner est sans contredit la plus difficile de toute la physiologie, et même de
l'histoire naturelle. Quand on veut expliquer les phénomènes physiologiques d'un être, c'est dans la composition de cet être, dans les différens élémens qui forment
son mécanisme, qu'on cherche les causes de ces phénomènes, et on a par conséquent un but bien déterminé et bien clair. Il peut cependant rester quelque.
obscurité; on peut, par exemple, ne pas savoir à quoi
tient l'action des nerfs; mais on sait que c'est de cette
action que dépend le phénomène général de la vie, et
on y applique les règles ordinaires du raisonnement et
de la physique. De plus, dans l'étude physiologique
du corps animé, on le considère comme préexistant.

Dans la théorie de la génération, il s'agit au contraire

17

d'examiner comment un corps d'animal se forme, ce qui est une question tout autrement ardue que la première. Nous avons des idées assez claires sur la formation des cristaux ; les plus petites molécules de matière saline sont apparentes, et ont déjà des formes déterminées. On sait que c'est la conjonction de leurs lames qui détermine des polyèdres, des prismes ou autres figures, et qu'ainsi les cristaux se forment par juxta-position. Pour que cette formation soit intelligible, il n'est même pas nécessaire d'avoir des idées nettes sur les causes qui obligent les lames à se ranger d'une façon régulière.

Si l'on ne considérait que les animaux les plus simples, tels que les infusoires, qui semblent être homogènes, et dont la forme générale même est globuleuse ou ovale, on pourrait, à la rigueur, concevoir qu'ils se forment par des adjonctions de parties comme les cristaux. Mais lorsqu'on examine des corps plus compliqués, et surtout les animaux supérieurs, il est aisé de voir que ce mode de formation n'est plus admissible. Car alors il ne s'agit pas simplement de molécules homogènes qui se rapprocheraient sous l'influence des lois générales de la gravitation ou des affinités chimiques ; il s'agit au contraire de molécules entièrement hétérogènes, et d'une figure aussi toute différente, constituant des masses qui neressemblent point à leurs élémens. Dans le corps d'unvertébré, il faut que les molécules cartilagineuses soient placées dans un lieu particulier, qu'elles y forment des masses déterminées, pour composer le squelette ; que ce squelette se remplisse ensuite d'atomes particuliers, et surtout qu'il ait été composé préalablement de parties diverses,

placées chacune à un endroit déterminé. Le cerveau
n'offre pas non plus de ressemblance avec les cristaux
dans sa formation, ni de rapport de forme avec ses
élémens ; toutes les parties du cerveau sont différentes :
il se compose de substance médullaire, de substance
corticale, de membranes qui l'enveloppent et péné-
trent dans son intérieur pour former les plexus cho-
roïdes et autres parties. L'œil ne peut pas davantage être le résultat d'une juxta-position similaire à
celle des cristaux ; car il est composé d'une multitude
de parties différentes, toutes hétérogènes, dont chacune doit avoir une figure déterminée et une place
fixe : la sclérotique, la cornée transparente, les procès ciliaires, l'humeur aqueuse, le cristallin et sa cap-
sule, le corps vitré, la rétine, ne peuvent pas varier
de position. Ils sont en outre traversés de nerfs nombreux et d'innombrables vaisseaux tous composés d'é-
lémens différens et qui doivent aussi avoir chacun une
place déterminée pour former l'admirable organe de
la vue.

Que si l'on prend l'ensemble du corps, la différence
est encore plus sensible ; il faut que chaque fibre, que
chaque muscle, que chaque membrane, que les innombrables vaisseaux qui partent de l'aorte, occupent
aussi une place déterminée et fixe, sans quoi l'être
n'existerait pas.

On ne comprend donc pas qu'un corps organisé
puisse être formé, comme les cristaux, par l'adjonction
successive de ses différens élémens ; on est forcé d'admettre qu'il existait dans son ensemble avant que son
développement commençât. Toutefois on peut conce-

voir que toutes les parties de cet ensemble ne se développent pas en même temps ; que tel organe ne croisse
qu'à une époque plus tardive que les autres. Ce fait se
remarque, par exemple, dans la grenouille où l'on voit
d'abord une queue de poisson qui tombe après un certain temps, et qui est ensuite remplacée par des jambes
qui n'étaient pas visibles auparavant. L'homme présente un phénomène analogue ; la barbe, qui n'est pas
visible d'abord, le devient à un certain âge. Les physiologistes qui se sont proposé de résoudre le problème
de la génération, ont toujours répugné à admettre
l'hypothèse nécessaire des formes préexistantes, ou de
l'emboîtement des germes. Ils ont torturé leur imagination pour arriver à quelque autre explication con-
cluante, et n'ont fait qu'employer des expressions métaphysiques qui ne sont autre chose que l'expression
des faits ; effectivement quelque hypothèse qu'ils aient
faite, de quelque tournure qu'ils se soient servis, quelque raisonnement qu'ils aient fait, toutes leurs propositions se réduisent à dire que le corps organisé reproduit des corps semblables à lui, ce que tout le monde sait.

Avant d'examiner les hypothèses modernes, je traiterai rapidement de ce qui a été dit sur le même sujet
dans les temps anciens, par quelques sectes de philosophes.

D'abord, pour les platoniciens, pour les idéalistes,
la génération ne présentait point de difficulté. Le
monde n'étant pour eux qu'une réalisation des idées
de la divinité, que la figure de Dieu pour ainsi dire,
il était naturel d'admettre que la divinité pût réaliser
ses idées dans les détails comme dans l'ensemble ; mais

vous voyez que cette philosophie ne fait qu'exprimer les faits par des termes métaphoriques.

Les péripatéticiens avaient cherché des principes un peu plus particuliers ; ils réduisaient tout à la matière. La matière même n'était pas pour eux, comme pour les cartésiens, un espace impénétrable, elle n'avait qu'une aptitude à recevoir la forme. La génération était ainsi pour eux une chose extrêmement simple ; la liqueur du mâle était la cause efficiente de la forme de l'être, et la femelle fournissait la matière qui recevait cette forme. Les péripatéticiens croyaient avoir ainsi tout expliqué. Mais pour nous autres modernes, qui voulons des idées claires, vous voyez que ces explications ne sont encore rien moins que satisfaisantes.

Toutefois Aristote avait fait d'assez bonnes observations sur le développement du fœtus : il avait remarqué que le cœur y était l'organe le plus apparent. Ce n'est pas cependant la partie qu'on y aperçoit la première, mais c'est celle qui y exerce du mouvement la première, du moins dans l'œuf. Selon Aristote, c'était donc le cœur qui, à la manière d'un sculpteur, disposait et formait les autres parties du corps par son mouvement. Il est inutile de s'arrêter à cette idée, qui ne s'accorde aucunement avec nos connaissances actuelles.

Selon Hippocrate, les deux liqueurs du mâle et de la femelle s'échauffent par leur mélange, et entrent en ébullition. La chaleur du corps et l'action de la respiration de la mère produisent ensuite l'esprit qui donne la forme à l'être. Chaque sexe, suivant Hippocrate, a même deux semences, et suivant la prédominance de l'une ou de l'autre, le produit de l'accouplement de-

vient mâle ou femelle. Ces idées, comme les précédentes, manquent de clarté, car une organisation produite par un mélange de liquides, est une hypothèse
inintelligible. Il est tout aussi impossible de concevoir
comment se forment les esprits qui donnent la figure
aux parties du corps. Il vaut beaucoup mieux avouer
son ignorance que de se repaître de pareilles idées en-
tiérement contraires à une saine philosophie.

Tous les systèmes des anciens, qui ne savaient rien
en anatomie, ont cependant été reproduits dans les
temps modernes : Gassendi, Bell, et autres, admettaient une âme sensitive distincte de l'âme raisonnable et du corps, et considéraient la semence comme une
substance extraite de l'âme sensitive. Ils expliquaient
le sentiment général de plaisir qu'on éprouve au moment de la conception, par cette séparation d'une partie de l'âme sensitive qui fournissait alors des élémens
au nouveau corps. Il est inutile de s'arrêter sur ces hypothèses qui se réfutent d'elles-mêmes.

Descartes cependant voulut expliquer, en admettant
les mêmes principes, comment la génération s'effectuait. Dans son *Traité de l'homme et de la formation
du fœtus*, qui parut après sa mort en 1662, il prétend
que du mélange des deux liqueurs il résulte une fermentation, un mouvement intestin qui produit le cœur.
Le feu qui en émane éloignant les autres élémens des
substances prolifiques, détermine la formation des autres parties du corps. Le cerveau est l'organe qui se développe le premier après le cœur, et, par un mouvement continuellement prolongé, les artères arrivent à
se joindre aux veines. Lorsque ces deux espèces de

vaisseaux commencent à se former, ils n'ont aucune
enveloppe, et ne consistent qu'en de petits ruisseaux
de sang épars dans la liqueur animale. Descartes expose
tout son système de la génération comme il aurait exposé un tracé de canal. Il est vraiment inconcevable
qu'un homme de génie ait cru que de pareilles idées
étaient des explications. Comme il avait prétendu expliquer l'univers avec la matière et le mouvement, il
imagina qu'il pouvait appliquer les mêmes idées au mi-
crocosme; mais le petit monde est plus merveilleux
encore et plus compliqué que le grand, et les explications qu'il donne sur sa formation ne sont pas plus
intelligibles.

Fabricius d'Aquapendente arriva à des résultats plus
positifs. En étudiant les organes de la génération dans
les oiseaux et dans les quadrupèdes, il crut reconnaître que l'œuf est formé dans l'ovaire, et qu'il y est
fécondé par une émanation spiritueuse de l'organe mâle.
Mais il se jeta ensuite dans des idées péripatéticiennes :
il prétendit que l'ovaire produisait la matière de l'être,
et que l'esprit séminal du mâle était la cause efficiente
de la génération; qu'il avait d'abord une qualité for-
matrice, ensuite altératrice, et enfin augmentatrice.
Toutes les fois que l'on attribue ainsi un phénomène
à une propriété spéciale, et qu'on n'explique pas comment cette vertu produit le phénomène qu'on y rapporte, on ne fait rien autre chose qu'exprimer ce phénomène en d'autres termes.

Néanmoins, les recherches de Fabricius eurent de
l'utilité, en ce qu'elles commencèrent à débrouiller
ce qui se passe dans le corps de la femelle, et quelles

sont les fonctions de ses diverses parties génératrices.

Harvey, qui fut l'élève de Fabricius d'Aquapendente, fit mieux que son maître, aidé qu'il fut des travaux de ce dernier. L'ouvrage de Harvey, intitulé *Exercitationes de generatione animalium,* parut en 1651. Il fut précédé d'un nombre prodigieux d'expériences faites sur des quadrupèdes, des oiseaux et des insectes : Charles Ier avait mis à la disposition de Harvey toutes les biches et les daines de son parc. Mais la plupart des cahiers où ces expériences avaient été inscrites furent détruits pendant la guerre civile, et Harvey écrivit en grande partie son livre de mémoire. Il y prétend que le premier produit de la conception, même dans les vivipares, est toujours un œuf; que tous les animaux naissent de même, et que les plantes elles-mêmes viennent d'œufs. Suivant lui encore, l'œuf est conçu par l'utérus; ce n'est pas la matière séminale qui devient celle de l'œuf; elle n'entre même pas dans l'utérus. Cependant nous avons des expériences qui prouvent le contraire. Dans le système de Harvey, c'est par une contagion que l'utérus conçoit le fœtus, comme le cerveau, dit-il, conçoit les idées. Voilà une comparaison qui, évidemment, conduit à l'absurde. Car les idées ne sont pour nous que le produit des impressions qu'éprouvent nos sens et ensuite notre cerveau; elles ne sont pas des choses matérielles existant dans le cerveau ; cet organe ne conçoit donc pas une idée, comme l'ovaire conçoit un fœtus. Malheureusement les naturalistes et les physiologistes tombent souvent dans des erreurs de cette nature, à cause de l'extrême difficulté de rendre compte des phénomènes naturels. Ils trouvent une métaphore

à peu près applicable, et ils croient avoir trouvé une
explication satisfaisante. L'exemple que j'en viens de
citer est frappant. L'auteur de la découverte de la circulation du sang, après avoir comparé la création du
fœtus à celle des idées, ajoute : De même que les idées
ressemblent aux objets qui les ont fait naître, de même
l'enfant ressemble à son père ou à sa mère. Je demande
quel rapport il y a entre la ressemblance des idées avec
leurs objets, et celle des enfans avec leurs parens, et si
cette comparaison est admissible.

Bien que Harvey ait fait voir que l'œuf est le principe
commun des ovipares et des vivipares, Gauthier Needham
a pourtant développé mieux que lui cette observation,
dans son traité *De formato fœtu*. Le fœtus des quadrupèdes présente, dans son enveloppe, exactement les
mêmes parties que le fœtus des oiseaux dans l'œuf. Sous
la coquille de l'œuf, il existe une première membrane et
ensuite une matière visqueuse et blanche nommée blanc
d'œuf. A ce blanc succèdent d'autres membranes qui
enveloppent le jaune, lequel est suspendu par des cha-
lases ou ligamens fixés aux deux pôles de l'œuf. Sur
l'un des côtés du jaune, il existe un point blanc où,
quand l'œuf est fécondé, doit se montrer le fœtus. Ce
fœtus présente d'abord une ligne blanchâtre, à peine
perceptible le premier jour ; on voit naître ensuite des
vaisseaux sanguins qui forment une figure circulaire.
La petite ligne blanchâtre se divise longitudinalement,
et c'est là que se développe le fœtus, non par des additions extérieures, mais par une sortie de ses propres
parties. Tous les membres, les pattes, les ailes, la
tête, etc., germent, se développent à la manière des

bourgeons, du dedans au dehors. On arrive à voir que
le jaune est attaché à l'intestin du poulet comme par
un tube sur lequel existent des vaisseaux ; et tant que
l'intestin se développe, il y a toujours adhérence entre
lui et le jaune d'œuf. En définitive, quand le poulet
est près de naître, le jaune de l'œuf est considérablement diminué, parce que sa matière a servi à développer le poulet, et il n'est plus alors qu'un appendice du
canal intestinal. Toute l'incubation n'a donc consisté
qu'à faire passer les molécules du jaune dans son appendice, de telle sorte que cet appendice ou le poulet,
en développant successivement toutes ses parties, a fini
par être l'objet principal de l'œuf, et par remplir en
entier sa coquille. Le jaune n'est pas la seule partie
qui serve à la formation du poulet ; indépendamment
de la vésicule qui contient ce jaune, il y a une autre
vésicule qui, d'abord invisible, sort du poulet et tient
à la partie inférieure de son intestin, à ce qui représente la vessie dans les quadrupèdes. Cette vésicule,
nommée allantoïde dans les quadrupèdes, grandit
avec une telle rapidité, qu'au bout de quelques jours
elle enveloppe le poulet comme d'un double sac ou
comme d'un bonnet de nuit. Ce sac est percé d'une infinité de trous ou vaisseaux par lesquels le poulet res-
pire ; car cet oiseau n'ayant pas d'adhérence avec sa
mère, n'aurait pu recevoir l'action de l'air sans cet organe particulier de respiration. Ainsi l'essence d'un
œuf se compose d'un petit point blanc qui doit devenir
le poulet, et de deux appendices principaux, le jaune,
qui est lui-même un appendice du canal intestinal, et

l'allantoïde, qui est une enveloppe propre à la respiration.

Si l'on prend un fœtus de quadrupède avec son
enveloppe, celui d'un chien, par exemple, on voit
qu'il a deux et même trois appendices. L'un de ces appendices, l'allantoïde, remplit presque toute l'enveloppe extérieure, et tient tellement à la vessie, qu'il
est même ordinairement rempli d'urine. Mais il n'a pas
la disposition vasculaire de l'allantoïde des oiseaux,
parce que le fœtus a un troisième appendice, le placenta, qui est attaché à l'utérus, et au moyen duquel il
reçoit l'impression de l'air respiré par la mère. Le jaune
d'œuf ou vitellus n'est pas non plus aussi nécessaire au
quadrupède qu'à l'oiseau, parce que le même placenta
procure au fœtus du quadrupède une nourriture abondante que le poulet ne peut pas recevoir de sa mère; aussi
le vitellus est-il considérable dans l'œuf d'oiseau. Dans
l'espèce humaine, le vitellus disparaît si vite qu'on en
a long-temps nié l'existence; mais elle a été démontrée
par Albinus et autres. Pour le voir, il faut examiner
l'embryon lorsqu'il n'a qu'un demi-pouce de longueur.
L'ouraque de l'homme est attaché au canal de la vessie, mais il n'est point ouvert; et les parois de l'allantoïde sont tellement collées sur le chorion, qu'on ne
peut les en détacher; c'est pour cela qu'on n'admet pas
l'existence de l'allantoïde dans l'homme. Mais personne
ne la conteste chez les quadrupèdes.

François Redi, dont j'ai déjà parlé, a contribué,
comme les précédens auteurs, à détruire cette idée des
anciens, que la formation du fœtus est due à des fer-
mens de liqueurs. Par de nombreuses expériences il est

arrivé à prouver que la plupart des animaux inférieurs,
qu'on croyait être le résultat de la putréfaction, d'une
génération spontanée, venaient d'œufs produits par un
accouplement. Les anciens voyant naître des vers dans
de la chair pourrie, avaient cru que c'était la corrup-
tion elle-même qui les engendrait, qu'elle produisait le
vif. Tout le moyen âge a partagé cette erreur, et elle
a presque subsisté jusqu'à nos jours ; on voit même encore quelques personnes qui considèrent comme possible la génération spontanée. La possibilité de ce phénomène est une de ces choses sur lesquelles il est difficile de discuter utilement ; mais ce qu'il y a de certain,
c'est que toutes les espèces dont on a cherché l'origine
se sont trouvées être le produit d'œufs résultés d'un
accouplement ; et toutes les fois qu'on a procédé, avec
le soin qu'y a mis Redi, à la recherche des parens, on
les a aussi trouvés. Cela, par exemple, est vrai pour
les vers intestinaux, dont on connaît aujourd'hui le
mode de génération, et que l'on croyait pouvoir être
produits par la vie de l'animal dans lequel ils se trouvent. On distingue même aujourd'hui le mâle et la
femelle parmi ces vers. Ainsi, l'ascaride a un mâle et
une femelle ; celle-ci produit des œufs. Quant aux animaux androgynes, c'est-à-dire qui se fécondent eux-
mêmes, on a toujours trouvé que ces êtres sortaient
d'un être semblable dont ils devaient propager l'espèce.

L'identité de génération dans les ovipares et les vivipares fut aussi l'objet des observations de Stenon,
qui prit certains poissons vivipares, tels que les squales,
les chiens de mer, les roussettes, et qui y trouva des
œufs comme dans les ovipares. Ces observations don-

nèrent du crédit à la génération par les œufs, et ce fut d'après elles que de Graaf, Swammerdam, Malpighi, Vallisnieri, Duverney, exposèrent la génération pendant les dix-septième et dix-huitième siècles. Cette opinion, en un mot, devint alors générale. Il s'éleva seulement des difficultés sur la manière dont l'œuf était créé. Ainsi on demanda où est l'œuf dans la femelle? où est-il avant la conception? se forme-t-il par la conception même? mais cela n'attaquait pas l'existence de l'œuf.

Les anciens regardaient les organes génitaux des femelles comme analogues à ceux des mâles, et en cela ils étaient conséquens, puisqu'ils considéraient le fœtus comme le produit du mélange des deux liquides spermatiques. Les organes globuleux, glanduleux, la matrice et ses trompes, étaient appelés par eux testicules; de telle sorte que Galien dit qu'il n'y a de différence entre les organes du mâle et ceux de la femelle, qu'en ce que les uns sont sortis et que les autres sont restés dans l'intérieur du corps. Le nom de testicule est aussi donné à l'organe femelle par un anatomiste du moyen âge. Ce ne fut qu'à l'époque où l'on adopta généralement l'existence de l'œuf, que l'on arriva à supposer que les organes femelles n'étaient pas de véritables testicules. En effet, leur structure n'est pas la même, puisque le testicule réel est composé de vaisseaux d'une délicatesse extrême, tandis que l'ovaire n'est formé que de vésicules accumulées, de petites vessies qui se remplissent d'un liquide, et qui sont rassemblées de manière à former des masses. Mais il y a aussi une différence entre les ovaires des quadrupèdes, des poissons, des oiseaux et des reptiles. Dans les oiseaux, les œufs sont distincts; il est même possible de les détacher. Dans les reptiles, ils sont enveloppés d'une membrane, et tiennent par des vaisseaux au corps de la femelle; c'est une chose capitale dont il faut bien vous rappeler, parce que nous y reviendrons. On peut ouvrir le pédicule qui attache les œufs à la femelle, et les sortir de leur enveloppe; mais il n'en est pas de même pour les quadrupèdes : si on ouvre les vésicules de leur ovaire, il n'en sort qu'un liquide. Cependant de Graaf, dans son traité *De mulierum organis generationi inservientibus*, imprimé dans le dix-septième siècle, a cru voir les follicules des ovaires altérés par la copulation, et y avoir distingué de petits œufs. Il prétend aussi avoir vu l'embryon dans la matrice, d'abord comme un petit ver, et enfin comme un être plus reconnaissable; et il en a conclu que les idées de Harvey étaient fausses. Suivant lui, l'œuf est préexistant dans l'ovaire, il ne se forme pas dans l'utérus, il y descend seulement par les trompes. Ce fait a été confirmé par l'observation de fœtus qui se sont trouvés dans les ovaires et même dans l'abdomen, parce qu'ils n'avaient pu traverser les trompes. D'autres fois ils se sont trouvés dans une des trompes. Nuck, professeur à Leyde, dit avoir fait l'expérience de lier ces trompes, et avoir remarqué que le fœtus s'était développé, bien qu'il n'eût pas pu descendre dans l'utérus.

On fit des recherches pour savoir dans quelle partie de l'ovaire est le principe de l'être. Malpighi, entre autres, prouva que les femelles des quadrupèdes qui ont reçu le mâle ont une altération dans l'ovaire, et il y remarqua un corps ovale, jaune, d'une nature glan-

duleuse, différente des autres vésicules. Il prouva que
ce corps ovale jaune était un œuf qui s'était formé pendant la copulation, ou qu'il était contenu dans son intérieur; il crut même avoir vu cet œuf encore d'une
finesse infinie. Ces observations ont été contestées, et
aujourd'hui on ne pense pas que ce soit dans le corps
jaune dont nous avons parlé que se trouve l'œuf. Quant
à la question de savoir si l'œuf descend de l'ovaire dans
l'utérus, et si cet œuf est nécessaire pour la production
du fœtus, presque tout le monde maintenant admet
l'affirmative.

Antoine Vallisnieri a fondé, au commencement du
dix-huitième siècle, une autre théorie de la génération.
Vallisnieri, dont je reparlerai, était un anatomiste italien, né à Tresilico, dans l'état de Modène. Il avait
étudié sous Malpighi, et fut nommé professeur à Padoue en 1700. Il professa jusqu'en 1730, époque où il
mourut. Il a fait des recherches sur toutes les parties
des sciences naturelles : entre autres travaux, il a continué ceux de Redi sur l'origine des êtres prétendus imparfaits, que l'on croyait résulter d'une génération spontanée. Son livre intitulé *Curiosa origine d'alcuni insetti*
parut en 1700. Il y établit qu'il n'y a pas de génération
spontanée, d'une manière encore plus démonstrative
que Redi, s'il est possible. En 1721, il publia un autre
livre intitulé *Histoire de la génération de l'homme et
des animaux*, dans lequel il prouve que le fœtus est
préexistant dans l'œuf, et qu'on ne peut concevoir sa
formation de toutes pièces dans la substance prolifique,
quelque simplicité que l'on admette dans le premier
état du fœtus. L'esprit de la semence du mâle ne

peut servir, selon lui, qu'à éveiller, qu'à enflammer
l'œuf, pour ainsi dire, qu'à lui donner le mouvement
qui ne doit finir qu'à sa mort; de même que la flamme
peut allumer une chandelle, lui donner tous les mouvemens, lui faire produire tous les phénomènes qui
ont lieu pendant la durée de sa combustion. Dans ce
système, tous les phénomènes de la vie sont le produit
d'un premier choc, d'un premier réveil, occasioné par
l'esprit de la semence du mâle. Il en résulte cette conséquence effrayante pour l'imagination, mais qui n'a
rien d'inintelligible, quand on pense à l'extrême divisibilité de la matière, que tous les germes ont été, lors
de leur création, emboîtés les uns dans les autres, et
que la première femelle de chaque espèce d'animal con-
tenait toute son espèce jusqu'à la fin du monde. Il s'é-
leva une objection réelle contre ce système de formes
préexistantes, de germes emboîtés, c'est la ressemblance
des enfans, tantôt avec l'un, tantôt avec l'autre de
leurs parens. Vallisnieri chercha à la résoudre de différentes manières. Il pensa que l'imagination de la mère
avait de l'influence sur le fœtus; il attribua à cette influence la ressemblance de l'enfant avec son père, quoiqu'il y eût préexistence du germe dans le corps de la
femme. Ces idées de Vallisnieri ont été soutenues par
Bonnet, Spallanzani et autres, à la fin du dix-huitième
siècle et au commencement du dix-neuvième.

Un autre système qui admettait au contraire la préexistence des germes dans la semence du mâle, ressortit
des expériences de Hartsoeker et de Leuwenhoeck.
Ces deux hollandais ont été les plus grands observa-
teurs microscopiques qui aient existé, surtout le der-

nier, qui, pendant toute sa vie, n'a presque pas quitté le microscope. Les animalcules prolifiques, découverts par Hartsoeker dans la liqueur mâle, sont de petits êtres dont il faut des centaines pour égaler l'épaisseur d'un cheveu, et qui ont la forme de petits vers. Dans l'homme ils ont la forme d'un têtard : ils ont une petite queue et une tête plus grosse que le reste du corps ; on les voit par millions dans une seule goutte de liqueur prolifique. Ils s'y meuvent avec une rapidité extrême et spontanée; de sorte qu'on ne peut pas douter que ce ne soient des animaux, comme ceux qu'on distingue dans les matières putrides et dans les infusions. L'eau, par exemple, dans laquelle on a mis infuser du poivre, est remplie d'une multitude d'êtres, qui, amplifiés cinq cents fois par le microscope, ne sont encore que des points perceptibles présentant l'activité spontanée des animaux. Toutes les eaux croupies, en général, contiennent une multitude d'animaux de formes si différentes qu'on les a classés jusqu'à présent en soixante ou quatre-vingts genres caractérisés par des formes particulières. L'homme, sans le microscope, n'aurait jamais connu cette partie de l'animalité.

Il sortit de ces observations nouvelles un système qui admet pour tous les êtres une même forme primitive. On conçut que de même que la grenouille, qui commence par être un têtard, n'ayant qu'une petite queue et une grosse tête, et, dans son état parfait, a quatre pieds et pas de queue, les quadrupèdes pouvaient avoir d'abord la forme d'un têtard, et n'arriver qu'à une époque postérieure à leur forme parfaite. Mais alors que devenaient ces millions de millions d'êtres existant dans une seule goutte de liquide prolifique, puisqu'un seul d'entre eux devait parvenir à se développer? Cette idée n'effrayait pas les naturalistes ; car dans la nature les pertes sont immenses en tous genres. Combien de millions de semences d'arbres ne se perdent-elles pas? Si toutes les graines d'un arbre germaient, le globe pourrait être bientôt couvert des seuls individus de son espèce. Dans le système dont nous nous occupons c'étaient les animalcules qui étaient emboîtés les uns dans les autres, et le premier mâle devait par conséquent avoir contenu toute son espèce. Voyez combien il renfermait d'individus, puisque chacun de ceux qui se perdent contient aussi des millions de générations ! A quelle petitesse n'arrive-t-on pas, à la quatrième génération seulement de ces êtres ainsi emboîtés les uns dans les autres? C'est effrayant pour l'imagination; mais les philosophes sont hardis en spéculations, et la divisibilité de la matière suffisait à les soutenir.

Un troisième système, que nous avons vu renaître de nos jours, exista dans le dix-huitième siècle : c'est celui d'Andry, qui appartient en réalité à Étienne Geoffroy, l'auteur de la première table des affinités chimiques. Geoffroi avait soutenu une thèse, qui est insérée à la fin de l'ouvrage d'Andry sur les vers du corps de l'homme, dans laquelle il émet les idées que nous allons exposer après avoir donné une courte biographie d'Andry.

Nicolas Andry naquit à Lyon en 1658; il fut théologien, devint médecin en 1697, et en 1724 fut élu doyen de la Faculté de Médecine. C'était un homme hargneux qui se fit des querelles dans sa société. Il mourut en 1742, âgé de quatre-vingt-quatre ans. Son ouvrage, intitulé *Traité de la Génération des Vers dans le corps de l'homme*, parut en 1710. A la fin se trouve la dis-

sertation de Geoffroy sur les vers spermatiques. Il y est
supposé que chaque animalcule spermatique contient
le germe ou le moyen de développement d'un être
organisé; que c'est le mâle qui contient les germes, et
qu'ils ne peuvent se développer qu'autant qu'ils sont
introduits dans l'œuf préexistant chez les femelles. Un
petit nombre seulement des animalcules qui sont jetés
dans le corps de la femelle, sont assez heureux pour arriver
à l'œuf qui doit leur servir d'asile et de nourriture; ils
s'y attachent par la queue et s'y développent. Cette théorie a l'air d'une plaisanterie. Andry ne connaissait pas
l'œuf, à ce qu'il paraît, ou le connaissait mal; il n'avait
pas d'idée de la manière dont le fœtus est joint au vitellus par son intestin; il n'avait pas plus d'idée des animaux qui se reproduisent sans sexes, se fécondent eux-
mêmes. Son système peut seulement être considéré
comme une idée jetée en avant par un homme d'esprit.
Il en a fait cependant l'application aux plantes : il affirme
que le germe de la plante est dans le pollen, que ce germe
est jeté par les étamines sur les stygmates, qu'il traverse
leurs pores pour arriver aux ovaires, et que c'est en s'y
fixant qu'il se développe.

La doctrine des emboîtements fut absolument domi-
nante à l'époque dont nous nous occupons; seulement
les uns croyaient que les germes préexistaient dans les
mâles, et que c'était le premier mâle qui avait contenu
toute son espèce par emboîtement; les autres disaient
au contraire que les germes préexistaient dans les femelles,
et que c'était la première femelle qui avait contenu en elle
son espèce entière, telle qu'elle s'est développée dans la
suite des temps. On avait alors presque renoncé à l'épi-

génèse, suivant laquelle les corps se forment par juxtaposition. Mais cette manière de concevoir la génération se reproduisit sous une nouvelle forme dans Maupertuis et dans Buffon. Maupertuis présenta ses idées à cet égard quelques années avant Buffon. Celui-ci leur donna une forme nouvelle, que je n'aurais pas le temps de vous faire connaître aujourd'hui, et qui sera un des objets de la prochaine séance.

DIX-SEPTIÈME LEÇON.

———

Pierre-Louis Moreau de Maupertuis, qui a soutenu
dans le dix-huitième siècle le système de l'épigénèse,
précéda Buffon de deux années. Né à Saint-Malo en 1698,
il fut d'abord militaire; il se livra ensuite à la géométrie, devint membre de l'Académie des Sciences, et se
rendit surtout célèbre dans les sciences par le voyage
qu'il fit en Laponie avec Clairaut et autres, pour vérifier si la terre était aplatie aux pôles, comme la théorie
de Newton le voulait; ou bien si elle était ronde, comme
quelques savans le prétendaient alors. Il résulta de ses
expériences, ainsi que de celles de Lacondamine, de
Bouguer, que la terre était aplatie aux pôles. Après son
retour à Paris, il fut appelé à Berlin par Frédéric II,
en 1740. Il se fixa en Prusse, et fut nommé président de

l'Académie de Berlin. Cette fonction égalait presque celle de ministre; car le président de l'Académie était son intermédiaire entre elle et le souverain. Mais Maupertuis s'attira alors une querelle avec Voltaire , qui le couvrit d'un tel ridicule qu'en 1759, après son retour en France, il fut mourir de chagrin à Bâle, dans la maison de Bernoulli.

En 1744, il avait donné un petit ouvrage , intitulé : *Vénus physique*, dans lequel il traite de la génération. Après avoir allégué toutes les raisons qu'on peut exprimer contre ceux qui ont attribué la formation des corps organisés à des forces génératrices, et contre ceux qui admettent la préexistence et l'emboîtement des germes, il propose un nouveau système fondé sur l'attraction. L'attraction était alors à la mode : comme elle avait eu du succès pour l'explication du système du monde, comme déjà on l'appliquait avec vraisemblance aux phénomènes de la chimie , il était naturel qu'on cherchât aussi à l'appliquer aux phénomènes de la physiologie. Maupertuis suppose donc une attraction élective , qui serait le principe de la formation du corps. De même que, dans un liquide où diverses matières sont en dissolution, les molécules de même nature s'attirent et produisent des cristallisations, en vertu d'une force que les chimistes nomment attraction élective, et qui est probablement une dérivation de la gravitation universelle ; de même, suivant Maupertuis, les molécules que chaque partie du corps fournit à l'organe génital, s'y placent, quand le moment en est arrivé, et quand la circonstance est favorable, précisément dans le même ordre où elles étaient dans le corps. Il résulte de cette disposition un

petit corps organisé, semblable à celui dont toutes les
molécules ont été mises à contribution (1).

Mais il existe une grande différence entre l'attraction
élective telle que les chimistes la conçoivent, et l'attraction élective de Maupertuis. La première est extrêmement simple, puisqu'elle ne fait que rapprocher des
molécules homogènes pour en former un ensemble dont
la forme générale résulte de celle de ses parties, qui sont
toutes semblables entre elles.

L'autre attraction élective serait singulièrement éton-
nante, puisqu'elle consisterait à placer chaque molécule
à côté d'une particule de nature différente, et cela uniquement parce que, dans le corps, ces molécules auraient
occupé des positions semblables. Aussi Maupertuis repro-
duisit-il son idée sous une nouvelle forme, dans un ouvrage où il n'osa pas mettre son nom : ce fut dans une dissertation latine de 1751, qui fut soutenue à Altorf par
un récipiendaire, et imprimée à Berlin en 1754, sous le
titre de : *Essai sur la formation des corps organisés.* Il y
attribue à toute molécule de matière un certain instinct,
une espèce de souvenir, au moyen duquel les molécules

---

(1) Voici les propres expressions de Maupertuis « : Qu'il y ait, dans chacune des semences, des parties destinées à former le cœur, la tête, les entrailles, les bras, les jambes, et que ces parties aient chacune un plus grand
rapport d'union avec celle qui, pour la formation de l'animal, doit être sa
voisine qu'avec toute autre, le fœtus se formera; et fût-il encore mille
fois plus organisé qu'il n'est, il se formerait. »

Maupertuis fait remarquer, à l'appui de son hypothèse, que toutes les
fois qu'un fœtus a deux têtes, elles sont placées sur le cou ; que lorsqu'un
enfant a des doigts surnuméraires, ils sont toujours placés aux mains ou
aux pieds; que jamais un doigt ne s'est placé à la tête, pas plus qu'une
oreille au pied ou à la main.   (*Nota du rédacteur.*)

qui ont composé le grand corps se rendent, chacune de
son côté, vers le point central où elles doivent former un
corps nouveau : elles se disposent à ce point précisément
dans l'ordre qu'elles avaient dans le corps d'où elles viennent. Maupertuis compare cette tendance des molécules à
reprendre leur première position, à l'instinct qui porte
certains animaux à faire certaines actions, quoiqu'il soit
impossible qu'ils aient l'idée du but de ces actions. Mais
quelle ressemblance y a-t-il entre l'instinct d'un être
organisé, ayant une volonté pour agir, pour remuer des
molécules extérieures, telles, par exemple, que celles de
la cire dont l'abeille compose sa cellule, et celles du miel
qu'elle y dépose ; quelle ressemblance, dis-je, y a-t-il
entre cet instinct et celui qu'aurait une molécule inorganique qui ne concourt pas toujours à former un corps
organisé ? La différence de ces deux instincts est telle que
leur comparaison constitue évidemment un abus de mots.
Cette comparaison devient même ridicule par les détails
dans lesquels entre son auteur : ainsi, selon lui, lorsqu'il
se forme des monstres, c'est que les molécules ont ou-
blié leur première position; alors elles se placent mal.
Dans le croisement de l'âne et de la jument, l'être produit, ou le mulet, n'est pas fécond parce que les molécules
n'ont pas su comment s'arranger; participant de deux
natures différentes, elles n'ont pas su si elles devaient
s'arranger comme celles de l'âne ou comme celles du
cheval, et, dans cette incertitude, elles ne se sont pas
arrangées du tout. Ces détails de l'auteur sont peut-être
ce qui le réfute le mieux.

A peu près à la même époque, cependant, Buffon présenta, dans les premiers volumes de son Histoire naturelle,

un système qui ne diffère guère de celui de Maupertuis que par les termes. Il commence par examiner ce que c'est qu'une force, comment une force agit, et s'il ne peut pas y en avoir une qui agisse à l'intérieur des corps, tout en agissant à l'extérieur. Il donne comme exemple de ce genre de force la gravitation qui, étant proportionnelle aux masses, agit non-seulement sur la surface, mais sur l'intérieur même des corps ; et il se demande s'il ne serait pas possible qu'il y eût dans la nature plusieurs forces de ce genre. Nous ne pourrions nous en faire une idée complète, car nous ne concevrions que l'action qui s'exercerait sur la surface ; nous ne concevrions pas l'action directe qui aurait lieu sur l'intérieur ; ceux qui ont voulu expliquer la gravitation d'une manière mécanique ont été obligés d'admettre que des corpuscules pénétraient au travers des corps, et allaient frapper leurs parties solides. Quoi qu'il en soit, Buffon admet cette idée qu'il peut y avoir une force qui agisse dans l'intérieur des corps ; et il nomme cette force *moule intérieur*. De même, dit-il, que le moule extérieur contourne les parties molles, les corps fondus, et les force à prendre une certaine figure dont la surface extérieure corresponde à sa surface intérieure ; de même on peut concevoir une force plus pénétrante qui disposerait non-seulement les molécules extérieures à la surface, mais qui déterminerait aussi l'arrangement des molécules à l'intérieur. Il est évident qu'il y a ici contradiction dans les termes ; car l'idée de moule nous donne celle d'un corps creux qui enveloppe la surface du corps qu'il doit mouler. On ne voit là, si l'on veut, qu'une image par laquelle l'auteur cherche à exprimer une force

qui contraindrait les molécules à s'arranger entre elles;
cette force serait une cause plastique; mais Buffon re-
viendrait ainsi à des idées abstraites, qui ne seraient que
l'expression des faits, et qui n'en seraient pas l'explication. Sa théorie, que nous reverrons plus tard, ressemble à peu près à celle de Maupertuis; il y a pourtant cette
différence, qu'il suppose que les molécules qui peuvent
composer les corps vivants sont de nature identique, et
que les différences apparentes qu'elles présentent n'existent que dans leur arrangement. Car, selon Buffon, la
nature, indépendamment de la matière brute, possède
une espèce particulière de matière qu'il nomme matière
vivante; sa destination est d'entrer dans les corps vivants,
de servir à leur développement, et d'en former de nouveaux quand les circonstances sont convenables. Les
molécules de cette matière sont indestructibles de leur
nature; on peut les séparer, les faire disparaître en quelque façon, mais elles subsistent toujours sous une forme
imaginaire, imperceptible pour nos sens. Lorsque le
corps a pris le développement auquel il pouvait arriver, et qu'alors il y a du superflu dans la nourriture,
les molécules vivantes sont envoyées de toutes les parties
du corps vers les organes destinés à la reproduction. De
leur première réunion il résulte les animalcules spermatiques qui se trouvent dans tous les êtres vivants.
Mais comme les molécules vivantes sont parties de tous
les organes, elles sont forcées par le moule intérieur,
lorsqu'elles se retrouvent toutes ensemble dans l'intérieur
de l'utérus, de prendre un arrangement semblable à celui
qu'elles avaient dans le corps dont elles proviennent, et
dont elles sont le superflu, comme nous l'avons déjà dit.

Vous voyez qu'une fois cette force plastique, ou ce moule intérieur admis, il est moins difficile d'expliquer les phénomènes qui font difficulté dans le système de l'évolution. Au contraire, quand on a admis que les germes sont dans la femelle ou dans le mâle, la ressemblance que les enfans ont tantôt avec l'une, tantôt avec l'autre, est très-difficile à expliquer. Certaines espèces de végétaux, fécondées par une autre espèce, peuvent produire des mulets féconds, et, ceux-ci à force d'être reproduits au moyen du pollen de la même espèce, se transforment complétement en cette espèce : la nicotiana tabacum et la nicotiana paniculata se changent ainsi l'une en l'autre (1). Ce phénomène est aussi fort difficile à expliquer dans le système de l'évolution, tandis qu'avec celui de l'épigénèse, on s'en rend plus facilement compte. Les monstres, qui sont également difficiles à expliquer dans certains cas, par le système de l'évolution, ne le sont pas par celui de l'épigénèse. Il y a encore d'autres phénomènes qui s'expliquent par le système de l'épigénèse, en sorte qu'il n'a pas laissé que de reprendre assez de crédit vers le milieu du dix-huitième siècle, par l'influence de Maupertuis et de Buffon.

Néanmoins, très-peu de temps après que l'ouvrage de Buffon eut paru, il fut réfuté par de grands physiologistes et de grands naturalistes, tels que Haller, Bonnet, Spallanzani, qui reproduisirent le système des germes, et l'appuyèrent de nouvelles preuves. Les plus concluantes sont celles-ci : d'abord le germe est évidemment lié d'une manière organique avec l'œuf, ainsi qu'il

(1) Cette expérience a été faite par Kölrœter.   (*Note du Rédacteur.*)

résulte des observations que j'ai citées dans la séance
dernière, où nous avons vu aussi que le jaune de l'œuf
diminue à mesure que le fœtus augmente ; secondement, avant que l'œuf ne soit sorti de la femelle, il
est lié à son corps d'une manière organique, car c'est
par les vaisseaux de la mère qu'il se nourrit ; les membranes dans lesquelles il est enveloppé sont elles-mêmes
nourries par des vaisseaux qui communiquent avec ceux
de la mère. Ceci est évident pour tous les ovipares ; et il
est certain aussi que, dans beaucoup d'espèces, les individus n'ont pas besoin de fécondation propre, de liquide spermatique particulier ; les germes naissent, se
développent et se détachent spontanément, comme on le
voit dans les zoophytes, où certaines espèces produisent
des germes comme les arbres des bourgeons. Ainsi donc,
pour le plus grand nombre des animaux, la préexistence
de l'œuf dans la mère, et en même temps la préexistence
du germe dans l'œuf est démontrée ; d'où il suit que cette
supposition que le fœtus pourrait naître du mélange des
liqueurs spermatiques des deux sexes ; qu'il pourrait se
former dans l'intérieur de l'utérus par ce mélange, et
par le concours des molécules vivantes provenues des
diverses parties du corps, ne serait utile que pour expliquer le phénomène de la reproduction des mammifères ;
puisqu'il n'y a que les mammifères qui soient vivipares,
ou du moins qu'on croye l'être ; car les reptiles vivipares
commencent par avoir des œufs, et ces œufs éclosent
dans leur corps. Chez les mammifères, il semblerait que
l'œuf est couvé à l'instant où il est détaché. Cet œuf est
aussi tellement petit qu'on ne peut presque pas le voir
avant qu'il soit détaché, avant qu'il ait été amené à bien

par la fécondation ; c'est cette difficulté d'observation
qui a produit et soutenu le système de l'épigénèse ; mais
comme parmi cent mille animaux il n'y en a peut-être
pas cent qui soient mammifères, il en résulte, comme
nous l'avons dit, que c'est pour la très-minime partie du
règne animal que l'hypothèse de l'épigénèse a été reproduite sous une nouvelle forme. Pendant la première moitié
du dix-huitième siècle, on adopta alternativement l'un
ou l'autre des systèmes dont nous venons de parler, suivant le crédit, l'éloquence ou l'ingéniosité des auteurs.

Je clôrai ici cette première partie de la physiologie
générale pendant le dix-huitième siècle, pour passer à
la zoologie.

La fonction et les usages de chaque organe étant bien
déterminés, chaque animal en particulier devrait être
considéré comme une machine spéciale susceptible de
produire un effet variable, suivant que tel ou tel organe
est plus grand ou plus actif que les autres. Mais en zoologie,
comme dans les autres branches de l'histoire naturelle,
avant d'arriver à l'étude des espèces, il faut distinguer ces
espèces ; car autrement tout ce qu'on en dirait présenterait
de la confusion. Or les espèces sont tellement nombreuses, leur distinction est tellement difficile, que ce
travail a jusqu'à présent épuisé presque toutes les forces
des zoologistes. Ils se sont jusqu'à nos jours consumés
en efforts pour distinguer les espèces et les rassembler
en divers groupes. Pendant la période de temps que j'ai à
explorer plusieurs bons ouvrages ont paru sur cette matière. Mais ceux de Linnée, qui datent du milieu du
dix-huitième siècle, les ont tellement éclipsés qu'ils ont
presque tous été oubliés de quiconque n'est pas zoo-
logiste de profession.

Au commencement du dix-huitième siècle, Jean Ray, dont j'ai déjà parlé, était le méthodiste par excellence : sa division générale des animaux est, comme nous l'avons vu, en partie tirée d'Aristote ; il divise les animaux en animaux à sang, et en animaux dépourvus de sang ; ce qui correspond à la division de Linnée en animaux à sang rouge et en animaux à sang blanc ; car Ray savait bien que le suc blanc et transparent qui nourrit certains animaux, a à peu près la propriété du sang rouge. Sa division des animaux à sang, en animaux qui respirent par des poumons, comme l'homme, les quadrupèdes et les oiseaux, et en animaux qui respirent par des branchies, comme les poissons, est une division d'Aristote qui a été adoptée par Linnée. Mais ce dernier ne lui a pas conservé toute sa pureté, il l'a altérée à quelques égards, par exemple en ce qui concerne les poissons cartilagineux qui respirent par des branchies, et qu'il a classés cependant parmi les reptiles. Ce changement de Linnée n'est pas heureux ; on a été obligé de revenir à la distribution de Jean Ray. Ainsi, dans Gmelin, les poissons cartilagineux sont reportés avec les raies, les squales. Les animaux qui respirent par des poumons sont divisés par Ray suivant qu'ils ont le cœur à deux ventricules et le sang chaud, ou le cœur à un seul ventricule et le sang froid, division qui a été adoptée par Linnée. Les animaux qui ont le cœur à deux ventricules et le sang chaud sont vivipares ou ovipares, comme les mammifères et les oiseaux. Il y a cette différence entre Linnée et Ray que ce dernier divise en deux classes les mammifères, ceux qui ont quatre pieds, et ceux qui ont des nageoires et pas de pieds, comme les cétacées ; tan-

dis que Linnée a réuni les cétacées aux quadrupèdes
parce qu'ils ont des mamelles. Les animaux à un seul
ventricule, et à sang froid, par conséquent, ont été distribués sous les noms d'amphibies et de reptiles à peu
près comme ils le sont dans Linnée.

La division des animaux à sang blanc n'est pas si heureuse : elle est basée sur la grandeur des espèces; les grandes
sont les mollusques : les testacés, les crustacés ; les petites
sont les insectes de Linnée. Celui-ci a mieux caractérisé
cette division; mais sa classe des vers le replace au niveau de Ray, et elle était si mauvaise que de son temps
même elle a été attaquée et modifiée d'une manière plus
conforme à la nature. Le reste de la distribution de Ray
n'a pas nécessité de changemens considérables.

Dans sa distribution particulière des quadrupèdes vivipares, Ray suit Aristote à quelques égards. Il divise ces
animaux suivant qu'ils ont des sabots, ou l'extrémité des
doigts enveloppée d'une masse de corne, et suivant qu'ils
ont des ongles à l'extrémité des doigts. Les animaux à sabots en ont un, deux ou quatre; ceux qui n'en ont
qu'un sont les solipèdes, comme les chevaux ; ceux qui
en ont deux sont les ruminans à cornes, ou les cochons
qui sont dépourvus de cornes; ceux qui en ont quatre sont
les hippopotames, et il y ajoute à tort le rhinocéros; car
il n'a que trois sabots. Ray classe ensemble les animaux
qui ont les pieds bifides, comme les chameaux dont les
pieds sont seulement fendus au bout et réunis en dessous
par une semelle cornée qui garnit la plante postérieurement, et ceux qui ont plusieurs doigts et une seule semelle, comme les éléphans. Ce classement est mauvais,
parce que le chameau est un ruminant.

Les carnassiers sont caractérisés par plusieurs incisives ; les rongeurs par deux longues incisives. Ray nomme anomaux les individus qui ne rentrent pas dans ses classes ; tels sont les taupes, les chauves-souris et ces animaux à formes extraordinaires, connus sous le nom de paresseux. Cette classe des anomaux est mauvaise.

Ray a donné aussi une distribution des oiseaux que nous avons fait connaître l'année dernière (1).

Pendant la première moitié du dix-huitième siècle, et même quelques années après, les naturalistes anglais se sont obstinés à admettre les classes de Ray et de Willughby de préférence à celles de Linnée, qui sont beaucoup mieux faites.

En 1767 il parut en français, sous le nom de Salerne, un ouvrage intitulé : *Histoire naturelle éclaircie dans plusieurs parties principales*, qui n'est qu'une traduction du *Synopsis* de Jean Ray avec de nouvelles figures dessinées dans le Cabinet de Réaumur. Ce savant était alors presque le seul homme en France qui possédât un cabinet d'ornithologie. On ne savait encore préparer les oiseaux que d'une manière grossière ; on se bornait à les faire sécher lentement au four, après leur avoir enlevé les entrailles, et on modérait assez la chaleur pour que la couleur du plumage ne fût pas altérée ; on remplissait ensuite la peau de matières aromatiques. Les oiseaux du Cabinet de Réaumur, ainsi préparés, étaient confiés à Brisson, et ils ont servi pour les ouvrages de Buffon. Le même artiste (Martinet) a été employé par

---

(1) Deuxième partie, pag. 455.   (*Note du rédacteur.*)

Buffon et Salerne, ce qui explique l'identité des figures jointes aux ouvrages de ces deux auteurs.

Ray et Willughby ont encore publié une classification des poissons dont nous avons donné l'analyse l'année dernière (1).

Enfin, Ray a laissé un ouvrage sur les insectes qui a été imprimé en 1710. Nous en avons donné l'analyse l'année dernière (2) : nous ajouterons seulement que cet ouvrage n'a pas de planches ; mais il est si complet sous le rapport des descriptions, qu'il a servi de base aux travaux que Linnée a exécutés plus tard.

Un Anglais, Martin Lister, contemporain de Ray, l'a suppléé pour les coquilles et les mollusques, sur lesquels il n'a rien laissé. Son ouvrage, qui est encore classique et qui a servi de base à ceux qui ont été publiés depuis, se compose de tableaux synoptiques. Le nombre des figures en est considérable : on y compte mille cinquante-neuf planches, et les figures sont beaucoup plus nombreuses. Cet ouvrage parut d'abord en 1693. On en a donné une autre édition avec les planches de la première, où les coquilles sont nommées d'après le système de Linnée. Cette édition est plus commune que l'autre ; mais, les planches étant usées, elle est moins estimée.

Lister divise d'abord les coquilles en terrestres, fluviatiles et marines. Cette première coupe est mauvaise ; car toute distribution doit reposer sur les caractères que les êtres portent avec eux. Quand on reçoit une coquille, on ne peut pas voir si elle est terrestre, fluviatile ou marine.

(1) Deuxième partie, page 457.
(2)   Id.,   page 464.

III.   19

Lister fait ensuite plusieurs autres divisions basées sur le nombre des valves; puis il subdivise les bivalves selon que leurs coquilles sont égales ou inégales, et les univalves selon qu'elles sont ou ne sont pas en spirale, comme, par exemple, les patelles. Enfin, il subdivise les coquilles en spirale, suivant qu'elles sont symétriques, c'est-à-dire roulées dans le même plan, comme le sont les nautiles, ou qu'elles ne sont pas en spires symétriques. Dans ces dernières, les spires vont toujours en s'abaissant, comme il arrive dans le plus grand nombre des coquilles.

Lister a établi d'autres divisions génériques qui ont été à peu près la base des genres de Linnée.

L'ouvrage de Lister a été reproduit en 1770 avec les classifications de Linnée.

On voit qu'à la fin du dix-septième siècle et au commencement du dix-huitième, l'Angleterre possédait des ouvrages méthodiques sur toutes les parties du règne animal. Ce n'était plus comme au seizième siècle, où les animaux étaient rangés, tantôt par ordre alphabétique, tantôt d'après des motifs plus ou moins bizarres. Une pareille classification était tout-à-fait incapable de faciliter la détermination des espèces. C'est Ray qui est le véritable créateur des méthodes de zoologie.

Nous verrons dans les leçons suivantes les méthodes supérieures aux siennes qui ont été faites long-temps après lui.

DIX-HUITIÈME LEÇON (1).

Nous avons vu que Ray avait résumé les connaissances zoologiques qui existaient de son temps, et qu'il avait créé une méthode pour la distribution des différents animaux.

Nous allons maintenant examiner les différents auteurs qui ont étendu le domaine de la zoologie, et nous terminerons la première moitié du dix-huitième siècle comme nous l'avons commencée, par un méthodiste. Nous verrons que, loin que les méthodes aient fait des progrès pendant cette période, elles n'ont fait que reculer. Nous montrerons que les distributions de Klein sont plus imparfaites que celles de Ray.

Les quadrupèdes n'ont été le sujet d'aucun travail spécial, si l'on excepte quelques observations de Sarrasin sur

---

(1) Je traite cette troisième partie comme j'ai traité la première.
(MAGD. DE SAINT-AGY.)

les animaux d'Amérique. Ce ne fut que relativement aux oiseaux qu'il parut des ouvrages considérables et même magnifiques. On les doit surtout à trois Anglais : Albin, Catesby et Edwards.

Eléazar Albin était peintre à Londres. Son *Histoire naturelle*, écrite en anglais, existe aussi en français. Elle parut de 1731 à 1738, et se compose de trois volumes in-4°; elle contient cent une planches toutes assez médiocres, et qui, aussi, ne sont pas toutes originales : plusieurs sont empruntées à Willughby. Mais ces figures sont enluminées, et c'était alors une qualité fort importante ; car Willughby n'avait donné que des figures noires, dont la plupart étaient même copiées de Belon, de Gessner et d'Aldrovande. Quant au texte, il est toujours emprunté de Willughby, et la classification est aussi celle de ce même naturaliste.

L'ouvrage de Catesby est plus parfait, et il n'embrasse pas seulement les oiseaux, mais toutes les autres classes d'animaux.

Catesby était né en 1680. Il passa, comme peintre et comme naturaliste, sept ans en Virginie: de 1710 à 1719. Il fut envoyé de nouveau dans les parties méridionales des États-Unis, aux frais de Sloane, président de la Société Royale de Londres, de Dale et de Sherard. Il y resta depuis 1722 jusqu'en 1726. Il mourut en 1750.

En 1731 parut le premier volume de son ouvrage intitulé : *Histoire naturelle de la Caroline, de la Floride et des îles de Bahama.* Le second volume parut seulement en 1743. Dans le premier volume sont contenues cent et une figures d'oiseaux tous étrangers, tous d'Amérique, dessinés et assez bien peints d'après nature. On n'y trouve pas cependant cette perfection de dessin que nous avons maintenant dans les ouvrages d'histoire naturelle ; mais les figures suffisent pour bien faire connaître les objets, et l'enluminure est meilleure que celle qu'on avait eue jusque là. Cet ouvrage a été traduit en allemand. Nous reviendrons plus tard sur les figures de poissons et de reptiles qu'il contient.

Le troisième des ouvrages d'ornithologie qui parurent pendant la période où nous sommes, est aussi d'un peintre. George Edwards était né à Stratford, en 1693. Il devint, en 1733, bibliothécaire du collége des médecins, par la protection de Sloane, qui était premier médecin du roi d'Angleterre. Il mourut de la pierre en 1773, âgé de quatre-vingts ans.

Edwards avait plus de talent pour la peinture que ses prédécesseurs; il dessinait plus exactement et avec plus de légèreté; ses dessins sont séduisants et ses figures bien enluminées. L'ouvrage se compose de sept volumes. Les quatre premiers, qui parurent de 1743 à 1751, contiennent deux cent dix planches dont il faut retrancher quelques figures de reptiles et de quadrupèdes. Le nombre des figures d'oiseaux est d'environ deux cents.

Les *Glanures d'Histoire naturelle* du même auteur, qui sont de 1738, contiennent cent cinquante-deux planches. On y remarque quelques quadrupèdes, quelques reptiles et quelques insectes; mais le plus grand nombre des figures représente des oiseaux. Edwards n'a été surpassé, pour ses dessins, que par les planches de Buffon; mais son enluminure est meilleure que celle des figures de ce dernier naturaliste. Je ne compare pas, du reste, ses figures à celles d'aujourd'hui, où le luxe de la peinture est porté très loin. Mais dans la première moitié du dix-huitième siècle, Edwards tenait le premier rang. Il y a surtout beaucoup d'espèces rares dans son ouvrage. Le goût de l'histoire naturelle se développait alors; on faisait venir des pays étrangers un grand nombre d'espèces nouvelles dont on faisait des cabinets ou des ménageries. Comme ses prédécesseurs, Edwards suit l'ordre de Willughby.

Un peintre de Nuremberg a fait une copie de Edwards, et même de Catesby. Cet ouvrage parut en 1749, sous le titre de *Recueil de différents Oiseaux rares et étrangers*. L'artiste allemand n'est rien autre chose qu'un artiste.

Un homme qui observa les oiseaux, et qui était en état de s'occuper de leur histoire d'une manière plus philosophique, est Jean-Léonard Frisch, né à Sulzbach, en 1666. Il eut une vie aventureuse : il voyagea en Hongrie, en Turquie, en Italie et en Hollande. En 1706 il devint membre de l'Académie de Berlin, et en 1726 recteur de la Société Prussienne. Il a écrit sur des sujets étrangers à l'histoire naturelle; on a de lui un Dictionnaire allemand et des ouvrages de philologie. Les deux qu'il a composés sur l'histoire sont remarquables.

Sa représentation des oiseaux allemands, en deux volumes in-folio, Berlin 1734-1763, contient deux cent cinquante-six planches, sur lesquelles se trouvent beaucoup d'oiseaux. Le nombre des espèces et des variétés est de trois cent sept. Les figures sont bonnes et finement gravées; sans être enluminées avec éclat, elles sont très-fidèles, et il y en a plusieurs pour lesquelles Frisch est un meilleur guide, et peut être consulté avec plus de sûreté que Buffon et que d'autres auteurs qui lui ont succédé.

Dans Albin et Edwards il n'y a presque que des oiseaux étrangers. Frisch donne les oiseaux du centre de l'Europe. Sa division des oiseaux est imparfaite. Il commence par les petits qui brisent les graines avec leur bec : comme le bruant, le pinson, le moineau, le chardonneret. Il place ensuite les oiseaux à bec fin, comme la mésange, le bec-

figue ; puis les grives et les merles ; ensuite les pics et autres grimpeurs (1). Dans la cinquième classe, sont placés
les geais, les pies, les corneilles ; ensuite viennent les cor-
beaux ; puis les oiseaux de proie, qui sont divisés en diurnes
et en nocturnes ; puis encore les gallinacées, parmi lesquelles
sont compris l'outarde et le casoar. Enfin les pigeons ter-
minent l'ouvrage.

Vers la fin de la même période, il parut, en 1752, une
distribution faite par un médecin du nord de la Westphalie.

L'ouvrage de ce médecin, nommé Mœhring, est intitulé :
Avium Genera. Plusieurs de ses genres ont été adoptés par
Brisson et Linnée. Mais cette distribution est fondée sur
des caractères peu importants.

La première classe contient les *hyménopodes*, c'est-à-
dire les oiseaux dont les pieds sont enveloppés d'une
membrane mince, comme, par exemple, les passereaux.

La deuxième classe se compose des *dermatopodes*,
c'est-à-dire des oiseaux dont les pieds sont enveloppés
d'une peau plus épaisse. Ces dermatopodes sont subdivisés
en deux familles : les oiseaux de proie et les gallinacées ;
ce rapprochement prouve qu'il n'y a rien de naturel dans
la distribution de Mœhring.

La troisième classe, ou celle des *brachyptères*, comprend les oiseaux qui ont les ailes courtes et qui ne volent
pas, comme les outardes, les autruches.

La quatrième classe enfin, celle des *Hydrophiles*, comprend les oiseaux d'eau, comme les palmipèdes, les échâs-
siers, et ils sont subdivisés selon la forme de leur bec.

_____

(1) Le cahier de 1742 est le dernier que l'auteur ait publié lui-même :
il mourut en 1743. La suite de son ouvrage a été publiée par son fils.

Il est clair que cette distribution est imparfaite.

Vers le même temps, parut une ornithologie de Pierre Barrère, de Perpignan, qui fut médecin à Caïenne et à la Guyanne, et revint à Perpignan, où il mourut en 1755. Cette ornithologie, intitulée : *Ornithologiæ Specimen Novum*, Perpignan, 1745, a toujours été considérée comme susceptible de reculer la science plutôt que de l'avancer.

Nous passons à ce qui a été écrit sur les reptiles pendant la même période. Il ne parut pas alors d'ouvrage général sur ces animaux. On eut seulement de bonnes observations sur des familles ou sur des genres en particulier.

Nous avons vu déjà le Mémoire remarquable de Valisnieri sur le caméléon.

Dufay publia, sur la Salamandre, un ouvrage aussi fort remarquable. Charles-François de Cisternay-Dufay était fils d'un officier aux gardes du prince de Conti, et fut lui-même militaire. Il quitta le service par raison de santé et pour se livrer aux sciences. Il a fourni des mémoires aux six sections en lesquelles cette Académie était alors divisée. Le Jardin-des-Plantes était confié, de son temps, à la surintendance du premier médecin du roi. Comme ce médecin était assez occupé par son emploi, et qu'il résidait hors de Paris, la plupart de ceux qui remplirent la même fonction négligèrent beaucoup le Jardin-des-Plantes. Cette négligence était devenue excessive et même coupable de la part de Chirac, car il avait laissé ce jardin tomber dans une dégradation honteuse : il n'y avait presque aucune plante étrangère ; on n'y voyait que des plantes potagères. Dufay, en 1732, fut nommé intendant du Jardin-des-Plantes. Il commença par l'agrandir ; il y fit des constructions et l'enrichit d'une manière sensible ; il y a même encore des serres qui portent son nom. Mais, après quelques années, il vint à mou-

rir, en 1739. De son lit de mort, il avait écrit au ministre
pour tâcher d'obtenir que Buffon fût son successeur ; et en
effet, il fut nommé à sa place. Ce fut un service réel que
Dufay rendit à la science, car Buffon, pendant les cinquante
ans qu'il passa au Jardin-des-Plantes, comme intendant de
cet établissement, y suivit la marche de Dufay, et même
le surpassa.

Le mémoire de Dufay sur les salamandres a été imprimé
parmi ceux de l'Académie, en 1729. Il est plein de faits curieux sur leurs espèces, sur leurs métamorphoses, et sur la
propriété qu'elles ont de vivre, non pas dans le feu, comme
on le croyait au moyen-âge, mais dans la glace, c'est-à-dire
de rester enveloppées dans la glace sans périr. Ce mémoire
doit être placé, pour le mérite, à côté de celui de Valisnieri
sur le caméléon.

Nous avons de Catesby, dont j'ai déjà parlé, quelques
figures de reptiles, notamment de serpents.

Levin Vincent a écrit un mémoire sur le pipa, espèce de
crapaud qui vit à Surinam, dans les caves, dans les endroits
obscurs. La propagation de cet animal est extraordinaire :
quand la femelle a pondu ses œufs, le mâle les prend et les
attache sur le dos de cette femelle ; le dos de celle-ci s'enfle
alors, et il s'y produit des cellules dans chacune desquelles
un œuf séjourne. Le petit reste dans la cellule, creusée sur
le dos de sa mère, ou produite par un renflement de la peau
de celle-ci, jusqu'à ce qu'il ait subi sa métamorphose. Lorsqu'il est pourvu de pattes, il sort seulement de sa cellule.
Ce mode de propagation ne se présente dans aucun autre
animal.

On doit encore mettre au nombre des ouvrages qui ont
concouru à enrichir l'histoire des serpents, la *Physique Sacrée* de Scheuchzer, ou histoire de la Bible, qui fut imprimée

de 1732 à 1737, et dont j'ai déjà parlé en Géogonie. Il existe dans cet ouvrage sept cent cinquante peintures, dont un petit nombre seulement appartient à l'histoire naturelle; la plupart sont ridicules. Toutes les fois que Scheuchzer rencontrait dans la Bible la mention d'un serpent, et ce dernier mot y revient souvent, il faisait faire des peintures de nouvelles espèces de serpent.

Néanmoins, comme Scheuchzer paraît avoir eu à sa disposition beaucoup de reptiles, et que ses figures sont bonnes, la *Physique Sacrée* est un livre nécessaire ; plusieurs espèces de serpents ne sont gravées que dans cet ouvrage, et on en a même vérifié quelques-unes.

L'ouvrage le plus important de cette époque, sur les reptiles, est celui d'Auguste-Jean Roesel, peintre de Nuremberg. Il était extraordinaire pour l'exécution et d'un talent admirable pour la représentation. Bien que son ouvrage ne soit pas le plus célèbre, il est cependant excellent; il renferme une histoire naturelle des grenouilles d'Allemagne, et contient vingt-quatre planches parfaitement enluminées. Chaque espèce de rainette, de grenouille, de crapaud, y est représentée depuis son origine dans l'œuf. L'auteur montre comment ces espèces s'accouplent, comment les femelles pondent ; puis il fait voir le développement de l'œuf, celui du têtard, et la métamorphose de ce têtard. On y trouve aussi l'anatomie de la plupart des espèces, toujours avec des figures coloriées. On peut dire enfin qu'il n'existe pas de plus belle monographie que celle-là ; même à présent, les espèces n'ont été mieux représentées dans aucun ouvrage. Cette monographie parut à Nuremberg en 1758, in-folio, avec une préface de Haller.

Nous passons aux poissons.

Catesby en a décrit un grand nombre d'étrangers dans

son *Histoire de la Caroline, de la Floride et des îles Bahama;* deux volumes in-folio, Londres, 1731 et 1743. Il en a ajouté une centaine à ceux de Margraf, qui avait donné une ichtyologie d'Amérique.

Sur les poissons d'Europe, après Gessner et autres, nous avons l'ouvrage de Marsigli, qui traite des poissons du Danube et qui parut à Lahaye en 1726, en six volumes in-folio; quatre de ces volumes contiennent cinquante-trois espèces de poissons parfaitement représentées. Les figures en sont d'autant plus précieuses, que le Danube contient différents poissons qui ne se trouvent pas dans les fleuves de l'Europe occidentale; le Don, le Dniéper et autres fleuves qui se jettent dans la Mer-Noire, nourrissent des poissons qui n'appartiennent pas aux fleuves de France, d'Espagne ou d'Italie.

Mais l'ichtyologie de Pierre Artedi est de beaucoup supérieure à l'ouvrage dont je viens de parler.

Le Suédois Artedi naquit en 1705, dans la province d'Angermanie, deux années avant son ami Linnée. Il fut envoyé à l'université d'Upsal en 1724 pour étudier la théologie; mais il s'y lia à une société d'alchimistes qui lui donnèrent d'abord le goût de la chimie et lui firent enfin naître l'idée de se faire médecin. Il se lia avec Linnée d'une tendre amitié, qui ne fut interrompue que par la mort prématurée d'Artedi. Celui-ci étant allé à Leyde pour voir son ami, Linnée le présenta à Seba, pharmacien extrêmement riche, et qui avait un magnifique cabinet d'histoire naturelle. Déjà Seba avait publié deux volumes des objets de ce cabinet sous la forme d'un atlas, qui est encore un travail capital; il était au moment de publier un troisième volume, qui devait présenter les poissons, lorsque, sur la recommandation de Linnée, il s'adjoignit pour terminer son travail, Artedi, qui avait beaucoup étudié les poissons. Le troisième volume du cabinet de Seba fut ainsi rédigé par Artedi. Un soir, sortant de chez Seba, Artedi tomba dans un canal d'Amsterdam, et s'y noya, âgé de trente ans seulement. Cet accident est fréquent à Amsterdam, où il y a beaucoup de canaux et pas de parapets, surtout lorsque les brouillards sont épais. L'ouvrage d'Artedi, qui était encore manuscrit lors de sa mort, fut publié par son ami Linnée. Celui-ci l'avait délivré de chez l'hôte où il était resté comme gage de dettes, et ce fut à Leyde qu'il le publia, en 1738, sous ce titre : *Ichtyologia Petri Artedi*. Il est divisé en cinq parties, et est imprimé avec un soin particulier.

La première partie, intitulée : *Bibliotheca Artedi*, est un catalogue et une analyse des ouvrages relatifs aux poissons, depuis Aristote jusqu'à Catesby.

La deuxième partie, la *Philosophia Ichtyologia*, présente une description des parties intérieures et extérieures des poissons, une terminologie pour désigner leurs différents caractères, et une définition de chacun des termes de cette terminologie.

Dans la troisième partie, intitulée : *Genera Piscium*, l'auteur donne à chaque genre un nom substantif invariable et des caractères positifs, fondés en général sur le nombre des rayons de la membrane des ouïes, sur la position relative des nageoires, sur leur nombre, sur les parties de la bouche où il se trouve des dents, sur la conformation des écailles et même sur des parties internes, telles que l'estomac et les appendices du cœcum. Les genres ainsi établis ne sont qu'au nombre de quarante-cinq ; treize autres, dans le Supplément, sont plutôt indiqués qu'établis. Quelques genres sont bien faits, d'autres sont trop considérables ; d'autres enfin ne contiennent que cinq ou six espèces, tandis que maintenant ils en renferment plus de deux cents.

La quatrième partie, la *Synonymia Piscium,* contient les espèces reconnues par Artedi; elles sont au nombre de deux cent soixante-quatorze. Elle renferme de plus un appendice qui contient dix-sept autres espèces appartenant à divers genres. Sous chaque espèce, Artedi a placé tous les articles des auteurs qui en ont parlé. On a ainsi un catalogue complet des auteurs d'ichtyologie.

Ce travail fut extrêmement difficile à faire; aussi Linnée le déclare-t-il un ouvrage incomparable. Artedi a fait pour les poissons ce que Gaspard Bauhin avait fait pour les végétaux. Il s'est trompé quelquefois à l'égard des auteurs anciens, parce qu'il a suivi presque toujours les indications de Rondelet; mais cela n'est pas d'une très-grande importance. Quant aux modernes, il est plus exact.

Pour les espèces, il a toujours suivi Willughby, sauf toutefois celles qu'il a découvertes personnellement, et quelques autres qu'il a trouvées dans les auteurs modernes.

Enfin, la cinquième partie, intitulée: *Species,* contient soixante-douze espèces nouvelles, presque toutes de Suède. Chacune est décrite à part dans le plus grand détail.

Il est probable que ce travail d'Artedi a contribué à étendre et à diriger les idées de Linnée, et que c'est là qu'il a puisé la méthode de ses ouvrages, car ils sont à peu près calqués sur ceux d'Artedi. Cependant, comme Artedi et Linnée étaient amis, il est impossible de dire, d'une manière précise, lequel des deux a influé sur l'autre, d'autant plus que leurs ouvrages ont paru à des époques qui ne sont pas très-éloignées.

Artedi pense que le mot classe ne doit pas être employé en ichtyologie. Il veut qu'on ne l'applique qu'aux grandes divisions de la zoologie: ainsi les quadrupèdes formeraient une classe, les oiseaux une classe, etc. Néanmoins, dans son système ichtyologique, on remarque de grandes divisions qui ne peuvent être que des classes. La première de ces grandes divisions comprend les poissons, qu'il nomme *catheturi,* c'est-à-dire dont la queue est perpendiculaire à l'horizon. La deuxième comprend des mammifères aquatiques, qu'il considère comme poissons à queue horizontale, et qu'il désigne par le mot *plagiuri.*

Ces deux grandes coupes sont subdivisées, selon que les poissons qui les composent ont des branchies cartilagineuses ou osseuses.

Les poissons qui ont les branchies cartilagineuses sont nommés *chondroptérygiens :* ce sont les raies, les squales. Les poissons à branchies osseuses sont distribués selon qu'ils ont des rayons ou qu'ils n'en ont pas. Ceux qui, suivant Artedi, n'en ont pas, comme les ostraciens, sont nommés *branchiostéges.* Mais Artedi se trompe à l'égard de ces poissons, ou les définit mal; car ils ont des rayons comme les autres poissons.

Linnée et Lacépède ont adopté cette erreur d'Artedi, qu'ils auraient pu rectifier.

Artedi divise les poissons, qui, de son aveu, ont des osselets, d'après la nature de leur nageoire dorsale. Dans les uns cette nageoire est en partie soutenue par des rayons épineux ; dans les autres, elle est entièrement soutenue par des rayons mous. Les premiers sont nommés *acanthoptérygiens ;* les autres, *malacoptérygiens.*

Cette division est meilleure que celle de Linnée, qui est tirée de la position des nageoires; elle se rapproche plus de la méthode naturelle.

Le plan de cette histoire n'exige pas que j'entre dans les détails de la distribution d'Artedi ; il suffira de dire que les genres de cet auteur ont été adoptés par Linnée à peu de chose près ; car celui-ci a seulement rapproché quelques genres d'Artedi pour en former de plus grands. Mais ces changements, qui n'étaient pas favorables à la mémoire, ont été détruits à leur tour : on a redivisé les grands genres de Linnée, et l'on est à peu près revenu à ceux d'artedi.

Vous voyez que l'histoire des poissons n'a pas été complétée à l'époque dont nous nous occupons.

Cependant, le choix des espèces d'Artedi était aussi bon qu'il pouvait l'être alors ; la synonymie était d'ailleurs donnée, on avait un guide parfait ; tandis que pour les autres branches de l'histoire naturelle, les guides étaient plus ou moins vicieux, plus ou moins imparfaits.

Nous avons terminé l'histoire des animaux vertébrés, qui, aujourd'hui, forment le premier embranchement de la zoologie ou du règne animal.

Les animaux sans vertèbres et à sang blanc n'étaient alors ni étudiés ni connus ; on ne distinguait pas les différentes classes qu'ils composent, ou on le faisait d'une manière très-vague : ainsi, on regardait bien quelques animaux invertébrés comme des insectes, parce qu'ils avaient le corps entaillé ; mais on considérait aussi comme tels des animaux qui n'appartiennent pas à cette classe, tels que certains mollusques et des vers de terre. Les autres espèces étaient mises ensemble dans des classes vagues, basées quelquefois sur leur couverture, et Linnée avait fini par les confondre toutes dans sa classe des vers. Nous allons examiner d'abord les ouvrages relatifs aux *insectes* proprement dits : ensuite ceux qui regardent les *testacés* ; puis des ouvrages sur les coraux, les polypes et les infusoires. Après cet examen, nous verrons les ouvrages de

Klein, qui semble avoir pris à tâche de résumer tous ceux de ses prédécesseurs, comme Ray l'avait fait avant lui.

Nous avons vu d'excellents travaux sur les insectes ; peut-être même n'ont-ils jamais été surpassés. Le premier de tous est celui de mademoiselle Mérian, dont j'ai parlé l'année dernière.

J'ajouterai que mademoiselle Mérian était allée en Hollande voir le cabinet du célèbre Witsen Nicolas, qui mérite d'être connu, quoiqu'il n'ait pas été précisément naturaliste. Witsen était né à Amsterdam, en 1640, et était devenu bourgmestre de cette ville en 1688. A cette époque, le bourgmestre d'Amsterdam était un homme puissant ; il faisait partie du sénat, et d'ailleurs Witsen était l'ami et le confident du prince d'Orange, Guillaume III. Witsen employa une grande partie de son immense fortune à des recherches scientifiques et à la publication de leurs résultats. Il fit paraître entre autres ouvrages, de 1692 à 1705, en deux volumes in-folio, une description de la Tartarie septentrionale et orientale, qui est extrêmement remarquable. Il n'en avait pas seulement recueilli les éléments dans les récits des navigateurs ; il avait envoyé, à ses frais, et quelquefois sur des navires frétés par lui, des savants en Asie, pour en étudier la géographie (1). Des productions des divers pays qu'il avait parcourus ou fait visiter, il avait formé un cabinet qui fut fondu dans celui de Leyde, mais dont il ne reste

---

(1) Pierre-le-Grand s'instruisait dans la maison du bourgmestre Witsen, citoyen recommandable à jamais par son patriotisme et par l'emploi de ses richesses, qu'il prodiguait en citoyen du monde, envoyant à grands frais des hommes habiles chercher ce qu'il y avait de plus rare dans toutes les parties de l'Univers, et frétant des vaisseaux à ses dépens pour découvrir de nouvelles terres.　　　　　　　　　　　　(VOLTAIRE.)

plus que quelques objets à peu près détruits. Ce fut la vue
des beaux insectes que renfermait le cabinet de Witsen qui
inspira à mademoiselle Mérian l'idée d'aller sous la zône tor-
ride. En 1696 elle se rendit à Surinam, où elle resta jusqu'en 1701. Ce ne fut qu'après sa mort, en 1719, que furent
publiées les soixante-douze planches qui représentent les
magnifiques papillons qu'elle avait peints à Surinam. Tous
les naturalistes admirèrent ce beau travail, et surtout les
curieux insectes qu'il représentait pour la première fois. Ils
remarquèrent, entre autres, cette espèce de cigale (planche
49), que l'on a nommée *fulgora*, ou porte-lanterne de
Surinam, qui répand pendant la nuit une lumière phos-
phorique.

Ensuite sont venus les ouvrages de Moufet, de Gœdart, de
Swammerdam; puis de Valisnieri, dont j'ai déjà parlé. Cet
auteur réfute, dans des dialogues qui sont de 1700, toutes les
opinions favorables à la génération spontanée : il montre
que tous les insectes, qu'on croyait être nés de la corrup-
tion, sont le résultat d'une génération ordinaire.

Jean-Léonard Frisch s'est aussi occupé des insectes; il a
donné une description de plusieurs insectes allemands. Son
livre a été imprimé à Berlin, en treize cahiers qui parurent
de 1720 à 1738; il ne contient que trente-neuf planches mé-
diocrement gravées et représentant environ trois cents insectes. Les figures, quoique faites à l'eau forte, et sans apparence extérieure, sont cependant exactes pour les détails.
Les métamorphoses y sont assez exactement représentées;
mais l'ouvrage de Réaumur a éclipsé tous ces travaux. Il
mérite d'être vu en détail, et il sera le sujet de notre prochain entretien.

DIX-NEUVIÈME LEÇON.

———

René-Antoine Ferchaud de Réaumur était né à La Ro-
chelle en 1683. Après avoir étudié en droit, il vint à Paris,
en 1703. Le président Hénault, qui était son parent, le présenta dans le monde, et en 1708, quoique fort jeune encore,
il fut reçu membre de l'Académie des Sciences. Il fut admis
dans cette société savante en qualité de mathématicien et
de mécanicien; mais il travailla pour presque toutes les autres sections.

Le duc d'Orléans, alors régent, et qui était connaisseur
en sciences, lui accorda une pension de douze mille livres, en
récompense de ses travaux sur l'acier, le ferblanc et autres
produits utiles qui n'existaient pas avant lui. Réaumur n'accepta cette pension qu'à la condition qu'elle serait reversible
à l'Académie après sa mort. En 1735, il devint intendant
de l'ordre de Saint-Louis, et mourut en 1757, d'une chute
qu'il avait faite dans son jardin.

Il avait légué à l'Académie tous les papiers renfermés dans cent trente-huit grands portefeuilles qui devaient lui servir à compléter ses ouvrages. Il avait formé un cabinet d'histoire naturelle, qui était le seul que l'on eût alors pour la zoologie, et qui fut la base du muséum actuel du Jardin-des-Plantes, du moins pour les oiseaux. Des hommes de mérite avaient concouru à la formation de ce cabinet; c'étaient notamment Hérissant, célèbre par ses recherches anatomiques, et Brisson, à qui l'on doit une ornithologie, et qui avait la garde de la collection de Réaumur.

L'ouvrage de ce dernier, qui doit nous occuper, est intitulé : *Mémoires pour servir à l'Histoire des Insectes*. Il se compose de six volumes in-4°, dont le premier parut en 1734, et le sixième, qui n'était pas le dernier dans le plan de l'auteur, mais qui est le dernier qu'il ait pu publier lui-même, en 1742. Comme on le voit, à peu près tous les deux ans, Réaumur publiait un volume.

Son travail est un recueil d'observations faites avec la plus grande persévérance, et en même temps avec la plus grande sagacité; car les moyens par lesquels il est arrivé à connaître les habitudes, les instincts, la manière d'être et de vivre de chaque insecte dans ses trois états, sont aussi remarquables que la singularité des résultats qu'il a obtenus. On peut affirmer que son ouvrage est un des plus beaux de l'histoire naturelle.

Le premier volume traite des chenilles et des papillons. Il renferme une description exacte de leurs parties intérieures et extérieures, ainsi que de celles de leur chrysalide. Ensuite sont indiquées les plantes sur lesquelles vit chaque espèce, et les précautions qu'elle prend pour conserver sa chrysalide pendant son état d'immobilité. On voit que certaines chenilles s'enveloppent d'un cocon pa-

reil à celui du ver à soie, et le percent lorsqu'elles sont
devenues papillons. D'autres, comme celle du chêne, par
exemple, appelée grand paon, filent un cocon d'une soie
élastique et en forme de bouteille, à l'extrémité duquel se
trouvent des soies convergentes disposées de manière que
le papillon puisse sortir, mais qu'aucun animal étranger ne
puisse entrer dans le cocon. En un mot chaque chenille a
une manière particulière de faire son nid. Il en est de
même de leurs mœurs. Certaines chenilles vivent isolées;
d'autres vivent en société; d'autres, enfin, telles que les
processionnaires, marchent dans un ordre déterminé, d'où
l'on a tiré leur nom.

Le deuxième volume de Réaumur renferme la continuation de recherches analogues à celles contenues dans le
premier volume, et, de plus, une histoire curieuse des insectes ennemis des chenilles. On y voit que la femelle de
certaines mouches, appelées ichneumons, est armée d'un
aiguillon qui lui sert à piquer une chenille pour y faire sa
ponte. Ses œufs éclosent dans les trous qu'elle a faits à la
chenille avec une précaution tellement merveilleuse que
celle-ci conserve juste assez de parties pour vivre jusqu'au
moment où les vers éclosent, et se nourrissent de sa chair.
A leur tour, ces vers se métamorphosent en mouches qui
vont aussi déposer leurs œufs dans le corps d'une chenille
de même espèce que celle qu'ils ont dévorée aussitôt après
leur naissance.

Il existe d'autres mouches qui blessent les chenilles
d'une manière différente; elles les enferment ensuite dans
de petits nids qu'elles ont fabriqués avec de la terre, et
dans lesquels elles ont déposé leurs œufs. Lorsque ceux-ci
éclosent, les vers dévorent les chenilles, dont le nombre varie suivant les espèces de mouches.

Il y a beaucoup d'autres observations analogues dans le volume dont nous parlons ; et il n'est, du reste, pas moins remarquable que le premier volume.

Le troisième contient l'histoire d'insectes plus petits et dont les industries sont plus particulières. La première espèce mentionnée est celle des vers qui pénètrent dans les feuilles sans altérer leur surface, qui s'établissent entre leurs lames et en dévorent le parenchyme. On les a nommés, pour cette raison, mineurs de feuilles.

Viennent ensuite les teignes, qui se font un étui aux dépens des matières animales, telles que les draps et les pelleteries. Enveloppées dans une espèce de cylindre en laine, elles en sortent la tête seulement pour dévorer l'étoffe. D'autres teignes vivent dans la cire ; elles creusent l'intérieur des rayons de miel sans attaquer cette dernière substance, et ne se nourrissent que de la cire. Les fausses teignes, ou mouches aquatiques à quatre ailes, nommées friganes, ne se font pas une enveloppe avec des fragments de drap ; elles rassemblent de petites parcelles de bois, d'herbes ou de cailloux, suivant les espèces, et les collent ensemble, au moyen d'un suc agglutinatif qu'elles secrètent par la bouche. Elles se forment ainsi une petite maison en forme de cornet, qu'elles traînent avec elles tant qu'elles sont à l'état de larve. Ce cornet est fermé avec un peu de soie aux deux extrémités, et la larve y reste jusqu'à ce qu'elle ait pris la forme de papillon.

A ces insectes succèdent les pucerons. Réaumur fait connaître leur manière de vivre sur les feuilles et leurs ennemis, car chaque espèce d'insecte, bien que destinée à détruire d'autres êtres vivants, a aussi dans la nature son propre destructeur, ce qui maintient une sorte d'équilibre. Les ennemis des pucerons sont des larves de mouches qui ne pénètrent pas dans l'intérieur de leur corps, mais qui se placent au milieu d'un grand nombre d'entre eux, les saisissent avec leur trompe et les dévorent sans qu'aucun fasse de résistance. La larve d'une mouche à quatre ailes, qu'on nomme hémérobe dans le système actuel, est l'un de ces ennemis des pucerons; elle en dévore plusieurs centaines par jour et a été nommée le lion des pucerons.

Enfin, Réaumur, dans le volume que nous analysons, traite des mouches à quatre ailes qui pondent dans l'épaisseur d'une feuille ou d'un petit rameau de végétal. A l'instant où ces insectes percent le trou qui doit recevoir leurs œufs, ces corps, et peut-être aussi une liqueur étrangère versée avec eux, produisent sur le végétal une irritation telle qu'il y naît un corps nouveau. Les noix de galle du chêne, qui ont l'aspect de fruits de différentes couleurs, sont des tumeurs accidentelles produites de cette manière et qui sont destinées à contenir et à nourrir de petits vers qui se développent dans leur intérieur. Toutes les fois que l'on ouvre une de ces galles fraîches, on y trouve de petits vers éclos. Quand ils se sont transformés en mouches, ils percent leur enveloppe, c'est-à-dire la galle, et vont produire à leur tour d'autres tumeurs destinées au même usage. Après la sortie des insectes on remarque sur les galles un petit trou qui est celui par lequel ils ont quitté le lieu de leur naissance.

Beaucoup d'autres végétaux que le chêne présentent des galles de formes diverses. Celles du rosier, qu'on nomme mousses de rosier, sont composées de filaments jaunes et rouges, et c'est au milieu de ces filaments que se trouvent les vers.

Le quatrième volume contient l'histoire d'espèces d'insectes plus ou moins singulières; les femelles de ces insectes n'ont pas d'ailes et vivent sur les plantes, comme les pucerons ; mais elles y restent constamment et immobiles, tirant leur nourriture de ces plantes à l'aide de suçoirs. Après que les mâles, qui sont plus petits que leurs femelles, les ont fécondées, celles-ci deviennent extrêmement grosses et font leurs œufs sous elles. Elles se dessèchent ensuite et servent ainsi de couverture à leurs petits. Ceux-ci sortent de dessous le cadavre de leur mère et se répandent sur le même végétal qu'elle pour reproduire des phénomènes semblables à ceux que je viens de décrire. Ces animaux, que Réaumur nomme gallinsectes, présentent des espèces très-utiles ; par exemple, la cochenille et la graine d'écarlate de Pologne.

Dans le quatrième volume est aussi renfermée l'histoire des mouches à deux ailes, c'est-à-dire de toutes les mouches ordinaires qui vivent sur les viandes, dans les ma tières corrompues, dans les excréments, dans les eaux putrides. Leur métamorphose, la forme des larves de quelques-unes d'entre elles et le genre de vie qu'elles mènent sont très-remarquables. Leur histoire est continuée dans le cinquième volume, où se trouve celle des mouches à scie. Ces dernières mouches à quatre ailes ont été ainsi nommées parce qu'elles ont un aiguillon en forme de scie, au moyen duquel elles entament l'écorce des végétaux pour y déposer leurs œufs. Il sort de ces œufs des larves ou vers qu'on nomme fausses chenilles, parce qu'ils leur ressemblent et qu'ils ne donnent point naissance à des papillons, mais à des mouches à quatre ailes.

Dans le cinquième volume est aussi renfermée l'histoire des cigales, qui appartiennent aux pays chauds et qui sont célèbres par le bruit qu'elles font entendre pendant les nuits d'été. Réaumur donne la description de leur larve, qui

habite l'intérieur de la terre, celle de leur chrysalide, qui
est mobile, et enfin celle de l'insecte parfait. La larve vit
cachée entre les racines d'un arbre; et l'insecte parfait s'é-
lève sur le même arbre et s'y nourrit en le suçant. Réaumur fait connaître l'anatomie des instruments avec lesquels
la cigale produit son chant. Ces instruments sont une espèce de petit tambour élastique et un petit cylindre à stries
élevées et rudes qui sont placés dans l'abdomen de l'animal. La cigale frotte son cylindre comme un archer
sur son tambour, et il en résulte le son qu'on lui connaît (1). Tous les insectes sont ainsi dépourvus d'une voix
pareille à celle des trois premières classes d'animaux : les
mammifères, les oiseaux et les reptiles. Ces trois classes,
ayant des poumons et une trachée-artère, font entendre une
voix analogue à la nôtre. Quelques poissons seulement font
entendre un bruit dont l'origine et la nature ne sont pas
bien connues, car il ne dépend pas des poumons ni de la
trachée-artère, ni du larynx, puisque ces organes n'existent
pas chez les poissons. Les autres classes d'animaux sont
muettes. Les insectes autres que les cigales, qui font entendre un bruit, le produisent au moyen d'un appareil
semblable à celui de ces derniers animaux, c'est-à-dire
avec des espèces d'archer, et jamais avec un instrument à
air. Ainsi, les sauterelles, qui font entendre un bruit en sautant, et même dans l'état de repos, produisent ce bruit en
frottant leurs deux grandes cuisses contre leurs ailes,
qui ont des filets à nervures élastiques ; leur appareil
est un petit instrument à cordes. Le son que produisent les
cerambix est de même nature que celui des sauterelles.

_____

(1) Le mâle seul a cet organe musical.

Quant au bourdonnement que les insectes font entendre en volant, il est produit par la percussiou de leurs ailes sur l'air.

Dans le même volume que nous analysons, Réaumur donne l'histoire des abeilles, qui ont été l'objet de l'admiration de tous les âges. Ce n'est pas pourtant que leur instinct soit supérieur à celui des autres insectes, mais c'est qu'il est plus facile à remarquer, ces animaux vivant en grande société. Et d'ailleurs, l'abeille est un animal domestique, que nous élevons dans le but d'en tirer des produits utiles; on a eu par conséquent beaucoup d'occasions de l'observer. Aristote a donné sur cet insecte plusieurs détails intéressants; mais les modernes l'ont dépassé de beaucoup, lui et ses successeurs chez les anciens. Des auteurs récents, dont j'aurai à examiner les ouvrages dans la seconde moitié du dix-huitième siècle et au commencement du dix-neuvième, ont aussi ajouté aux observations de Réaumur. Néanmoins, son histoire des abeilles est extrêmement intéressante.

Pour voir travailler les mouches à miel, Réaumur avait imaginé de construire des ruches en lames de verre; car une cloche de verre ne suffit pas, les abeilles revêtant l'intérieur de cette cloche d'un enduit opaque, d'une espèce de résine qui empêche de rien voir. Les lames de verre disposées par Réaumur, ne laissaient entre elles que l'épaisseur d'un gâteau, c'est-à-dire de deux rangs de cellules adossées les unes aux autres. On pouvait ainsi voir complétement tout ce qui se passait à l'intérieur de la ruche, Réaumur ayant, bien entendu, pris la précaution de couvrir cette ruche d'une enveloppe obscure qui dispensait les abeilles d'appliquer un enduit sur le verre. Il examina ainsi la pratique des abeilles, depuis le moment où elles apportent la cire jusqu'à celui où les œufs sont déposés dans les cellules. Il les vit former leurs tuyaux hexagones, terminés par des pyramides à trois pans, forme qui épargne le plus la matière et conserve le plus d'espace. Il observa que l'abeille, appelée roi par les anciens, n'était pas un mâle, mais la seule femelle qui existât dans chaque ruche ; que par conséquent c'était le nom de reine qui lui convenait. Il remarqua que cette reine produisait des milliers d'œufs et en déposait un dans chaque cellule, fait qui avait déjà été reconnu par Swammerdam et autres auteurs.

La reine n'est qu'une abeille ouvrière qui a reçu une nourriture spéciale. Toutes les abeilles neutres sont aussi des femelles, mais des femelles infécondes. Lorsqu'on en fait la dissection, on distingue seulement un germe d'ovaire dans leur intérieur. Pour que les abeilles ordinaires devinssent reines ou femelles fécondes, il leur suffirait de recevoir une nourriture plus abondante et d'une nature particulière.

Les œufs qui doivent produire les mâles sont déposés dans des cellules plus grandes que celles des abeilles neutres. Un petit nombre d'œufs, d'où naturellement il ne serait sorti que des abeilles ordinaires, sont aussi placés dans des cellules faites exprès en dehors des rayons, et d'une capacité beaucoup plus grande que les autres. Ces cellules ont la forme d'une bouteille renversée et sont remplies d'un miel différent de celui dont se nourrissent les abeilles ordinaires. Chacun des œufs qui y ont été déposés produit une reine qui emmène avec elle les mâles et les ouvrières jeunes pour former ailleurs un nouvel essaim. Les reines, aussitôt après leur naissance, deviennent ennemies les unes des autres : aussi, la première chose que fasse une reine qui vient de sortir de sa cellule, c'est d'aller percer et ravager les cellules qui sont destinées à donner d'autres reines, comme si la fureur l'animait contre des êtres qui ne sont pas même éclos. Mais il en échappe toujours quelques-unes, et ce sont celles-là qui produisent les chefs des nouveaux essaims. Lorsque deux reines se rencontrent dans la même ruche, elles se combattent jusqu'à ce que l'une d'elles succombe. La reine est l'attrait directeur d'un essaim. Celui-ci suit partout la personne qui la porte, et si on la faisait périr, l'essaim se disperserait, cesserait tout travail et périrait faute de nourriture pendant l'hiver, à moins qu'il ne se réunît à une autre société d'abeilles pourvue d'une reine. L'industrie de ces insectes tient par conséquent à l'existence de la reine qui doit produire d'autres mouches.

Réaumur, dans le sixième volume qu'il a publié lui-même, fait l'histoire des abeilles maçonnes, des percebois, des guêpes, des frêlons, des bourdons.

L'abeille maçonne construit avec des grains de sable, de petites cavités en forme de dés à coudre qu'elle remplit de miel, et où elle dépose ses œufs. Elle en fait ainsi trois ou quatre et elle s'en va. Les œufs éclosent; les vers se nourrissent du miel qui a été déposé dans leurs cellules, et après leur transformation en abeilles maçonnes, ils font, bien qu'ils n'aient pas pu voir construire leur petite maison, des cellules toutes pareilles à celles où ils sont nés pour y déposer leurs propres œufs.

L'abeille percebois dépose ses œufs dans des cellules qu'elle creuse sous l'écorce des arbres. Chacune de ces cellules, qui contient un œuf, est percée parallèlement à l'écorce, de manière que chaque ver, lorsqu'il a passé sa vie de larve et de chrysalide, n'ait que peu de bois à percer pour sortir. C'est souvent dans du bois mort, dans des pieux, que l'abeille percebois creuse ses cellules, toujours parallèlement à la surface du bois.

D'autres mouches font des trous dans l'intérieur de la terre. D'autres encore font des nids avec de la mousse pour y déposer leurs œufs.

Dans la préface du volume que j'analyse, Réaumur mentionne la découverte merveilleuse que Trembley venait de faire du polype et de son mode de reproduction. Trembley n'avait pas encore publié son livre, mais il avait communiqué sa découverte à Réaumur avant tout autre.

Le septième volume de cet illustre savant n'était pas composé lorsqu'il mourut. Une partie des mémoires qui y seraient entrés est dans la bibliothèque de M. Huzard et dans les archives de l'Institut ; mais ils ne sont pas en état d'être publiés. Il y est traité des sauterelles.

Deux autres volumes doivent encore exister, on n'en connaît pas bien le sort.

L'ouvrage de Réaumur avait attiré à un degré extraordinaire l'attention du public : il n'intéressait pas en effet que les naturalistes, il touchait aussi à la philosophie, et fixa l'attention de tous les hommes qui s'occupaient de l'intelligence et de ses lois. Lorsque l'ouvrage de Buffon parut, on y remarqua une sorte de tendance à déprécier l'instinct des insectes que Réaumur avait fait connaître. Les journalistes de Trévoux attaquèrent surtout notre grand entomologiste avec la plus insigne mauvaise foi ; mais ses réponses furent toujours remplies de justesse et de dignité. Nous verrons que Buffon, dans son *Traité des Animaux*, représente les industries des insectes comme le résultat d'une action mécanique, d'une impulsion mutuelle. Ses idées à cet égard sont obscures. Il cherche à prouver que la forme hexagonale des cellules des abeilles est produite par la compression réciproque de ces cellules ; qu'elles sont d'abord rondes, et qu'elles n'affectent la forme de prismes hexagones qu'en cherchant à s'étendre : il les compare à des pois qui, gonflés par de l'eau chaude, agissent les uns sur les autres mécaniquement, de manière à prendre des figures polyèdres. Cette explication n'est pas admissible, les abeilles commençant par faire des rhombes sur lesquels elles élèvent des lames successivement. Elles ne sont pas placées dans l'intérieur des cellules qu'elles construisent ; elles sont en dehors de ces cellules. Une abeille seule ne construit pas une cellule ; chacune d'elles travaille à plusieurs cellules.

L'instinct des abeilles en particulier, et celui des autres insectes en général, ont été le sujet de réflexions remarquables. Je saisirai l'occasion présente pour exposer celles qui me sont propres sur ce sujet.

Par le mot instinct, on entend des choses assez diverses. Communément on suppose que l'instinct des animaux est une faculté plus ou moins analogue au raisonnement, une espèce d'intelligence d'un ordre inférieur. Il est certain que les animaux qui se rapprochent de nous par la forme, et même quelques-uns de ceux qui en sont éloignés, possèdent des facultés qui ressemblent jusqu'à un certain point à nos propres facultés. Elles se perfectionnent par l'expérience, absolument comme les nôtres, quoiqu'elles n'aillent jamais aussi loin. On sait que l'on dresse un cheval à obéir et à faire des choses tellement difficiles, qu'elles pourraient lui faire supposer une intelligence supérieure à celle qu'il a réellement. On sait aussi, comment en châtiant un chien, on le détourne de ses penchants les plus naturels, comment on finit par le dresser à chasser pour son maître le gibier qu'il chasserait naturellement pour le dévorer. Les

oiseaux, qui doivent beaucoup à la nature, apprennent aussi
de l'homme : on leur fait accomplir certaines actions plus
ou moins difficiles qui sont évidemment, non le résultat
d'une impulsion aveugle, mais celui d'une connaissance acquise par l'expérience, et dont ils tirent d'une manière
confuse certaines conclusions qui les dirigent. Ces faits se
remarquent chez des animaux inférieurs aux oiseaux, car les
insectes sont aussi susceptibles d'être apprivoisés. Tout le
monde sait l'histoire de Pélisson, qui, étant renfermé à la
Bastille, avait habitué une araignée à venir quand il l'ap-
lait. Les animaux, même ceux qui semblent le plus éloignés
de nous par la forme et l'emploi ordinaire de leurs facultés, sont donc susceptibles de tirer quelques conclusions
de l'observation des faits. A cet égard on pourrait les comparer à l'enfant qui ne peut pas encore exprimer d'idées
générales par des signes. Celui-ci est réduit à une conception confuse des rapports des choses, et aussi long-temps
que cet état se prolonge, la différence entre lui et les animaux n'est pas grande.

Mais ce n'est pas ce degré d'intelligence qu'on doit nommer
instinct. Par ce mot on doit entendre, selon le sens véritable
du terme, le principe des actions qui sont déterminées dans
l'animal, indépendamment de toute connaissance acquise,
indépendamment de toute expérience, indépendamment
enfin de toute sensation qui lui rende ces actions agréables ou utiles immédiatement, et qui cependant sont cal-
culées, soit pour la conservation de l'individu, soit pour
celle de l'espèce. Il est évident, par exemple, que les abeilles maçonnes n'ont pas appris par expérience à construire
leurs cellules. Quand on prend des individus isolés, qui
n'ont jamais eu de rapports avec d'autres êtres de leur espèce, ils font le même travail, les mêmes opérations que

leurs semblables, sans qu'il soit possible de supposer qu'ils aient jamais rien appris d'eux. Il est clair qu'il y a dans ces actions quelque chose de particulier et de différent de ce qui constitue l'intelligence ordinaire ; d'autant plus que la plupart de ces actions sont tellement compliquées, présentent quelquefois tant d'art, que l'homme lui-même aurait de la peine à les imiter. Les cellules des abeilles sont des travaux de cette nature ; leur forme hexagonale est celle qui ménage le plus la matière et l'espace. Cette vérité a été connue lorsque les géomètres sont arrivés au perfectionnement du calcul infinitésimal.

Ici je ne parle que des abeilles maçonnes, parce que la nature de leur impulsion est plus claire, est plus évidente que celle des autres abeilles ; mais je pourrais citer des milliers d'exemples établissant qu'un insecte fait exactement ce qu'ont fait ses parents, quoiqu'il lui ait été impossible d'avoir la moindre communication avec eux, et même d'apercevoir les matériaux dont il doit se servir plus tard.

J'ai déjà parlé de mouches qui tuent des chenilles pour les mettre dans le nid de leurs petits, auxquels elles doivent servir de nourriture. Les crabes, petits insectes noirs et jaunes qui, pendant leur vie d'insecte, se nourrissent du suc des fleurs et se trouvent sur les ombellifères, présentent la même particularité. Lorsqu'ils se sont accouplés, et que le moment de pondre est arrivé, la femelle cherche le long d'une berge quelque endroit où la terre soit meuble ou fraîche et susceptible d'être creusée ; elle y fait un trou d'une profondeur déterminée, communiquant au dehors par une ouverture qui finit par être verticale, et rassemble ou colle la terre au bord du trou creusé. Elle va ensuite chercher une petite chenille verte qui vit sur le chou et sur d'autres crucifères; cependant elle n'avait pas vu, elle ne connaissait pas cette chenille, puisqu'elle vivait sur des fleurs; c'est-à-dire dans une région différente de celle de la chenille. Elle perce cet animal de son dard, de manière à le blesser, à lui ôter de sa force, et non pas de manière à le tuer; puis elle le roule et l'enfonce dans le trou, au fond duquel elle a pondu son œuf. Cet insecte va ainsi chercher jusqu'à douze chenilles; c'est le nombre déterminé pour son espèce. D'autres guêpes en prennent davantage. Le nombre de chenilles qui doivent servir de nourriture aux larves est toujours proportionné à la grosseur des insectes. Lorsque la femelle a pondu ses œufs et placé les chenilles qu'elle a percées de son dard, elle recouvre le trou qui les contient. L'œuf éclot, il paraît un ver qui dévore la première chenille qu'il trouve au-dessus de lui; il en fait autant de la deuxième, de la troisième, etc., jusqu'à la dernière, qui est près de l'embouchure du trou. L'animal est alors près de sa métamorphose; il se file un cocon et se transforme en une chrysalide qui est immobile dans cette espèce. Enfin il sort de son trou à l'état d'insecte.

Tous les individus de cette espèce ont été renfermés et nourris ainsi dans un trou entièrement obscur, où ils n'avaient pas de connaissance de la nature extérieure, et où ils ne pouvaient avoir de communication qu'avec leurs petites chenilles. Cependant ils reproduisent avec une parfaite exactitude les mêmes actes que leurs parents, sans avoir rien appris d'eux. J'en pourrais dire autant de cent autres espèces d'insectes.

L'abeille percebois, l'abeille maçonne, tous les insectes qui pondent leurs œufs sur des plantes choisissent aussi, sans se tromper, celles qui conviennent à leurs larves, et cependant il arrive souvent que la substance qui sert à nourrir une larve, est différente de celle qui nourrit l'insecte parfait. Les insectes ne sont donc pas déterminés par leurs goûts dans le choix des plantes sur lesquelles ils déposent leurs œufs. Les papillons, par exemple, se nourrissent seulement du suc des fleurs, tandis que leurs chenilles vivent de feuilles. Ils ont d'ailleurs une trompe pour aspirer le suc des fleurs; les chenilles ont au contraire de fortes mâchoires, avec lesquelles elles déchirent les feuilles et les dévorent. Il n'y a, en un mot, aucune analogie entre la nourriture de l'insecte et celle de ses petits à l'état de larve; cependant, lorsque le moment de pondre arrive, la femelle, qui se nourrissait d'une certaine substance, va déposer ses œufs souvent sur un cadavre, sur une matière putride fort différente, mais toujours convenable à la larve qui doit naître de son œuf.

Dans toutes ces actions, dont plusieurs sont très-compliquées, comme par exemple celle des abeilles perce-bois, il est évident qu'il y a un principe impulsif entièrement différent de celui qui agit en nous, de ce qui est la cause de notre raisonnement, de notre expérience. Il est encore à remarquer que ces actions ne sont pas destinées au plaisir de l'insecte, ni même à sa conservation immédiate, mais à celle de sa postérité et quelquefois même seulement à celle de sa société, comme on le voit dans les abeilles neutres et ouvrières, qui construisent des cellules et vont chercher du miel sans avoir de postérité, et sans pouvoir en avoir jamais, puisqu'elles sont infécondes.

Il y a là, je le répète, une impulsion d'une nature supérieure qui agit continuellement sur l'animal indépendamment du plaisir et de la peine, et c'est cette impulsion que je nomme *instinct*. Réaumur en a tracé une histoire remarquable; nous en reparlerons quand nous serons arrivés aux ouvrages de Leroy, de Rémarus et autres qui ont traité de

l'instinct. Ce principe n'existe pas dans toutes les espèces,
et les animaux qui ont le plus d'intelligence ont souvent le
moins d'instinct (1).

Dans le prochain entretien nous continuerons l'histoire
des ouvrages relatifs aux insectes.

---

(1) M. Flourens, secrétaire perpétuel de l'Académie des Sciences, pro-
fesse, dans le cours de physiologie comparée qu'il fait chaque année au
Jardin du Roi : 1° que l'instinct des animaux réside, de même que leur
intelligence, dans les hémisphères cérébraux ; 2° que l'intelligence est
d'autant plus puissante que les hémisphères cérébraux sont plus développés, mais que l'instinct subit une loi inverse, c'est-à-dire qu'il diminue
lorsque le cerveau proprement dit augmente, ou bien qu'il est plus développé lorsque les hémisphères cérébraux le sont moins.

Il résulterait de ces faits, s'ils sont bien établis, qu'il y aurait une sorte
d'antipathie entre l'instinct et l'intelligence.

Au reste, l'honorable professeur avoue, avec la candeur d'un vrai
savant, qu'il ne peut pas expliquer comment il arrive que, l'intelligence augmentant en raison directe du développement des hémisphères
cérébraux, l'instinct, qui a son siége dans ces mêmes parties de l'encéphale, et qui produit des effets analogues à ceux de l'intelligence, n'augmente pas dans la même proportion.

Peut-être M. Flourens parviendra-t-il à pénétrer ce mystère? Peut-
être arrivera-t-il à distinguer la partie des hémisphères cérébraux qui est
destinée à l'intelligence, de celle qui sert de siége à l'instinct? Il est permis de l'espérer du physiologiste qui à découvert : 1° que le cervelet est
l'organe régulateur des mouvements de locomotion, et non point le siége
de l'amour physique, comme Gall l'a prétendu à tort, puisque l'animal
auquel on a enlevé le cervelet n'en manifeste pas moins, lorsqu'il est
guéri, l'amour physique ; 2° que les diverses facultés de l'homme ont pour
siége les hémisphères cérébraux, et non pas toutes les parties de l'encéphale,
comme Gall l'a encore prétendu à tort, puisque l'ablation des hémisphères
cérébraux fait seule disparaître le jugement, la mémoire et la volonté.

Si j'ai cité ces deux découvertes de M. Flourens de préférence à toutes
les autres, c'est qu'elles m'ont paru les plus importantes, parce qu'elles
renversent la plus grande partie du trop fameux système de Gall, qui
tend à dénier l'indépendance de la volonté humaine, et par conséquent à
soustraire l'homme à la responsabilité de ses actions.

VINGTIÈME LEÇON.

Nous allons examiner les travaux de Rœsel.

Auguste-Jean Rœsel était né en 1705, à Augustembourg. En 1725, il s'établit à Nuremberg comme graveur et comme peintre en miniature. Il fut excellent observateur en histoire naturelle et le plus habile de cette école de peinture d'histoire naturelle qui s'était formée à Nuremberg et a subsisté une grande partie du dix-huitième siècle. François Ier le favorisa beaucoup, et l'ennoblit en 1752, sous le nom de Rosenhof. Il fut atteint d'une paralysie dont il mourut en 1759.

Il commença par donner, en 1746, un volume d'observations sur les papillons. Il y parle d'abord des papillons communs, dont il fait l'histoire depuis leur sortie de l'œuf; il décrit leurs différentes formes et leurs différentes couleurs, depuis l'état de chenille jusqu'à celui de papillon parfait. Ces observations parurent d'abord par cahiers; et, comme le premier eut du succès, il en fit paraître plusieurs autres qui composent trois volumes in-quarto. Un quatrième volume ne fut publié qu'après sa mort.

Dans son deuxième volume, Rœsel traite de huit classes d'insectes indigènes.

Dans le troisième, il reprend l'examen de plusieurs des classes précédentes, et s'occupe de l'histoire des polypes.

Rœsel a étudié chaque insecte avec détail dans les phases de sa vie, et en donne des figures parfaitement exactes sous le rapport des formes et sous celui des couleurs; je crois même qu'il n'existe pas d'ouvrage enluminé dans lequel les couleurs naturelles aient été reproduites avec plus de vérité et plus de vivacité. Sous ce rapport, c'est, selon moi, un chef-d'œuvre d'histoire naturelle, et cet ouvrage est aussi important par la quantité d'observations neuves qu'il renferme.

Le troisième volume surtout contient, sur les polypes, une infinité d'observations que n'avait pas faites Trembley.

Pour les insectes, Rœsel est, avec Réaumur et Swammerdam, le troisième auteur capital. Ce ne sera qu'à la fin du dix-huitième siècle que nous trouverons un auteur nommé de Geer qui a porté l'examen des parties des insectes plus loin que ses prédécesseurs, et qui doit faire le fond de toute bibliothèque entomologique.

En 1761, le quatrième volume de Rœsel fut publié par son gendre Kleemann, qui mourut en 1789, à l'âge de cinquante-quatre ans. Kleemann eut d'autant plus de facilité à publier le travail de son beau-père, que la fille de ce dernier, qui lui avait survécu, l'avait toujours aidé pour les dessins et les gravures. Le texte n'est pas de Rœsel; il a été écrit par Huth, qui était médecin; Rœsel n'était qu'artiste. Ce texte est d'un style peu agréable et en allemand;

mais les planches sont l'une des plus précieuses productions
de l'histoire naturelle.

Nous passons à une autre classe d'animaux, celle des
testacés. Les coquilles et les animaux qui les habitent étaient
autrefois considérés comme formant une classe à part; on
n'en confondait pas l'histoire avec celle des mollusques,
comme on l'a fait depuis qu'on a vu que ces animaux
étaient d'une même nature, soit qu'ils eussent des coquilles
apparentes, soit qu'ils n'en eussent pas. On étudiait les coquilles à cause de la beauté de leurs formes et de leurs couleurs. Ces objets d'histoire naturelle, qui se laissent considérer sans peine, de même que les minéraux et les pétrifications, ont toujours été le mieux classés; mais ce n'est
que de nos jours qu'on en a formé des collections destinées
à être conservées.

Nous examinerons d'abord l'ouvrage de Rumphius sur
les coquillages de la mer des Indes. Georges Éverard-Rum-
phius était né à Solm, en Allemagne, en 1626; il fit d'abord
un voyage en Portugal comme négociant. Pendant trois années qu'il y passa, il prit goût à l'histoire naturelle. En
1654, il fut à Java, et y passa un temps assez considérable, non-seulement comme négociant, mais aussi comme
attaché à la Compagnie hollandaise. Il fut nommé, en
cette qualité, consul et premier marchand à Amboine, le
principal des établissements hollandais dans l'archipel des
Indes. Il se trouva ainsi placé au centre de la contrée la
plus riche en productions d'histoire naturelle; il y fit sur
les plantes beaucoup de recherches, qui sont la matière
d'un ouvrage excellent dont nous nous occuperons en traitant de la botanique. Par suite de ses travaux, Rumphius
fut atteint d'une goutte sereine qui le rendit aveugle à quarante-deux ans. En 1693, il mourut aux Indes.

Son ouvrage fut envoyé en Europe par ses héritiers, et il y parut en 1705, sous ce titre : *Thesaurus Cochlearum;* il a été imprimé in-folio à Amsterdam. Soixante planches y représentent la plus grande partie des plus belles coquilles du pays habité par l'auteur. Ces planches furent employées pour un ouvrage plus abrégé, intitulé : *Thesaurus Imaginum Piscium*, etc., qui parut à Leyde en 1711. L'ouvrage de Rumphius est surtout remarquable, parce qu'il est le seul où l'on trouve la description du grand nautile chambré que l'on n'a pas revu depuis, bien que des naturalistes aient eu mission de le rechercher.

Les coquilles chambrées, au nombre desquelles sont les cornes d'Ammon, que l'on trouve pétrifiées dans les montagnes, et que personne n'a retrouvées dans la mer, ont été le sujet d'un travail de Breynius, médecin de Dantzick. Jean-Philippe Breynius était né dans cette ville en 1680; il voyagea en Italie, et mourut en 1764. Son traité intitulé *Dissertatio de Polythalamis*, etc., c'est-à-dire dissertation sur les coquilles divisées en plusieurs chambres, est le premier ouvrage dans lequel il ait été question des diverses espèces de cornes d'Ammon ; il est aussi la première base des recherches nombreuses auxquelles a donné lieu ce genre de coquilles, remarquable par la variété des formes, et aussi parce qu'il paraît avoir perdu l'existence dans les révolutions du globe.

D'autres recherches ayant pour but de retrouver les cornes d'Ammon vivantes furent faites par Janus-Plancus; mais il ne trouva que des coquilles analogues. Le véritable nom de cet auteur est Jean Bianchi. Né à Rimini, en 1693, sur les bords de la Mer Adriatique, il mourut en 1775. Après avoir été quelque temps professeur à Sienne, il revint à Rimini, où il chercha à rétablir l'Académie des *Lincei*.

Dans cette idée, il donna une édition du *Phytobasanos* de Fabius Columna, sur le titre duquel il fit placer un lynx; mais sa tentative ne réussit pas.

Son ouvrage sur les coquilles est un petit livre intitulé : *de Conchis minùs notis Liber*, qui parut à Venise en 1739, avec cinq planches; une autre édition fut publiée à Rome en 1760, avec dix-neuf planches. L'auteur, n'ayant pas trouvé l'analogue des cornes d'Ammon, qui ont jusqu'à trois pieds de diamètre, examina s'il n'y aurait pas dans la mer des coquilles d'Ammon microscopiques. Il cribla, dans cette vue, des sables de la Mer Adriatique, et y découvrit en effet de petites coquilles dont quelques-unes sont chambrées; mais elles ne correspondent pas pour la forme aux cornes d'Ammon. Ce qui caractérise celles-ci, c'est que leurs cloisons sont découpées comme des feuilles d'acanthe ou comme de la dentelle; or, la plupart des coquilles de Bianchi n'ont pas ce caractère, quoiqu'elles soient divisées en plusieurs chambres. Du reste, leurs variétés sont nombreuses : Bianchi en découvrit peut-être une cinquantaine.

Ambroise Soldani, aussi Italien, continua le travail de Bianchi, et découvrit dans des sables, dans des grès fossiles marins, des milliers de coquilles microscopiques que les naturalistes ont distribuées en plus de cent genres : les unes sont en spirale; d'autres sont turbinées; d'autres terminées en pointe, ou droites ou arquées; en un mot, la forme de ces petites coquillles est aussi variée que celle de tous les autres objets de la nature. On ne connaît pas les animaux de ces coquilles; quelques-uns seulement ont été observés vivants par M. d'Orbigny. Il paraît que ce sont des animaux semblables aux seiches, aux argonautes. Bien qu'on n'en ait pas de descriptions suffisantes, leur découverte a pourtant enrichi la science d'une famille inconnue et dont on ne se doutait même pas auparavant.

Deux autres auteurs ont écrit sur le même sujet sans être aussi originaux. Le premier est Nicolas Gualtieri, qui fut professeur à Pise, en Toscane, fut nommé émérite en 1742, et se retira à Florence, où il mourut en 1747. Son traité des coquilles, intitulé : *Index Testarum Conchyliorum quæ asservantur in Musæo Nic. Gualterii*, etc., parut à Florence in-folio, avec cent dix planches, en 1742. Après l'ouvrage de Rumphius, c'est ce que nous possédons de meilleur, et c'est aussi la collection qu'aujourd'hui l'on cite le plus. L'ouvrage de Lister, dont j'ai parlé, contient un plus grand nombre de coquilles; mais celles de Gualtieri sont plus grandes et mieux gravées.

Le second naturaliste qui traita des coquilles est un Français nommé Dezallier d'Argenville. Antoine-Joseph Dezallier d'Argenville était né à Paris, en 1680; il fut maître des comptes en 1733, conseiller du roi en 1748, et mourut en 1765, âgé de quatre-vingt-six ans. Il avait voyagé en Italie et en Angleterre, et écrivit une histoire de quelques peintres célèbres, ainsi qu'un traité de jardinage. Il fit paraître un autre traité, qui est la continuation de celui de Ray sur les oiseaux. Ce traité fut publié en français par Salerne, chez le libraire Debure, qui voulait faire paraître un ouvrage avec de belles planches; il porte à peu près le même titre que celui de Salerne : *Historia Avium*, etc. Mais ce qui doit nous occuper plus particulièrement maintenant, c'est son *Histoire Naturelle éclaircie dans deux de ses parties principales, la lithologie et la conchyliologie*, un volume in-quarto avec trente-trois planches. Des deux parties qui composent cet ouvrage, la première traite des pierres, la deuxième des coquilles de mer, de rivière et de terre. On remarque dans cette dernière partie beaucoup de coquilles rares. Les animaux de ces coquilles n'y étaient pas d'abord ; d'Argenville pensa qu'il serait utile d'en faire la recherche et de les représenter. En conséquence, il fit dessiner sur les bords de la mer même, dans les pays chauds, les animaux de la plupart des genres de coquilles. Il publia ce travail en 1757, sous le titre de *Zoomorphose*, ou figures d'animaux. Ces figures, faites d'après nature par des personnes peu instruites de l'histoire des mollusques, et n'ayant pas d'idée de l'anatomie, sont assez communes, et ne représentent pas les détails des parties. A la vérité, c'est le premier essai où l'on ait tenté de donner avec quelque étendue une image des animaux qui habitent les coquilles, ou plutôt dont les coquilles font partie intégrante ; car ces coquilles sont une portion de tissu muqueux durci sous l'épiderme, et elles sont ainsi plutôt une partie du corps des mollusques que leur habitation. Cet ouvrage a été réimprimé en 1772 avec des additions posthumes et dix-huit cents figures; en 1780, une nouvelle édition en fut publiée par MM. de Favanne de Montcervelle, père et fils, avec quatre-vingts planches et des augmentations considérables.

Tous les ouvrages que je viens d'examiner sont de ceux dont un naturaliste ne peut guère se passer. C'est principalement avec leur secours et ceux de Lister, que Linnœus a travaillé.

Dans la même période que nous explorons, il parut un ouvrage remarquable sur un genre particulier de zoophytes, sur les étoiles de mer. Il est intitulé : *Liber de Stellis Marinis*. L'auteur est un pharmacien nommé Link, qui était né à Leipsick, en 1674, et mourut en 1734. Son ouvrage a été imprimé en 1733. Il contient quarante-deux planches, où sont des figures d'une multitude d'étoiles de mer. L'Encyclopédie n'a donné que les figures de cet ouvrage, qui a servi de base à la détermination des espèces et est utile pour les recherches de l'histoire naturelle.

Maintenant nous allons parler des recherches qui furent faites dans le même temps sur la nature du corail. Le corail est reconnu aujourd'hui pour être une partie du corps de certains animaux composés, qui appartiennent à la classe des polypes. Mais on a été fort long-temps à arriver à cette connaissance. Jusqu'à l'époque dont nous parlons, le corail avait été considéré comme une plante marine : les botanistes avaient une classe dans laquelle ils plaçaient le corail rouge et les autres espèces. S'il y avait quelque opposition à cette classification, elle venait des minéralogistes, qui, voyant que le corail était entièrement pierreux, s'imaginaient que c'était une concrétion analogue aux stalactites. Ce fut par les découvertes successives de Marsigli, de Peyssonnel, de Trembley, de Donati, de Jussieu et autres, qu'on arriva à des idées différentes.

Louis-Ferdinand comte de Marsigli était né à Bologne, en 1658, d'une ancienne famille patricienne. Attaché dès sa jeunesse aux sciences, il étudia sous Borelli et Malpighi. A peine avait-il terminé ses études, qu'il se rendit à Constantinople, en 1679. Ensuite, il entra, en 1682, au service autrichien. L'Autriche était alors en guerre avec les Turcs. En 1683, Marsigli fut fait prisonnier et vendu comme esclave à un pacha, qui le conduisit au siége de Vienne, où il fut témoin des opérations des Turcs contre cette ville. Son maître ayant été empoisonné, il tomba entre les mains de deux soldats turcs, qui le firent labourer au pied du mont Rama, et qui, pendant la nuit, l'attachaient à un pieu. Cependant il trouva le moyen de faire parvenir de ses nouvelles à sa famille, et il fut racheté au bout d'un an. Rentré au service autrichien, comme ingénieur, il fut chargé de fortifications en Hongrie, et principalement de digues le long du Danube. Ce fut pendant ce temps qu'il recueillit les matériaux de son ouvrage remarquable sur la géogonie et de son histoire intitulée : *Danubius Pannonico Mysicus observationibus*, etc. Cet ouvrage fut imprimé à Lahaye, en 1726, en six volumes in-folio. Il n'en existe qu'un petit nombre d'exemplaires. En 1690, Marsigli fut nommé commissaire de l'empereur pour faire la paix avec les Turcs et pour fixer les limites de la Dalmatie. En 1701 il devint général, et ayant été employé sous les ordres du comte d'Arco, pour défendre Brisac, qui fut rendue en 1703 au duc de Bourgogne, le gouvernement autrichien jugea que cette ville n'avait pas été défendue convenablement. Le chef de la garnison fut pendu, d'Arco eut la tête tranchée, et Marsigli fut dégradé de la manière la plus humiliante. Il se retira en Provence, où il étudia ce qu'il croyait être les fleurs du corail. Dans le port de Marseille, il rencontra sur une galère un des soldats dont il avait été l'esclave en Turquie, et il acheta sa liberté. Il revint ensuite à Bologne, où il établit l'institut de cette ville, en 1712. Ce furent ses propres biens qui lui servirent à fonder cet établissement, auquel il légua ses manuscrits et les collections qu'il avait faites. Celles-ci sont jointes aux collections d'Aldrovande.

Parmi les ouvrages de Marsigli, est une histoire physique de la mer, qu'il avait composée à Marseille et à Toulon, et qu'il fit imprimer in-folio, en 1725, à Amsterdam. Ce travail avait été d'abord imprimé par extraits à Venise, en 1711. La principale observation qui s'y trouve est relative à ce que l'auteur appelait les fleurs du corail. Ayant observé cette production dans la mer, il avait vu sortir, des petites cellules de l'écorce, des corps qui avaient une forme cônique et dont les bords se divisaient comme en pétales. Les polypes, en effet et les coraux ordinaires ont leurs tentacules souvent plats et dentelés ; de sorte qu'ils ressemblent à de petites feuilles. Marsigli prit ces tentacules pour des feuilles réelles. L'idée que ce pouvait être des animaux ne lui vint pas. Cependant, ces êtres fixes, sans locomotion, et dont la forme est celle d'une fleur épanouie, se dilataient dans certains moments, se contractaient dans d'autres, et rentraient dans leurs cellules lorsqu'on les tirait de l'eau. Marsigli comparait ces phénomènes à ceux de la belle de nuit, qui se dilate à certaines heures et se contracte à d'autres, ou bien aux mouvements de la sensitive, qui se retire quand on la touche.

Toutefois, cette observation était une découverte, en ce sens que les productions en forme de fleurs que Marsigli avait remarquées, l'étaient pour la première fois.

En 1727, Peyssonnel eut l'idée que ces prétendues fleurs pouvaient être des animaux. Jean-Antoine Peyssonnel était né à Marseille en 1694. Il voyagea dans le Levant, et fut comme médecin à la Guadeloupe. En 1727, il présenta à l'Académie des Siences un mémoire où il établit que les objets décrits par Marsigli étaient des animaux analogues aux orties de mer, c'est-à-dire à ce genre de polypes charnus qu'on appelle *actinia*. Il déclara les avoir vus se contracter au moindre choc, les avoir étudiés avec soin et leur avoir trouvé une organisation semblable à celle des orties de mer, ce qui est vrai.

Mais, comme il arrive souvent lorsqu'on présente une vérité d'une manière subite, et que les autres hommes n'ont pas pu y être conduits par leurs observations ou leur raisonnement, la découverte de Peyssonnel fut mal accueillie à l'Académie de Paris, en 1727. Cette année précisément, Réaumur écrivait sur le corail, et en parlait autrement que Peyssonnel. Il essaya de le réfuter par de mauvaises raisons, mais sans le nommer. C'était par ménagement, disait-il, qu'il agissait ainsi. L'opinion de Peyssonnel lui paraissait si paradoxale, qu'il aurait craint de lui attirer du ridicule en le nommant. La découverte de Peyssonnel demeura ainsi presque inconnue jusqu'en 1742, époque où il la publia de nouveau dans le volume XLVII des *Transactions Philosophiques* de Londres.

Le docteur Shaw, qui a voyagé en Barbarie, a donné en 1738, dans les *Transactions Philosophiques*, un mémoire où il parle aussi des productions du corail; mais il ne les présente, ni comme des fleurs, ni comme des animaux, mais comme des racines de corail; idée absurde et baroque.

La découverte que Trembley fit du polype conduisit à d'autres idées. Le polype avait été aperçu par Leuwenhoeck, et considéré comme un animal; mais sa merveilleuse propriété de se reproduire de ses moindres fragments n'avait pas été observée par Leuwenhoeck. Ce fut Trembley qui fit cette découverte, l'une des plus remarquables en physiologie.

Abraham Trembley était né à Genève en 1700; il mourut en 1784. Il résida à Lahaye, comme gouverneur des enfants du comte de Bentinck. Ce fut en 1740 qu'il fit sa fameuse découverte. Il la communiqua à Réaumur, qui en parla en 1742, dans le sixième volume de ses Mémoires sur les insectes. Le polype fut aussitôt observé par un Anglais, nommé Henri Baker, qui adressa, en 1743, au président de la Société Royale de Londres, une lettre où il répétait les observations de Trembley, en exposait de nouvelles et faisait aussi connaître des polypes que Trembley n'avait pas vus.

Dès ce moment, l'idée que les fleurs de corail observées par Marsigli pouvaient être des polypes dut venir, et ce fut Bernard de Jussieu qui commença à en prouver l'exactitude. Bernard de Jussieu jouera un grand rôle dans l'histoire de la botanique au milieu du dix-huitième siècle ; il est le fondateur de la méthode naturelle, et le principal auteur des études qu'on a faites sous ce point de vue ; nous n'en parlons ici qu'accidentellement à l'occasion de la découverte de la nature du corail, nous en parlerons plus longuement lorsque nous en serons à l'histoire de la botanique. Jussieu fit ses observations sur les côtes de la Manche en 1741. Il y trouva l'alcyon, espèce de corail mou ; des certulaires, espèces de petites plantes marines extrêmement déliées, composées de petites cellules arrangées d'une manière symétrique ; des eschares, des tubulaires, qui ne sont pas les plus beaux coraux, mais qui suffisaient pour le but de Jussieu. Il les observa au microscope, et se convainquit que de toutes les cellules du corail sortaient des polypes. Il répéta les expériences de Trembley en essayant de toucher les polypes, et il les vit se contracter ; il les vit aussi saisir des corpuscules et les dévorer. Par conséquent, tous les caractères du règne animal furent reconnus dans les prétendues fleurs du corail ; il fut constaté qu'elles appartenaient non au règne végétal, mais au règne animal.

Cependant Linnée doutait encore ; car dans une lettre de 1745, intitulée : *de Coralinis balticis Dissertatio*, il dit que les observations de Trembley et de Jussieu ne pourront le déterminer à ranger le corail dans le règne animal.

Quant à Réaumur, qui avait traité si légèrement les découvertes de Peyssonnel, il fit ce que tout savant doit faire :

il fit amende honorable dans le sixième volume de son ouvrage sur les insectes.

L'histoire des coraux, pour ce qui concerne leur nature, fut achevée par Vitalien Donati. Donati était né à Padoue en 1713. Il voyagea en Italie et fut nommé à la chaire d'histoire naturelle que le pape Benoît XIV fonda au collége de la Sapience à Rome. En sa qualité de professeur, il alla en Sicile et en Illyrie, pour former des collections qui sont conservées à Rome. Il visita la Bosnie, l'Albanie, et donna en 1750 un ouvrage italien intitulé : *de l'Histoire naturelle de la Mer Adriatique.* La nature animale des coraux y est reconnue, leurs animaux décrits, et l'histoire naturelle des grands coraux rouges, des espèces pierreuses, y est achevée autant qu'il était possible de le faire dans les mers d'Europe.

Ferante Imperato avait soupçonné que les coraux pouvaient être des animaux, mais il avait fondé son idée à cet égard sur la nature chimique de ces animaux.

Nous avons une traduction française de l'Histoire de la Mer Adriatique, de Donati, qui a été imprimée à Lahaye en 1758, avec figures enluminées.

Donati fut nommé professeur d'histoire naturelle à Turin, et on l'envoya en Orient faire des collections. Plusieurs des objets qu'il avait recueillis arrivèrent à Turin, et on en a conservé quelques-uns dans l'Université de Turin. Mais lui-même ne revint pas. Le frère d'une personne avec laquelle il avait contracté une liaison, le dépouilla de tout ce qu'il avait, tenta de l'assassiner et le força ainsi à se rembarquer. Il fit naufrage et périt en 1763.

Outre les coraux pierreux décrits par Donati, il existe une sorte de coraux flexibles, peu abondants dans les mers d'Europe, et sur lesquels M. Lamouroux a écrit un ouvrage.

L'histoire en fut faite au temps de Donati et portée à un degré de perfection remarquable par un marchand de Londres, nommé John Ellis, qui se livrait par goût à ces recherches. Son livre, intitulé : *Essai sur l'Histoire naturelle des Coralines*, parut à Londres, in-4°, en 1754, avec trente-neuf planches. Nous en avons une traduction française, par Allamand, qui parut à Lahaye en 1756. On y trouve décrits et représentés une foule de petits polypiers, de formes extrêmement élégantes. L'auteur en avait déjà fait une collection dans l'île d'Anglesey. Voulant observer les polypes dans l'état de vie, il se rendit dans l'île de Sheppey, à l'embouchure de la Tamise, accompagné de Broodking, habile dessinateur. Il fit un autre voyage, en 1754, sur les côtes de Chester, avec le célèbre Ehret, dont j'ai déjà parlé, et il y observa les polypes au microscope. Plus tard, il devint le correspondant de Linnœus, auquel il communiqua des choses intéressantes.

Ellis avait commencé un autre ouvrage, où il représente, non-seulement les petits coraux, mais aussi les grands. Cet ouvrage, qui n'était pas terminé lors de sa mort, a été publié par Solander et Banks en 1786. Ce livre est classique et a été copié pour l'Encyclopédie Méthodique.

Enfin, c'est à Ellis que l'on doit la description de la syrène reptile. Cet auteur mourut en 1776.

Ce fut son ouvrage sur les coraux qui persuada entièrement Linnœus. Celui-ci donna, en 1759, une dissertation intitulée : *Animalia composita*, etc., où il abandonne tous les doutes qu'il avait émis sur la nature des coraux. Toutefois, il y compare encore ces animaux aux plantes sous un certain rapport. Selon lui, le principe vital de la plante réside dans sa moelle; ce sont les *poussées* de la moelle qui produisent le germe et qui donnent les branches.

Les coraux dont Ellis a fait l'histoire sont, suivant Linnœus, souvent disposés de même que la plante. Ils ont un axe d'une nature animale, enveloppé d'une écorce par les trous de laquelle sortent les polypes, et il suppose que cet axe est l'analogue de la moelle.

Mais Linnœus ne connaissait que les observations d'Ellis sur les coraux flexibles. Celles qu'on a faites sur d'autres coraux démontrent que leur axe est pierreux et que leur écorce seule est vivante ; que le centre est une partie déposée, morte, pour ainsi dire, et qu'ainsi cette idée d'analogie entre l'axe des coraux et la moelle des plantes est complétement illusoire.

On voit comment, en un petit nombre d'années, c'est-à-dire de 1727 à 1755, l'histoire des coraux fut achevée. Dès 1725, Marsigli avait vu que le corail n'était pas une simple concrétion pierreuse, mais une production organique, faite d'une manière délicate. La forme de cette production lui avait fait croire que c'étaient des fleurs ; il assimilait leur contraction à celles de certaines plantes qui se ferment la nuit ou se retirent quand on les touche. En 1727, Peyssonnel trouva au corail une apparence d'animal ; mais comme le polype n'avait encore été observé que par Leeuwenhoeck, la découverte de Peyssonnel, présentée à un corps savant où il y avait des naturalistes, fut reçue avec un tel dédain, qu'on ne crut pas même devoir en nommer l'auteur. La découverte de Trembley, faite en 1740, donna d'autres idées. En 1742, de Jussieu observa les polypes et leur trouva aussi tous les caractères des animaux. Ces observations furent continuées par Ellis, et, en 1755, Linnœus prononça enfin d'une manière nette et complète sur les coraux, en les faisant passer du règne végétal dans le règne animal.

Dans le prochain entretien, je terminerai la zoologie pendant la première moitié du dix-huitième siècle.

La table de ce volume sera à la fin de celui qui complétera le 18e siècle.

www.ingramcontent.com/pod-product-compliance
Lightning Source LLC
Chambersburg PA
CBHW060126200326
41518CB00008B/943